Für
Barbara und Doris

Dieses Buch befaßt sich mit der Anatomie des Röntgenbildes, den vielen anatomischen Details, deren Kenntnis Grundlage für jede Bildinterpretation ist.
Es hält sich dabei inhaltlich streng an die „Röntgennormalbefunde" und ist ebenso streng gegliedert. Jedem Röntgenbild ist eine Zeichnung gegenübergestellt mit Markierung der anatomischen Details. Die Numerierung wurde von oben nach unten steigend durchgeführt, so daß ein schneller Zugriff ermöglicht wird. Wo nötig, haben wir zusätzlich einige Schemazeichnungen zum besseren Verständnis eingefügt. Dabei wurden parallel zur anatomischen Nomenklatur vor allem auch röntgenologische Fachausdrücke bzw. röntgenologische „Umgangssprache" verwendet.
Die Röntgenbilder stammen zum überwiegenden Teil analog der „Normalbefunde" aus der Abteilung für klinische Radiologie, Aachen (Vorstand Prof. Dr. R. W. Günther). Hierfür den MTR, den Freunden und Kollegen herzlichen Dank. Vielen Dank auch an Frau Dr. Ch. Weller-Schweitzer aus der Abteilung Radiologie des Caritas-Krankenhauses, Dillingen (Chefarzt Dr. D. Gerstner), für die Überlassung einiger schöner Abbildungen. Ein besonderes Dankeschön gebührt Herrn Dr. Christoph Buntru für Durchsicht, Korrektur und Anregungen bei der Erstellung des Buches.

Dillingen, im Mai 1991 Torsten B. Möller u. Emil Reif

Skelettdiagnostik

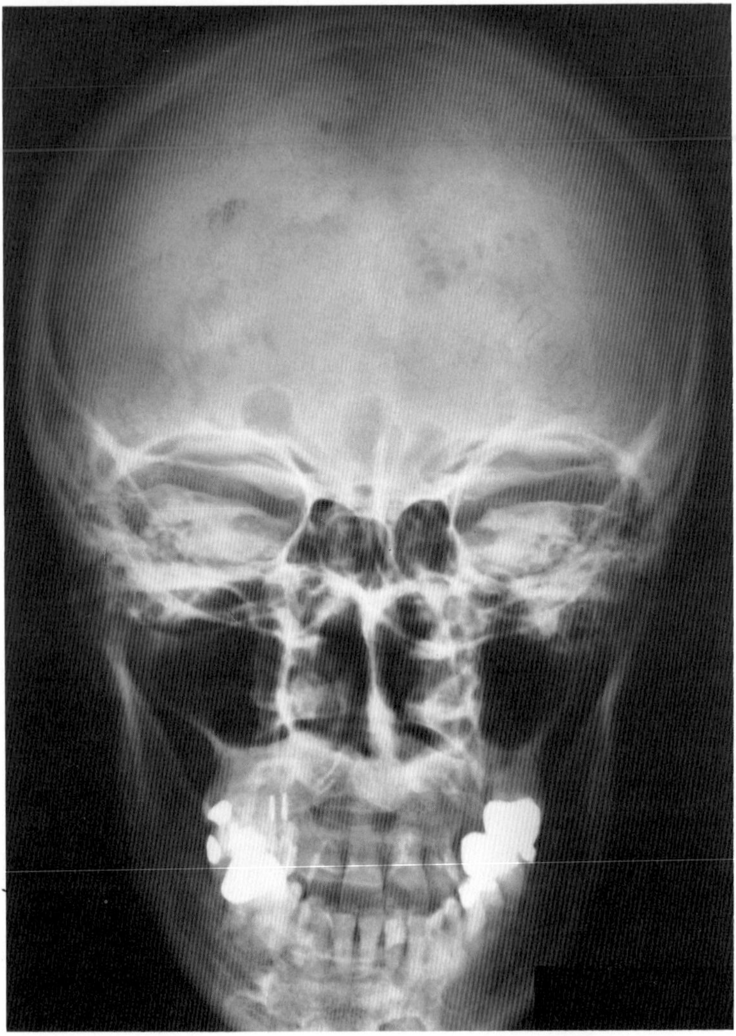

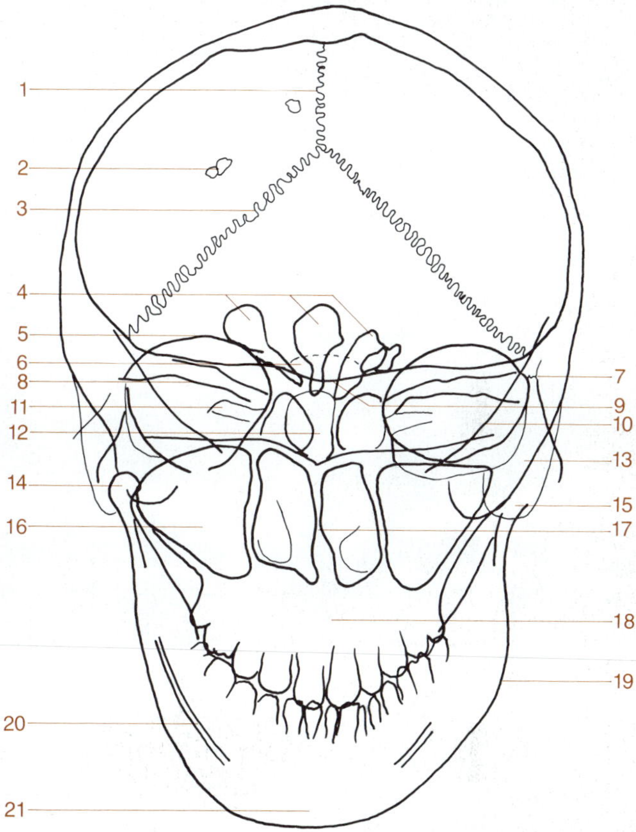

1 Sutura sagittalis
2 Foveolae granulares
3 Sutura lambdoidea
4 Sinus frontalis (Stirnhöhlen)
5 Orbitadach
6 Dorsum sellae
7 Sutura frontozygomatica
8 Pyramidenoberkante
9 Planum sphenoidale
10 Linea innominata
11 Meatus acusticus internus (innerer Gehörgang)
12 Sinus sphenoidalis (Keilbeinhöhle)
13 Arcus zygomaticus (Jochbogen)
14 Caput mandibulae
15 Processus mastoideus (Mastoidspitze)
16 Sinus maxillaris (Oberkieferhöhle)
17 Septum nasi
18 Maxilla (Oberkiefer)
19 Angulus mandibulae
20 Canalis mandibulae
21 Protuberantia mentalis

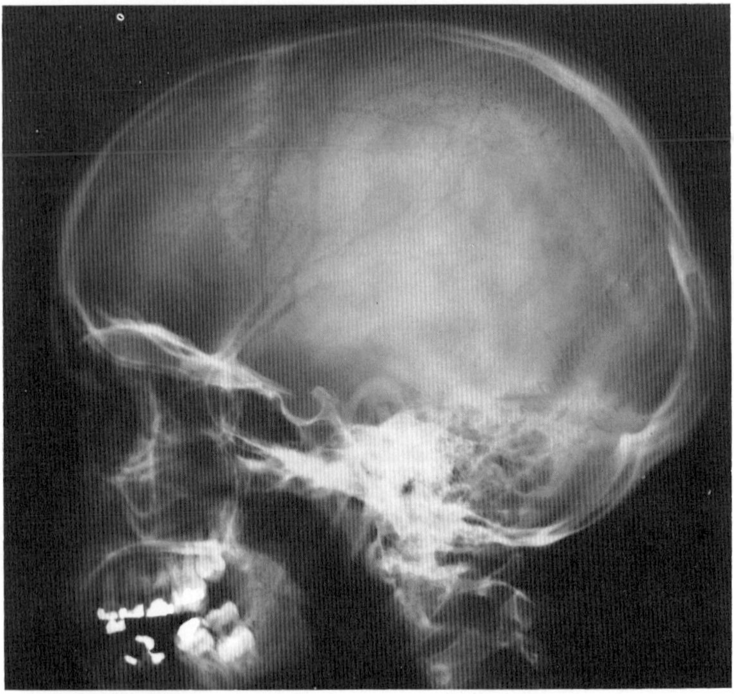

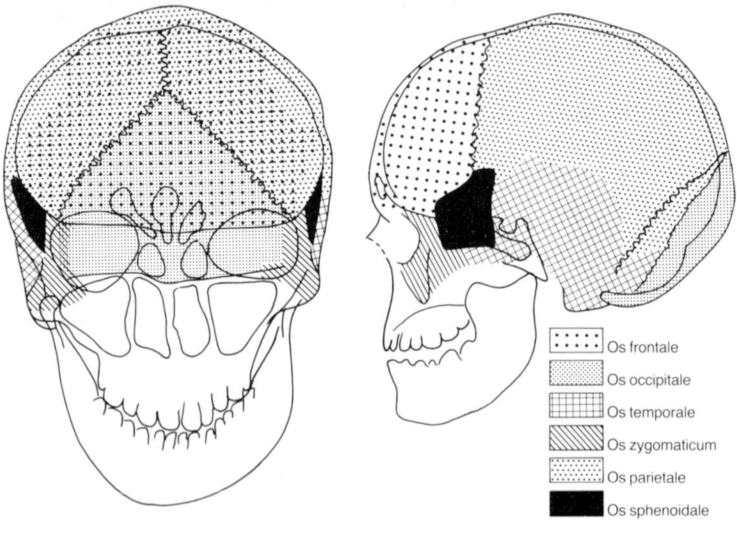
Os frontale
Os occipitale
Os temporale
Os zygomaticum
Os parietale
Os sphenoidale

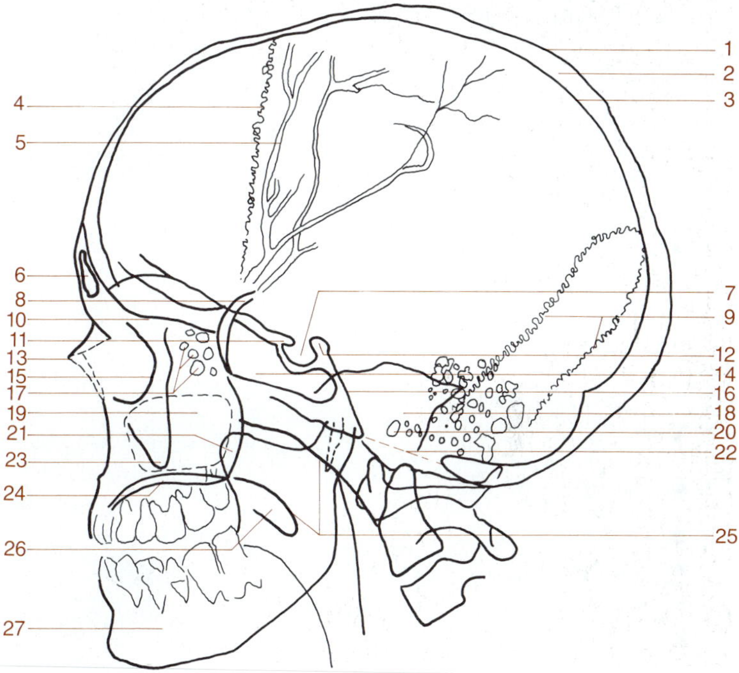

1 Lamina externa
2 Diploe
3 Lamina interna
4 Sutura coronalis
5 Sulcus der A. meningea media
6 Sinus frontalis
7 Fossa hypophysialis
8 Ala major ossis sphenoidalis
9 Sutura lambdoidea
10 Lamina cribrosa
11 Processus clinoideus anterior (vorderer Klinoidfortsatz)
12 Processus clinoideus posterior (hinterer Klinoidfortsatz)
13 Os nasale
14 Sinus sphenoidalis (Keilbeinhöhle)
15 Os zygomaticum (laterale Orbitawand)
16 Klivus
17 Cellulae ethmoidales (Siebbeinzellen)
18 Pars petrosa ossis temporalis (Felsenbein)
19 Sinus maxillaris (Oberkieferhöhle)
20 Porus acusticus externus
21 Processus coronoideus mandibulae
22 Foramen magnum
23 Processus zygomaticus
24 Palatum durum (harter Gaumen)
25 Nasopharynx
26 Palatum molle (weicher Gaumen)
27 Mandibula

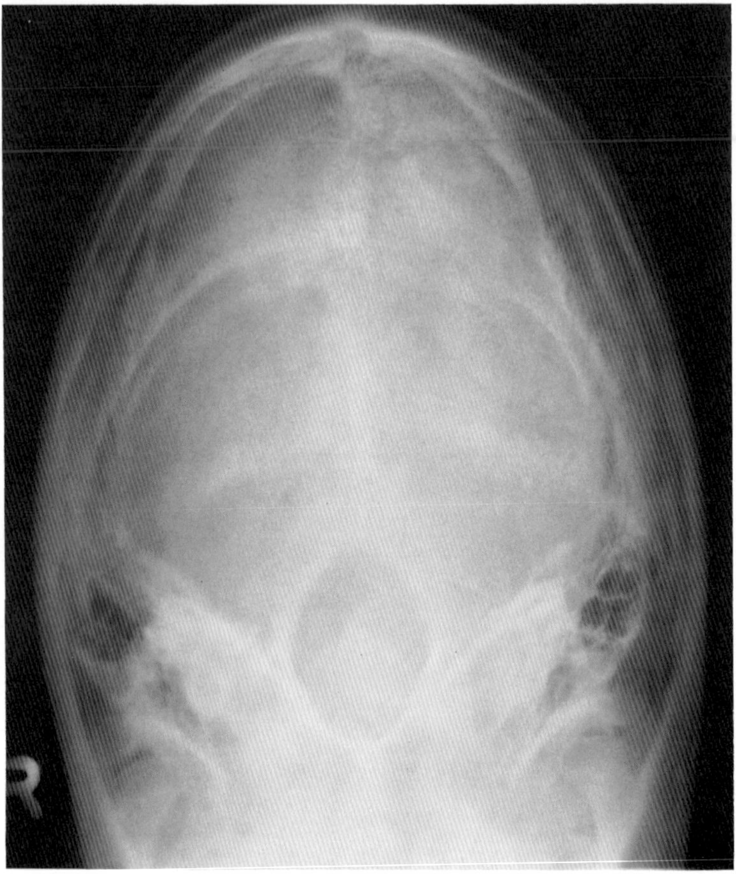
R

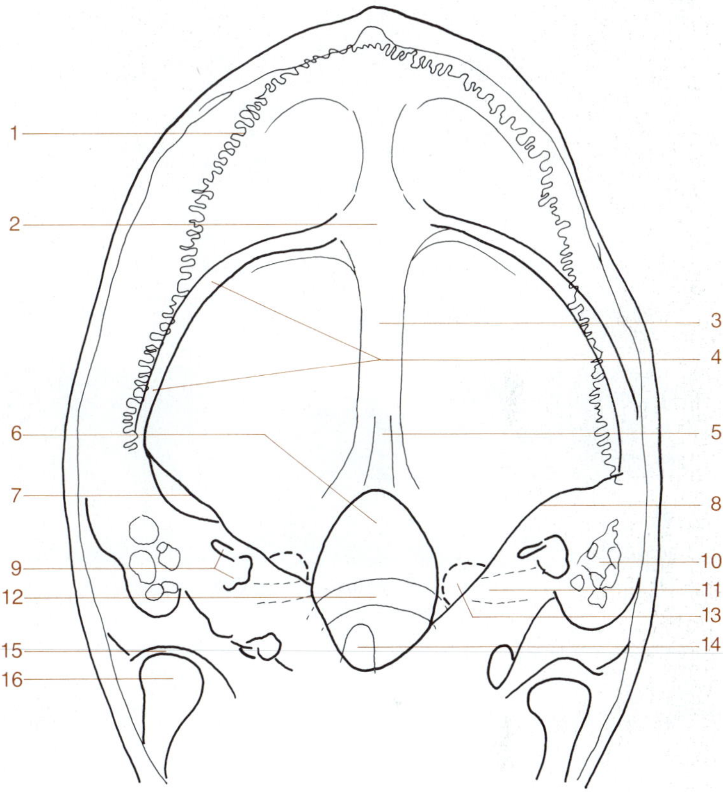

1 Sutura lambdoidea
2 Protuberantia occipitalis (externa und interna)
3 Os occipitale
4 Sulcus sinus transversi
5 Crista occipitalis
6 Foramen magnum
7 Felsenbeinkante
8 Eminentia arcuata
9 Labyrinthkern
10 Cellulae mastoideae (Mastoidzellen)
11 Meatus acusticus internus
12 Arcus posterior atlantis (hinterer Atlasbogen)
13 Foramen jugulare
14 Dens
15 Articulatio temporomandibularis (Kiefergelenk)
16 Caput mandibulae

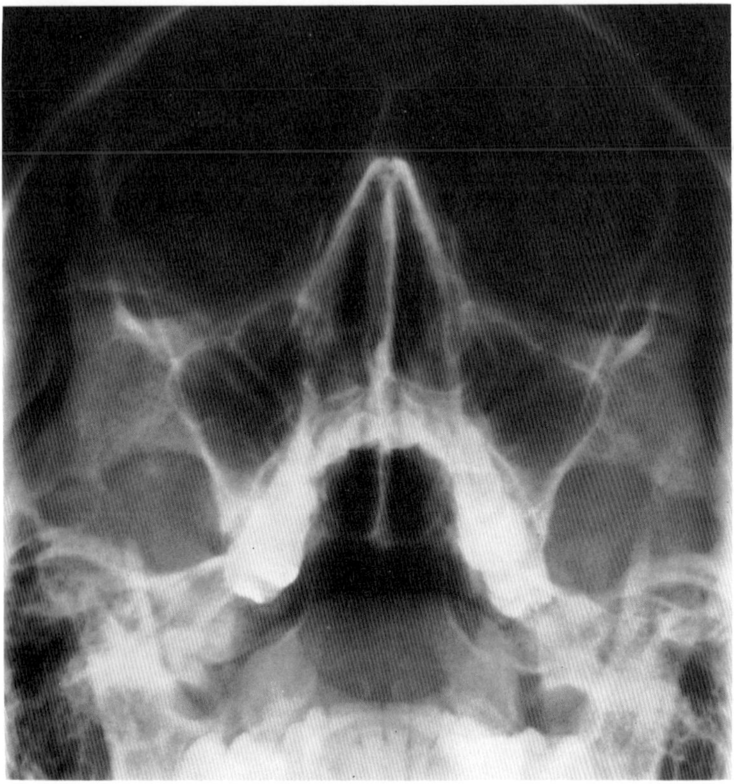

1 Sinus frontalis
2 Os nasale
3 vordere Ethmoidalzellen
4 Orbita
5 Septum nasi (Nasenseptum)
6 Ala major (großer Keilbeinflügel)
7 Foramen infraorbitale
8 Foramen rotundum
9 hintere Ethmoidalzellen
10 Os zygomaticum
11 Sinus maxillaris
12 Recessus alveolaris maxillae
13 Sinus sphenoidalis (Keilbeinhöhle)
14 Foramen ovale
15 Processus alveolaris maxillae
16 Caput mandibulae
17 Margo superior partis petrosae (Felsenbeinoberkante)
18 Lingua (Zunge)
19 Mandibula (Unterkiefer)

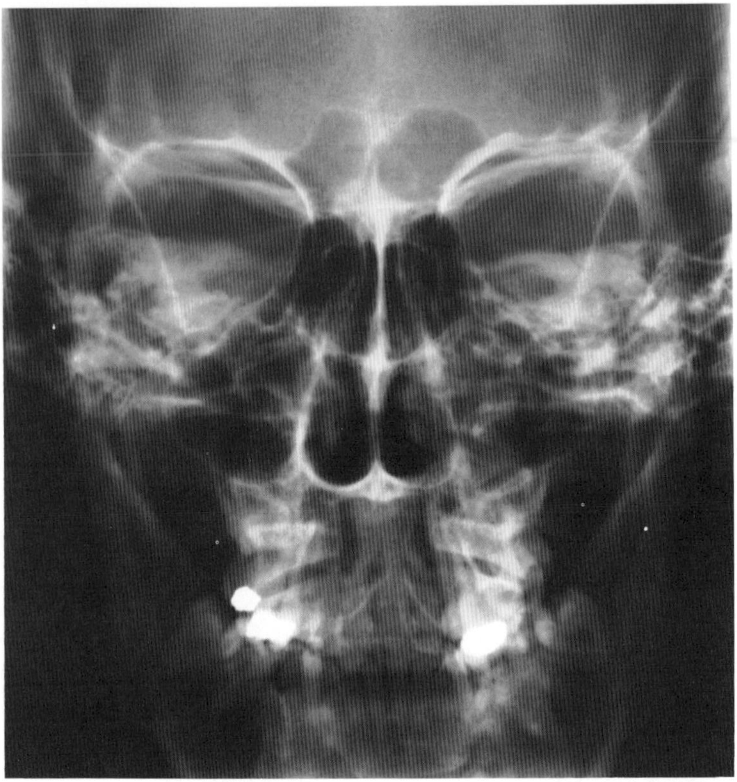

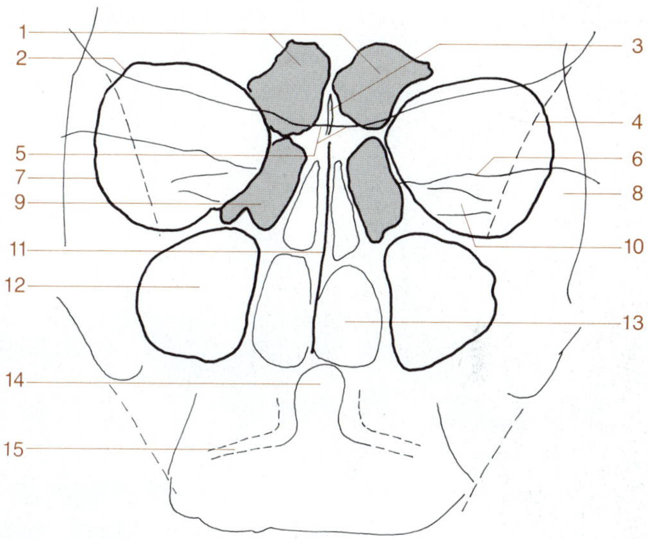

1 Sinus frontalis
2 Orbitadach
3 Crista galli
4 Linea innominata
5 Planum sphenoidale
6 Margo superior partis petrosae (Felsenbeinoberkante)
7 laterale Orbitawand
8 Os zygomaticum
9 anteriore Siebbeinzellen
10 Meatus acusticus internus (innerer Gehörgang)
11 Septum nasi (Nasenseptum)
12 Sinus maxillaris (Oberkieferhöhle)
13 Cavitas nasi (Nasenhaupthöhle)
14 Dens
15 Articulatio atlantoaxialis (Atlantoaxialgelenk)

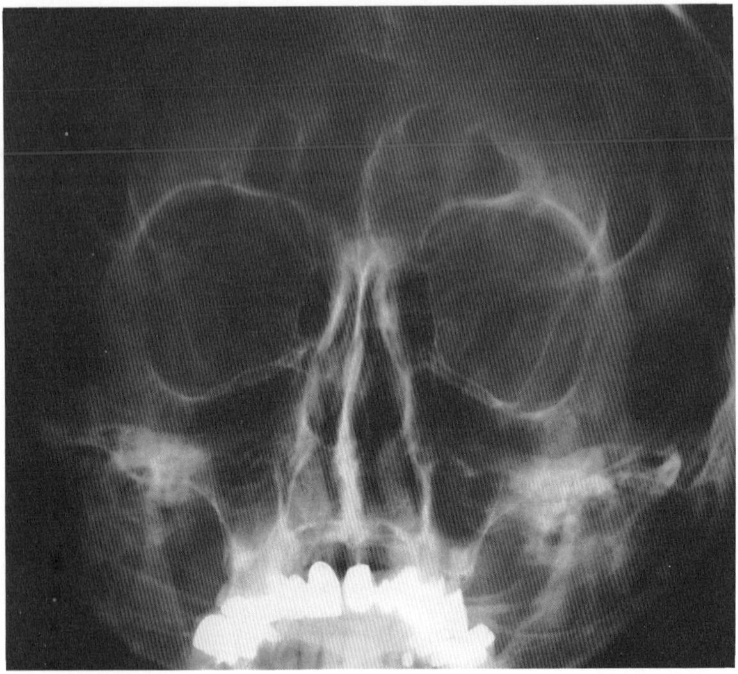

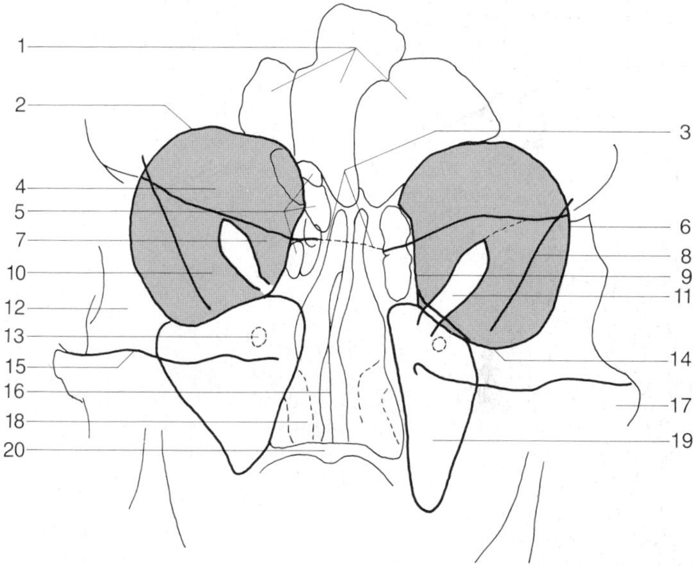

1 Sinus frontalis
2 Orbitadach
3 Planum sphenoidale
4 Orbita (grau unterlegt)
5 Cellulae ethmoidales (Siebbeinzellen)
6 laterale Orbitawand
7 Ala minor ossis sphenoidalis (kleiner Keilbeinflügel)
8 Linea innominata
9 Lamina orbitalis (papyracea)
10 Ala major ossis sphenoidalis (großer Keilbeinflügel)
11 Fissura orbitalis superior
12 Processus frontalis ossis zygomatici
13 Foramen rotundum
14 Orbitaboden
15 Pyramidenoberkante
16 Septum nasi (Nasenseptum)
17 Arcus zygomaticus
18 Concha nasalis inferior (untere Nasenmuschel)
19 Sinus maxillaris (Oberkieferhöhle)
20 Palatum durum (harter Gaumen)

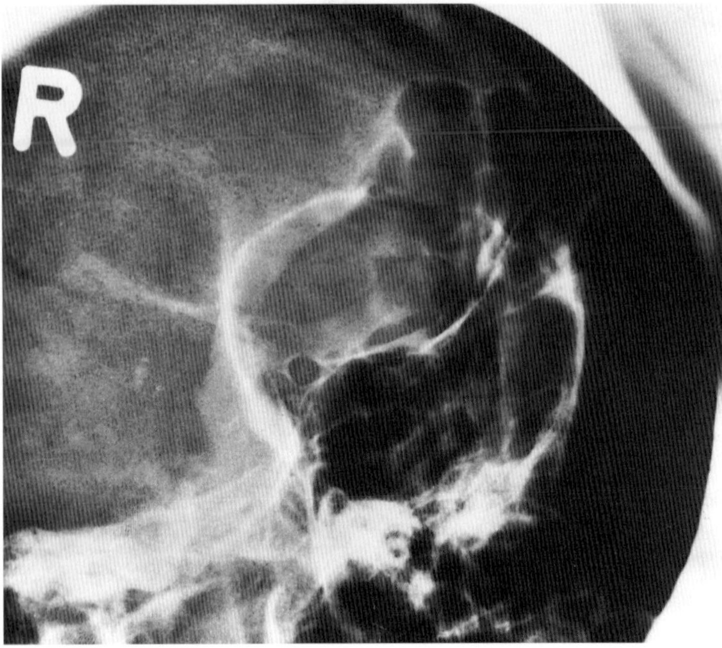
R

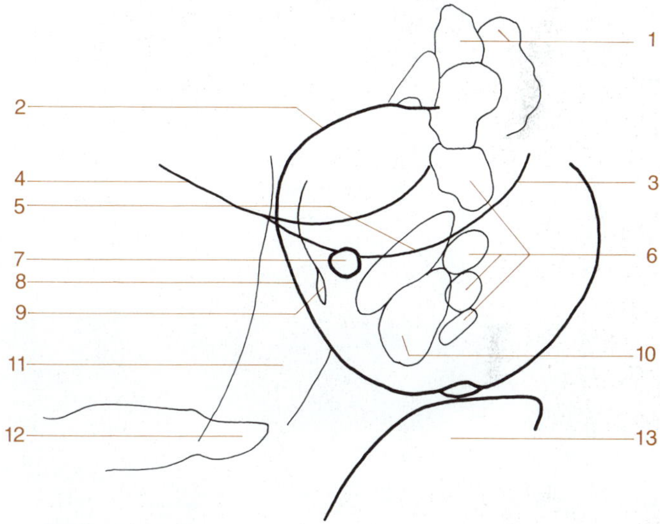

1 Sinus frontalis
2 Orbitadach
3 Ala minor sinistra (linker kleiner Keilbeinflügel)
4 Ala minor dextra (rechter kleiner Keilbeinflügel)
5 Planum sphenoidale
6 Cellulae ethmoidales
7 Canalis opticus
8 laterale Orbitawand
9 Fissura orbitalis superior
10 Sinus sphenoidalis (Keilbeinhöhle)
11 Os zygomaticum (Jochbein)
12 Pars petrosa ossis temporalis (Felsenbein)
13 Sinus maxillaris (Oberkieferhöhle)

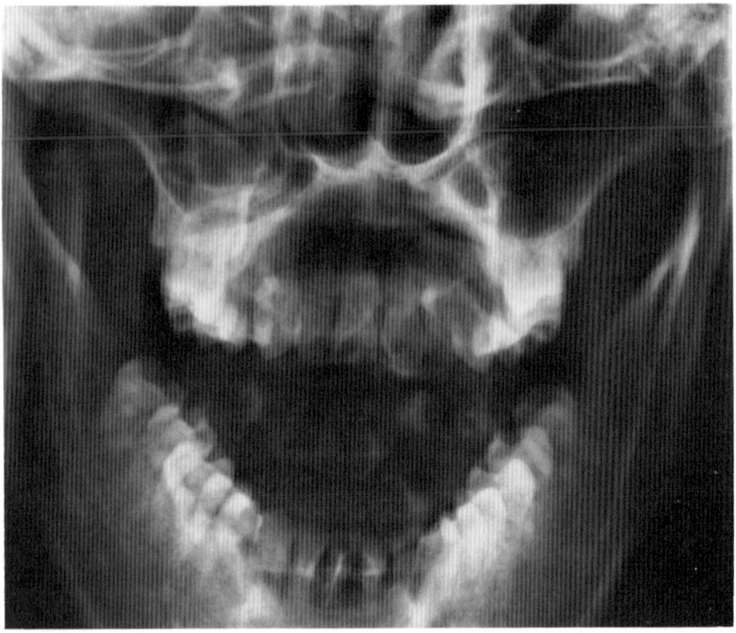

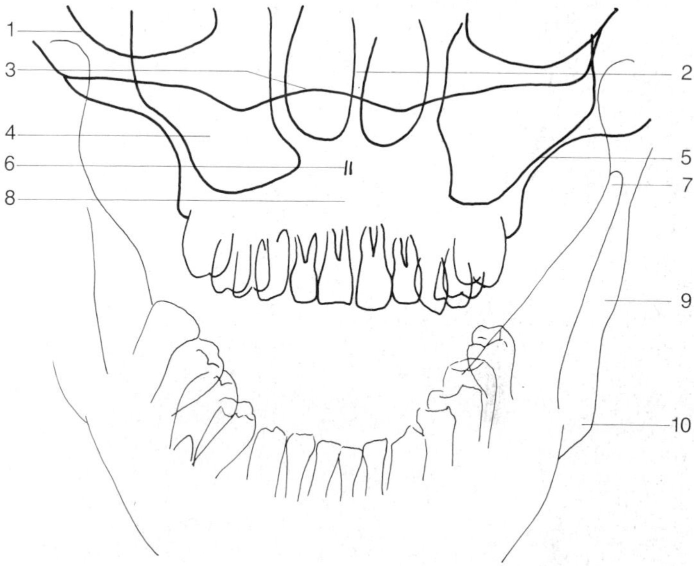

1 Orbitaboden
2 Septum nasi (Nasenseptum)
3 Planum nuchale
4 Sinus maxillaris (Oberkieferhöhle)
5 laterale Maxillakontur
6 Spina nasalis anterior
7 Processus coronoideus
8 Maxilla (Oberkiefer)
9 R. mandibulae
10 Angulus mandibulae

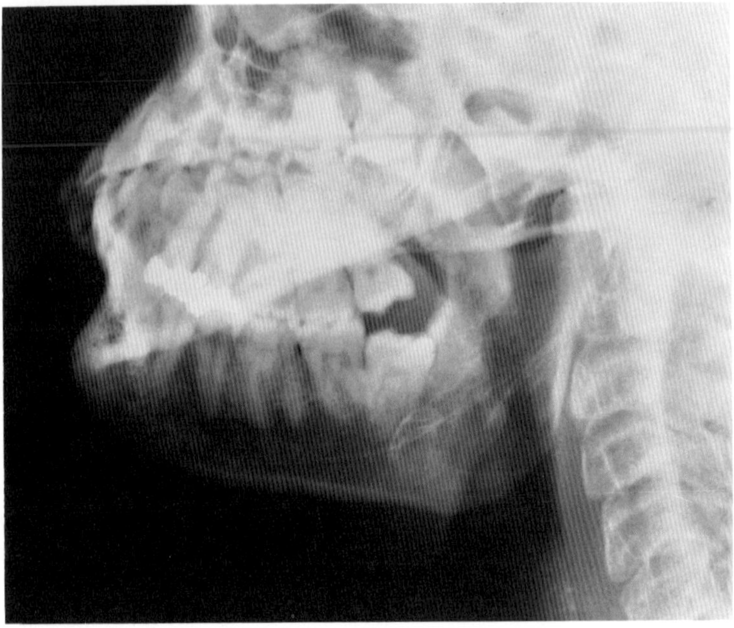

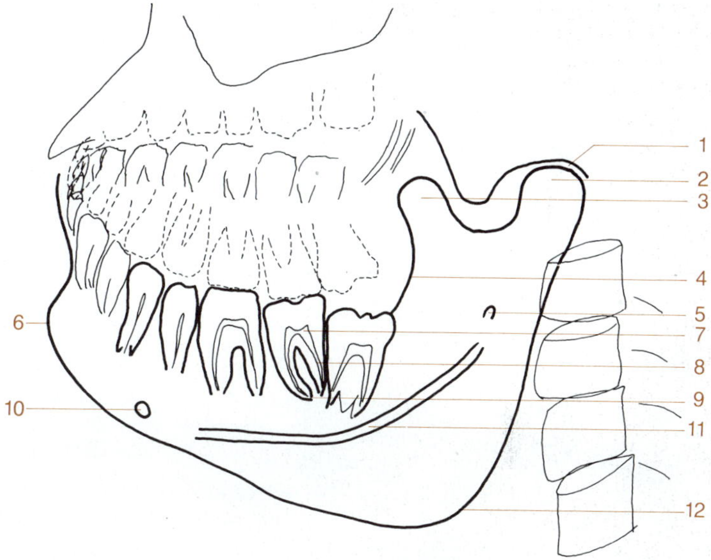

1 Articulatio temporo-mandibularis (Kiefergelenk)
2 Caput mandibulae (Kieferköpfchen)
3 Processus coronoideus
4 Alveolarrand
5 Foramen mandibulae
6 Protuberantia mentalis
7 Cavitas dentis (pulparis) (Pulpahöhle)
8 Canalis radicis dentis
9 Foramen apicis radicis dentalis
10 Foramen mentale
11 Canalis mandibulae
12 Angulus mandibulae (Kieferwinkel)

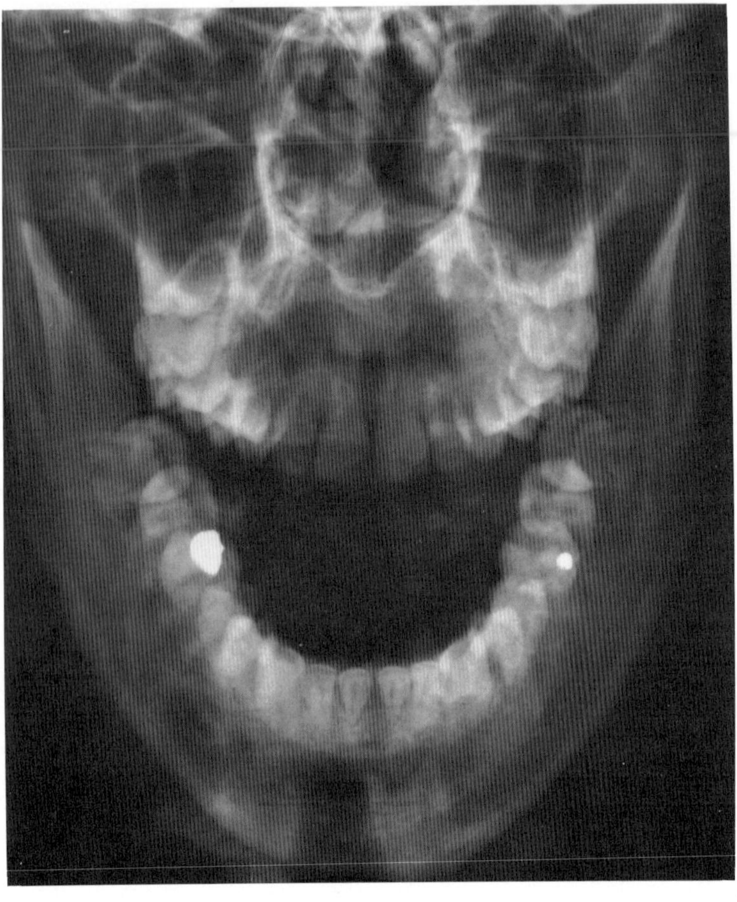

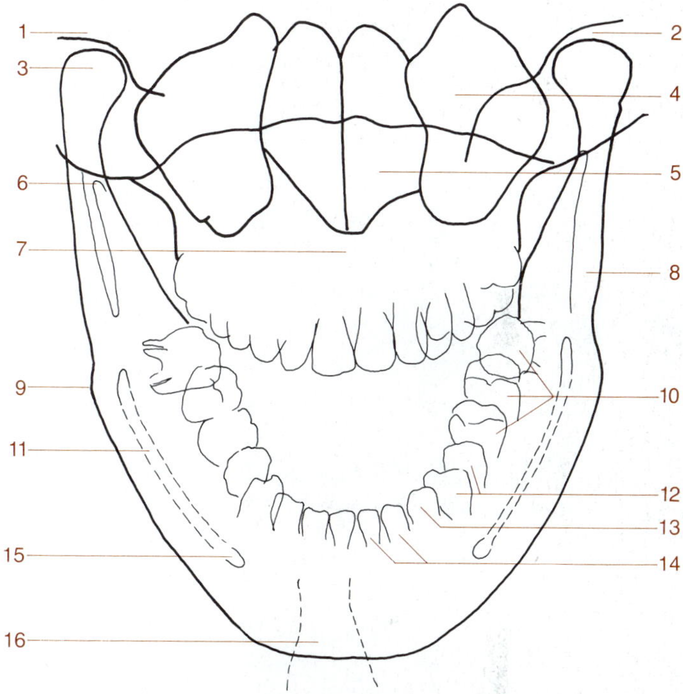

1 Pfannendach des Kiefergelenks
2 Articulatio temporo-mandibularis (Kiefergelenk)
3 Caput mandibulae
4 Sinus maxillaris (Oberkieferhöhle)
5 Cavitas nasi (Nasenhaupthöhle)
6 Processus coronoideus
7 Maxilla (Oberkiefer)
8 R. mandibulae
9 Angulus mandibulae
10 Dentes molares
11 Canalis mandibulae
12 Dentes praemolares
13 Dens caninus
14 Dentes incisivi
15 Foramen mentale
16 Tuberculum mentale (Überprojektion von Trachea-aufhellungsband)

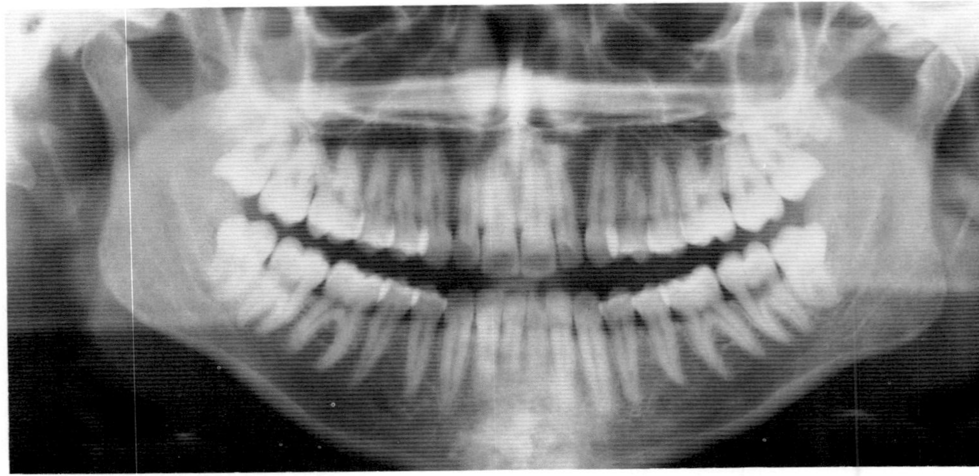

1 Processus styloideus
2 Palatum molle (weicher Gaumen)
3 Caput mandibulae
4 Processus condylaris
5 Arcus zygomaticus
6 Processus coronoideus
7 Orbitaboden

11 Sinus maxillaris
12 Fossa pterygopalatina
13 Processus pterygoideus
14 Angulus mandibulae
15 Zungenschatten
16 Canalis mandibulae
17 Os hyoideum
18 Foramen apicis radicis dentalis

21 Kronendentin
22 Enamelum (Zahnschmelz)
23 Foramen mentale
24 Radix dentis (Zahnwurzel)
25 Dentes incisivi (Frontzähne)
26 Dens caninus (Eckzahn)
27 Dentes praemolares (vordere Backenzähne)

8 Cavitas nasi (Nasenhaupthöhle)
9 Palatum durum (harter Gaumen)
10 Recessus alveolaris (Oberkieferhöhlenboden)

19 Canalis radicis dentis (Wurzelkanal)
20 Cavitas dentis (pulparis) (Pulpahöhle)

28 Dentes molares (hintere Backenzähne)

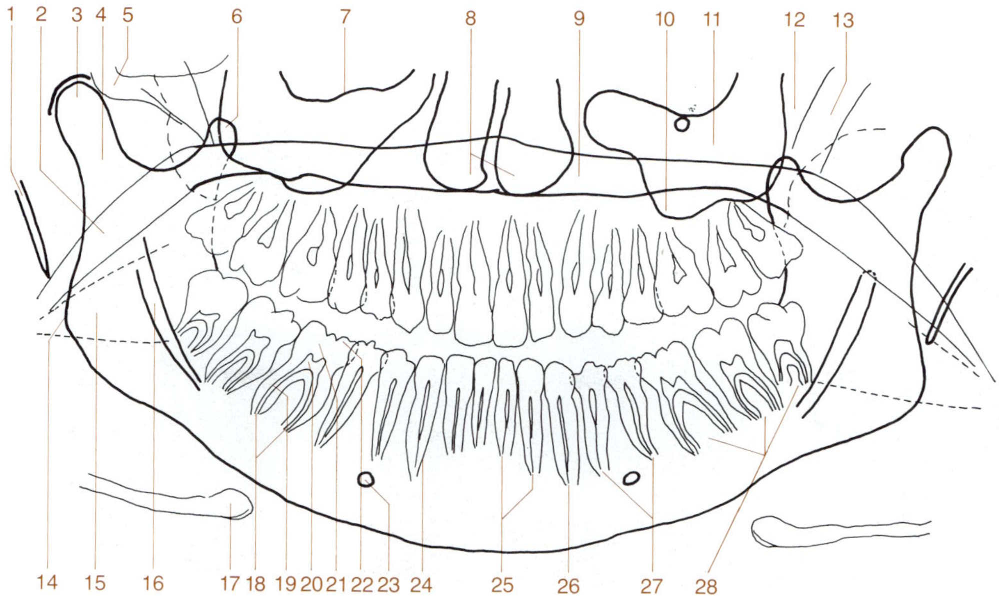

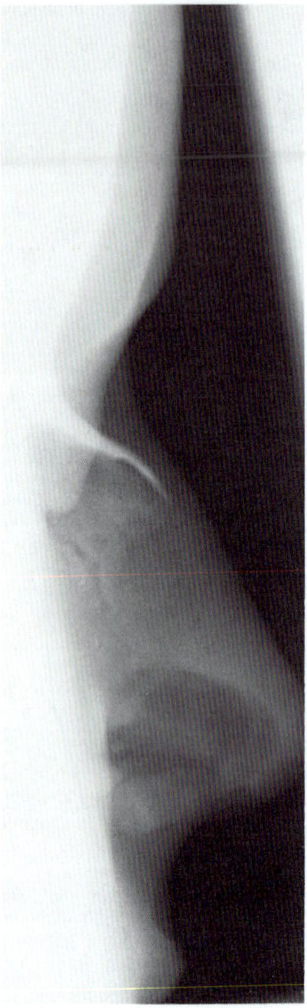

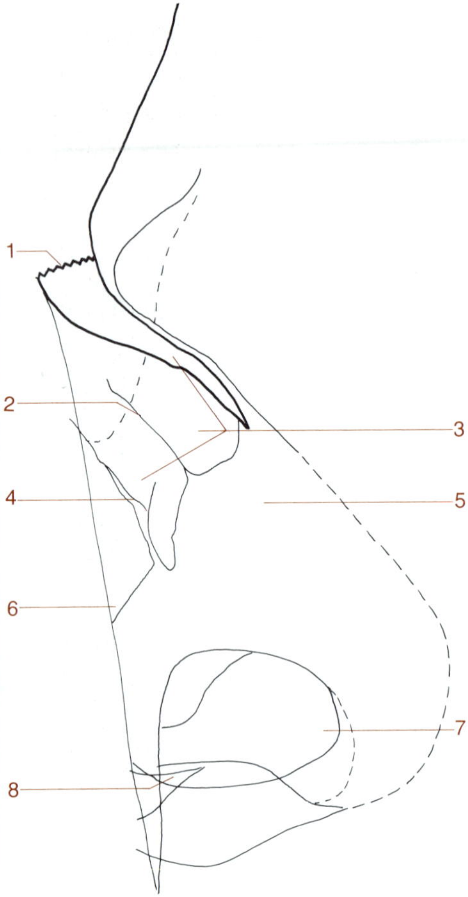

1 Sutura frontonasalis
2 Sulci ethmoidales
3 Os nasale
4 Sutura nasomaxillaris
5 Cartilago nasi (Nasenknorpel)
6 Maxilla
7 Vestibulum nasi
8 Spina nasalis anterior

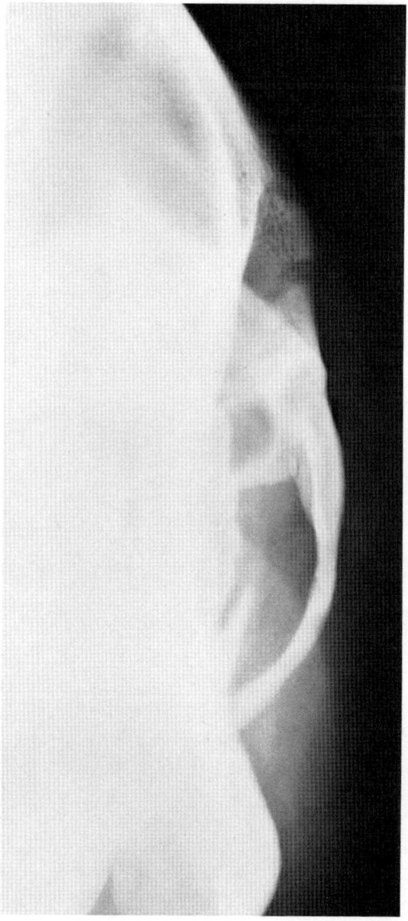

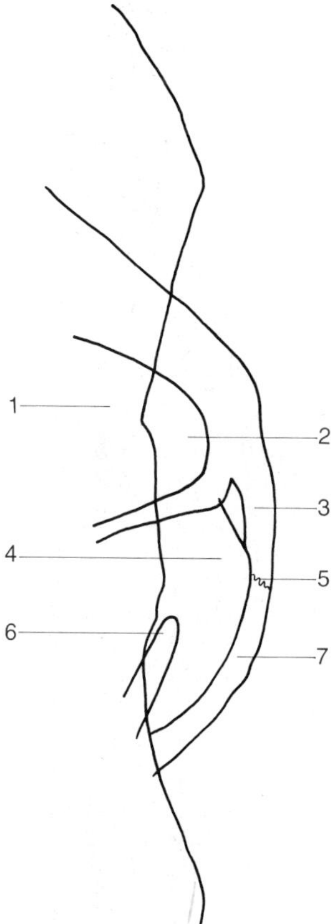

1 Sinus maxillaris
2 Recessus zygomaticus (des Sinus maxillaris)
3 Arcus zygomaticus (Jochbogen)
4 Fossa temporalis
5 Sutura temporozygomatica
6 Processus coronoideus (orthograd)
7 Processus zygomaticus ossis temporalis

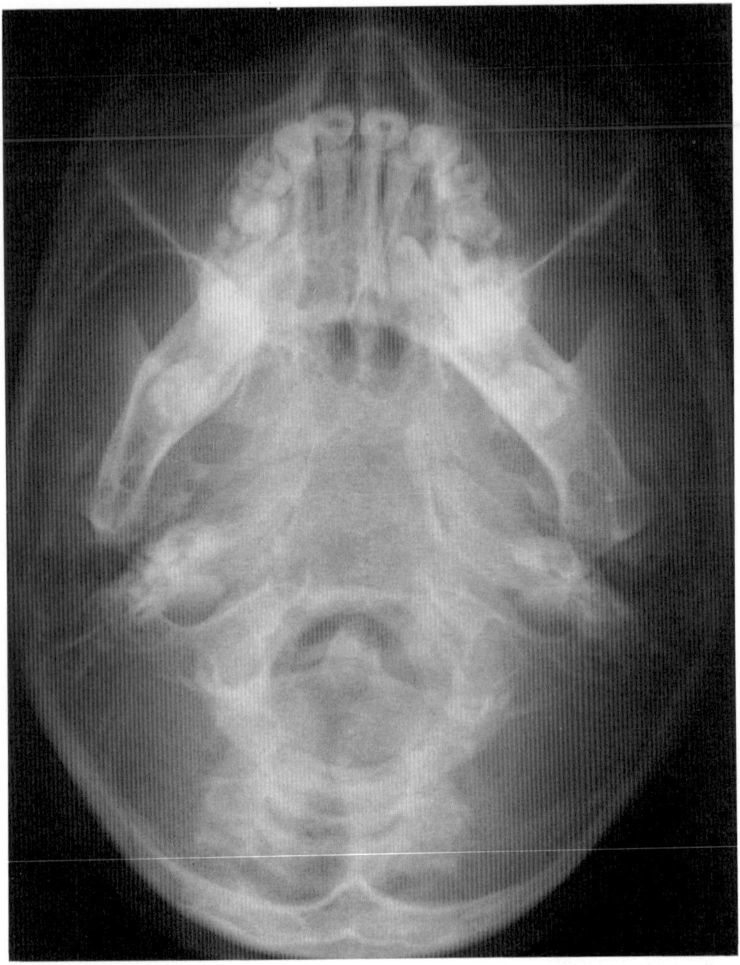

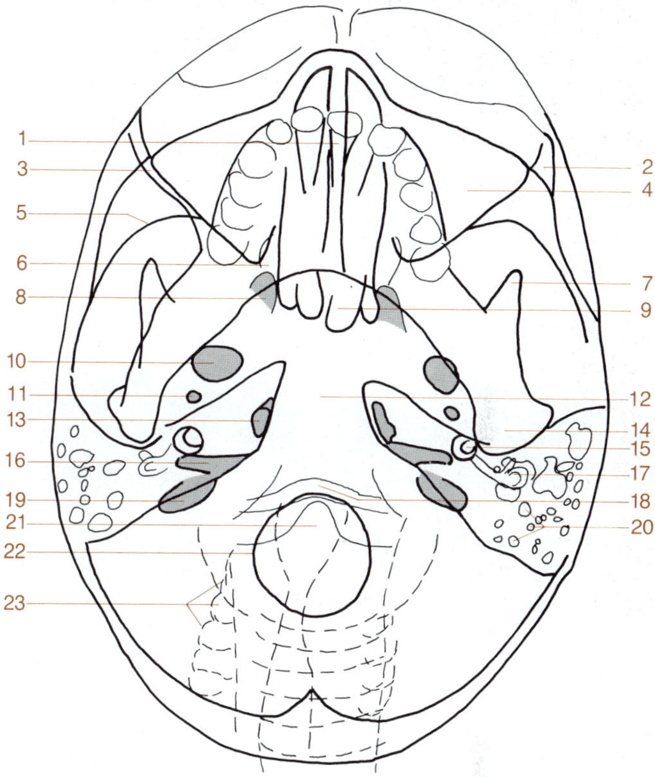

1 Septum nasi
2 Os zygomaticum
3 Facies infratemporalis maxillae
4 Sinus maxillaris (Oberkiefer-höhle) (und Orbita, teilweise übereinanderprojiziert)
5 Fossa cranialis media, Ala major (vorderer Pol)
6 Fossa pterygopalatina
7 Processus coronoideus
8 Fossa pterygoidea
9 Sinus sphenoidalis (Keilbeinhöhle)
10 Foramen ovale
11 Foramen spinosum
12 Klivus
13 Foramen lacerum
14 Caput mandibulae
15 Kochlea
16 Meatus acusticus internus (innerer Gehörgang)
17 Ductus semicirculares (Bogengänge)
18 Arcus anterior atlantis (vorderer Atlasbogen)
19 Foramen jugulare
20 Cellulae mastoideae (Mastoidzellen)
21 Dens axis
22 Foramen magnum
23 HWS

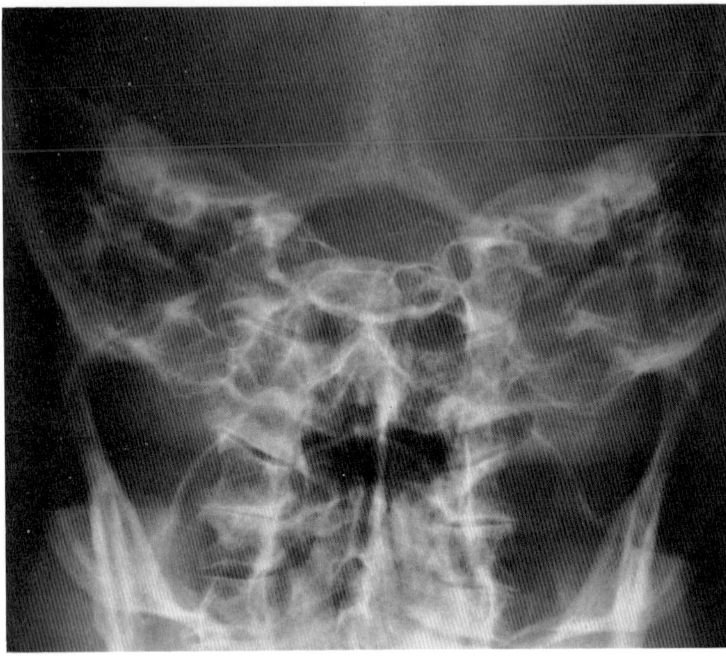

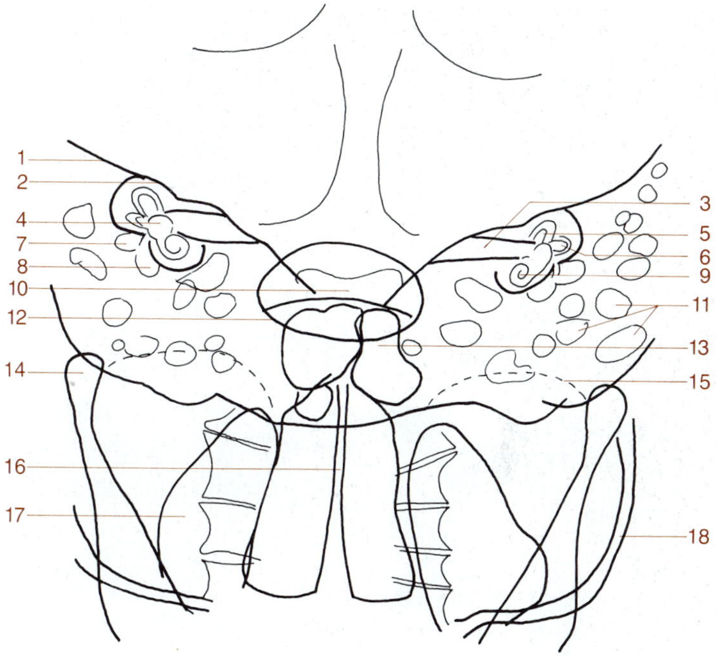

1 Pyramidenoberkante
2 Eminentia arcuata
3 Meatus acusticus internus (innerer Gehörgang)
4 Vestibulum
5 Ductus semicircularis anterior superior (oberer Bogengang)
6 Ductus semicircularis lateralis (horizontaler Bogengang)
7 Antrum mastoideum
8 Cavum tympani
9 Kochlea
10 Dorsum sellae
11 Cellulae mastoideae (Mastoidzellen)
12 Foramen magnum
13 Sinus frontalis
14 Caput mandibulae
15 Orbitadach
16 Septum nasi (Nasenseptum) und Cavitates nasi (Nasenhaupthöhlen)
17 Sinus maxillaris (Oberkieferhöhle)
18 Arcus zygomaticus (Jochbogen)

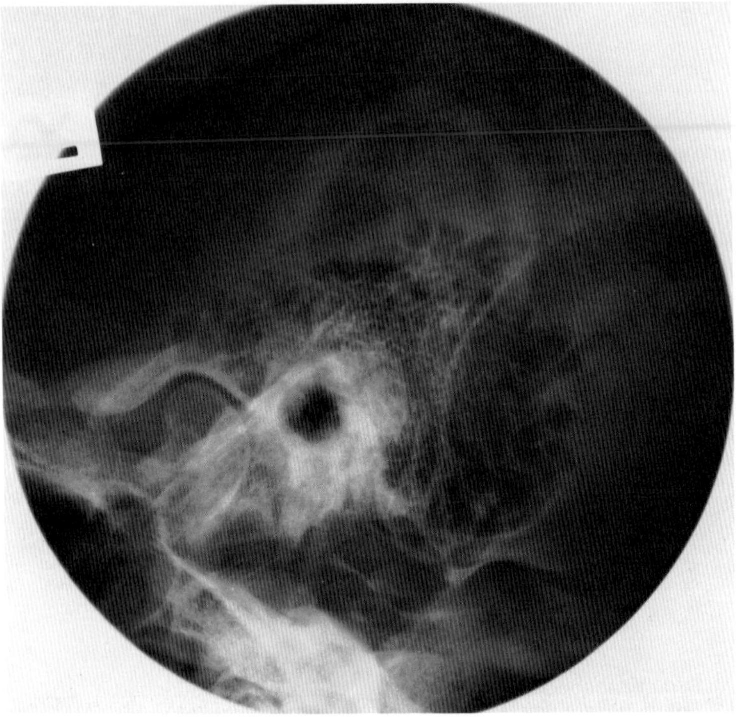

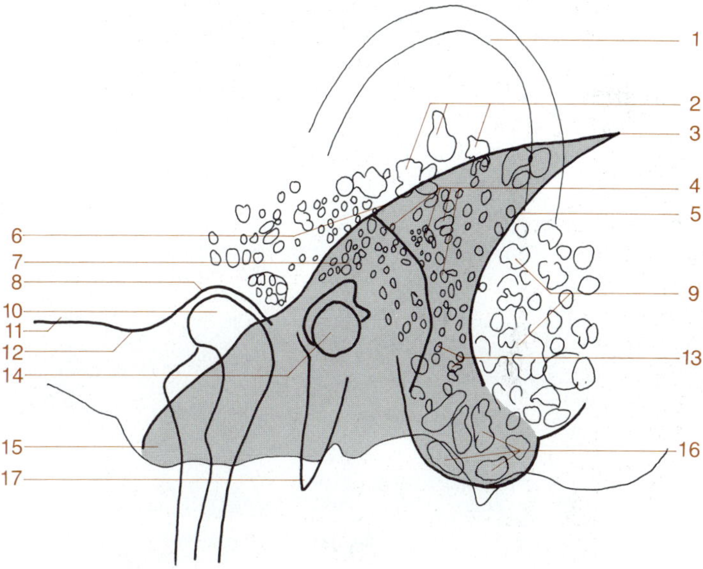

1 Concha auricularis (Ohrmuschel)
2 Schuppenzellen
3 Sinus-Dura-Winkel (Citelli-Winkel)
4 periantrale Zellen
5 Sulcus sinus sigmoidei
6 Pyramidenvorderkante
7 Antrum mastoideum
8 Kiefergelenkpfanne
9 retrosinöse Zellen (Marginalzellen)
10 Caput mandibulae (Kieferköpfchen)
11 Processus zygomaticus ossis temporalis
12 Tuberculum articulare
13 Schwellenzellen bzw. retrofaziale Zellen
14 Meatus acusticus internus und externus (innerer und äußerer Gehörgang)
15 Pyramidenspitze
16 Terminalzellen im Processus mastoideus (Mastoidspitze)
17 Processus styloideus

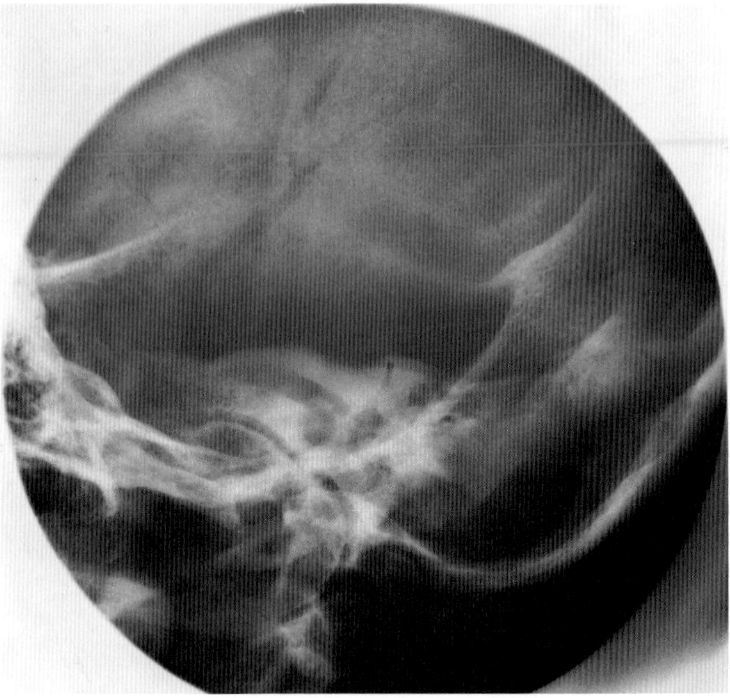

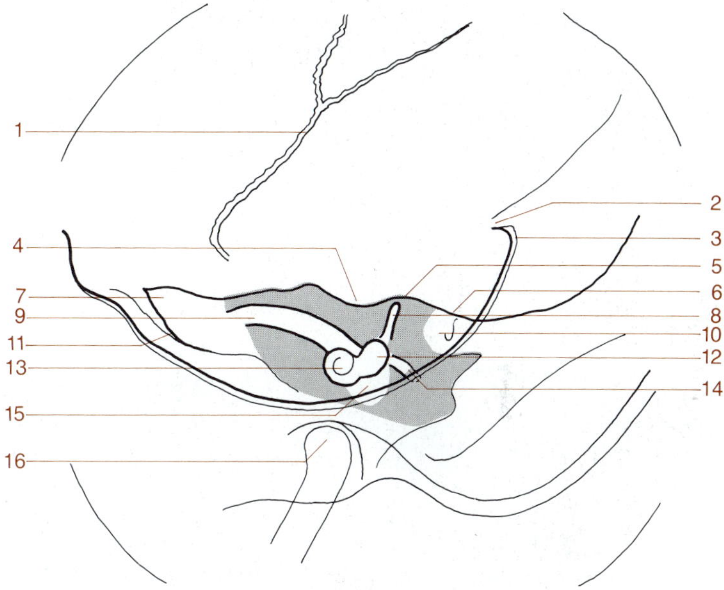

1 Sutura sphenosquamosa
2 Protuberantia occipitalis interna
3 Crista occipitalis interna
4 Fossa subarcuata
5 Eminentia arcuata
6 Tegmen antri
7 Pyramidenspitze
8 Ductus semicircularis anterior superior (oberer Bogengang)
9 Meatus acusticus internus (innerer Gehörgang)
10 Antrum
11 Fissura sphenopetrosa
12 Vestibulum
13 Kochlea
14 Ductus semicircularis lateralis (horizontaler Bogengang)
15 Cavum tympani
16 Caput mandibulae

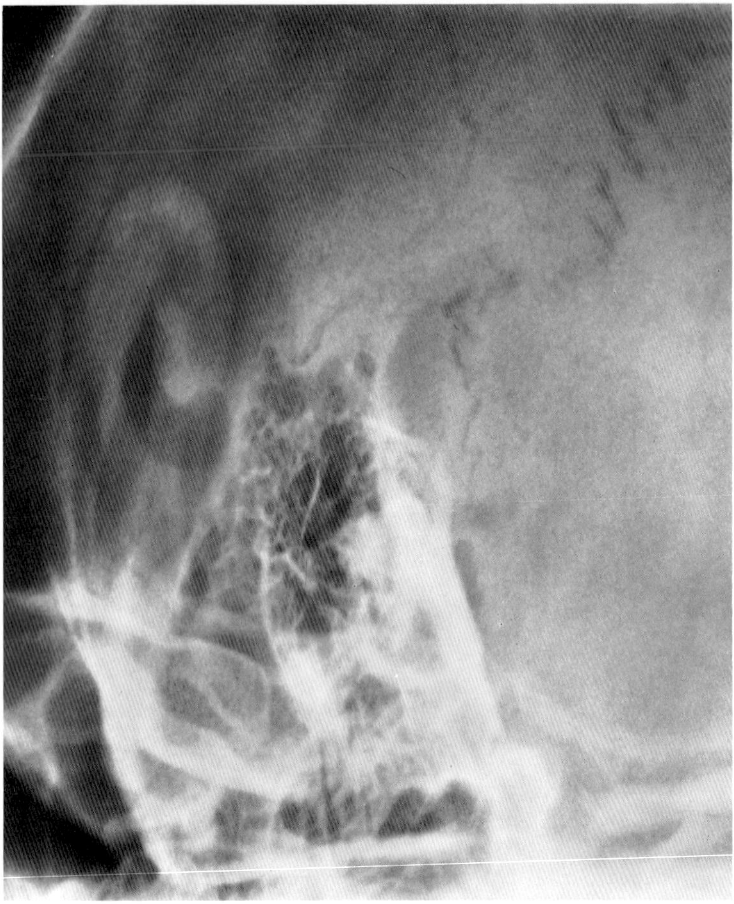

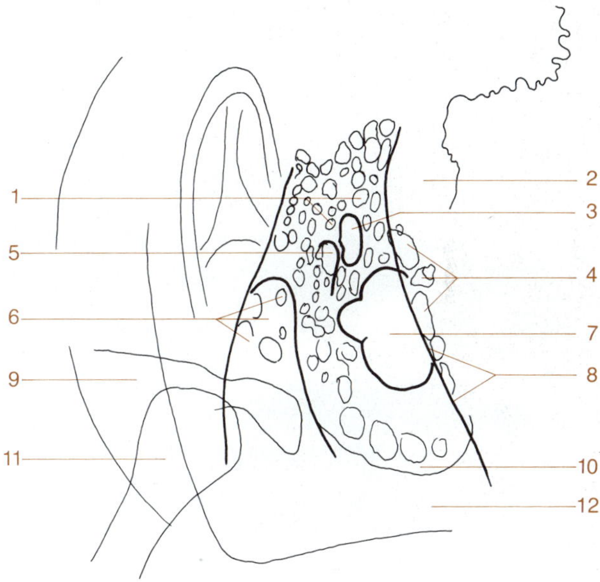

1 periantrale Zellen
2 Sinus sigmoideus
3 Antrum
4 retrosinöse Zellen
5 Aditus ad antrum
6 Meatus acusticus externus und Cavitas tympanica (Paukenhöhle)
7 Labyrinthblock
8 knöcherne Sinusschale (hintere Pyramidenkante)
9 Os zygomaticum
10 Mastoidspitze
11 Caput mandibulae
12 Pyramidenspitze

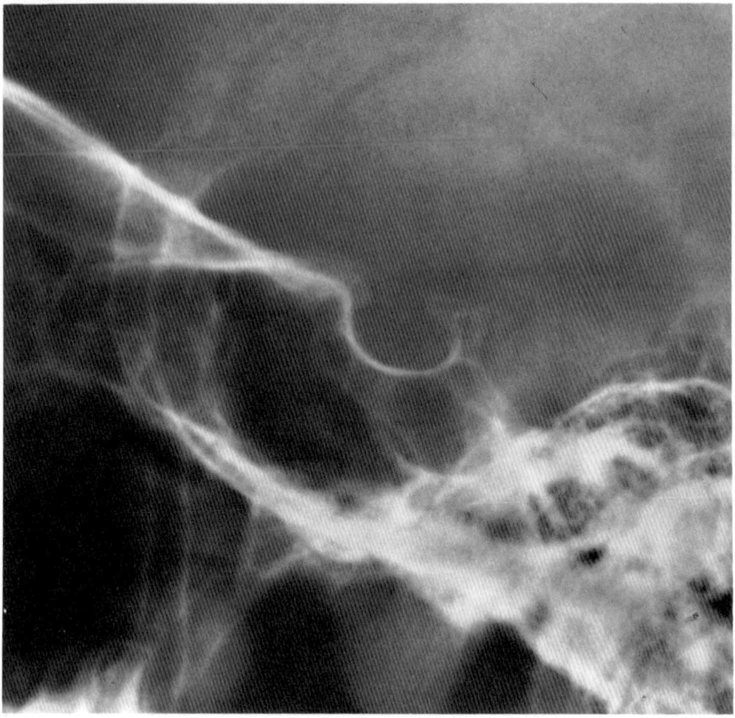

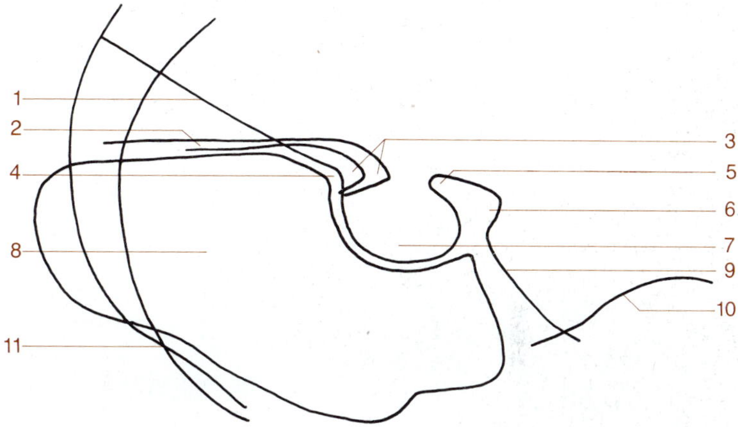

1 Pars orbitalis ossis frontalis
2 Planum sphenoidale
3 Processus clinoidei anteriores (vordere Klinoidfortsätze)
4 Tuberculum sellae
5 Processus clinoidei posteriores (hinterer Klinoidfortsätze)
6 Dorsum sellae
7 Fossa hyophysialis (Hypophysengrube)
8 Sinus sphenoidalis (Keilbeinhöhle)
9 Klivus
10 Crista pyramidalis
11 Ala major ossis sphenoidalis (mittlere Schädelgrube)

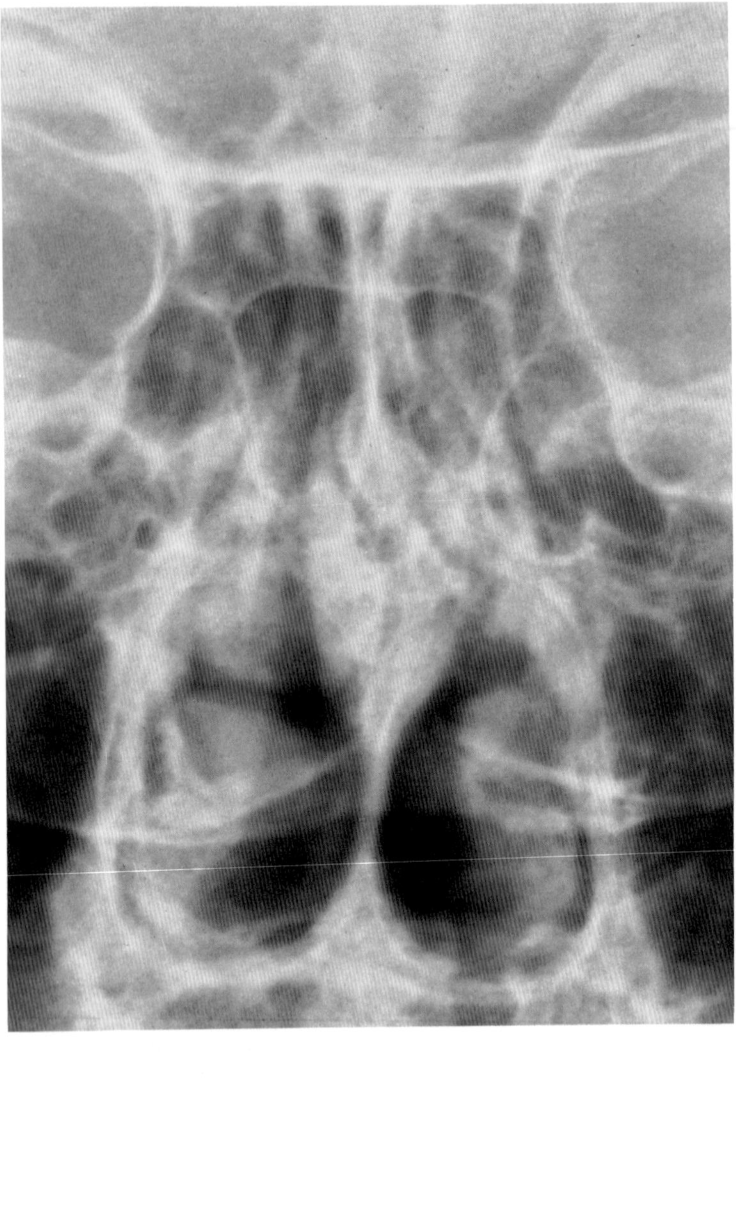

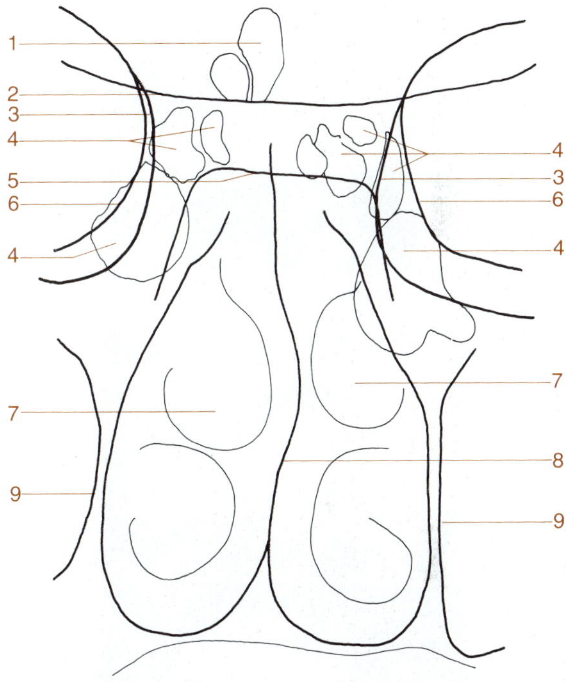

1 Sinus frontalis (Stirnhöhlen)
2 Planum sphenoidale
3 Paries medialis (mediale Orbitawand)
4 Cellulae ethmoidales (Siebbeinzellen)
5 Fossa hypophysialis (Boden der Sella)
6 Lamina orbitalis (papyracea)
7 Conchae nasales (Nasenmuscheln)
9 Septum nasi (Nasenseptum)
9 mediale Oberkieferhöhlenwand

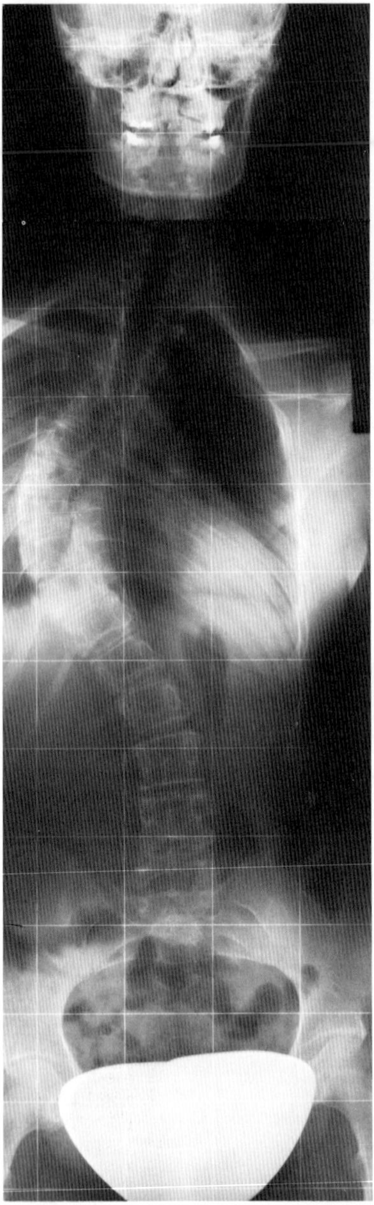

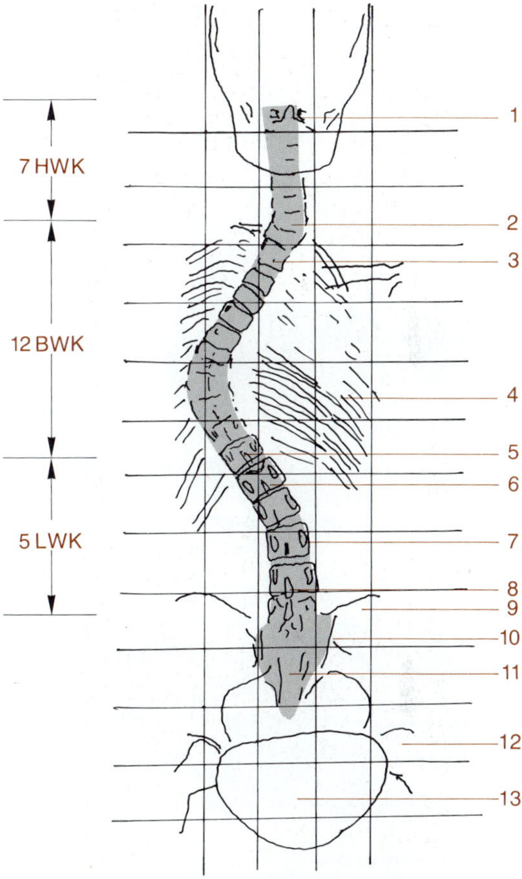

1 Dens axis
2 C VII
3 Th II
4 Rippengitter
5 Th XII
6 L I
7 Bogenwurzel L III
8 Processus spinosus (Dornfortsatz) L VI
9 Os ilii
10 Articulatio sacroiliaca (Iliosakralfuge)
11 Os sacrum
12 Articulatio coxae (Hüftgelenk)
13 Gonadenschutz

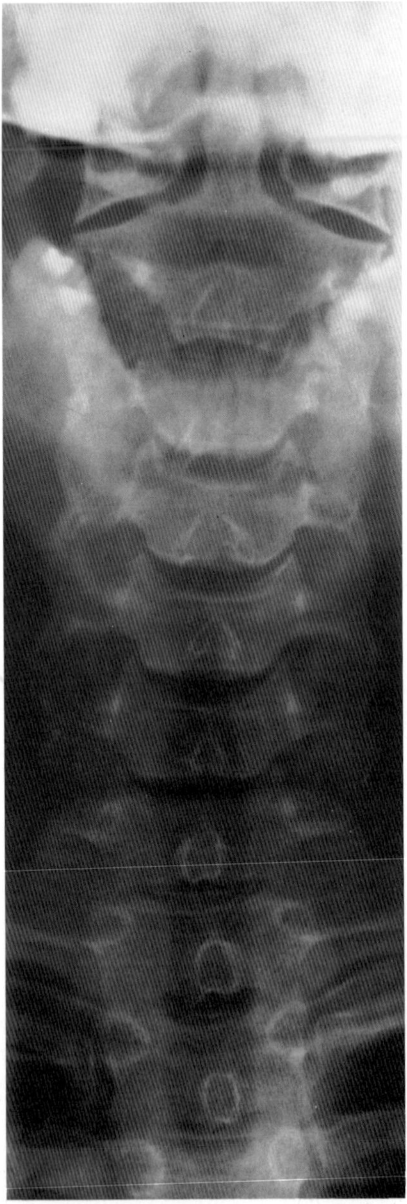

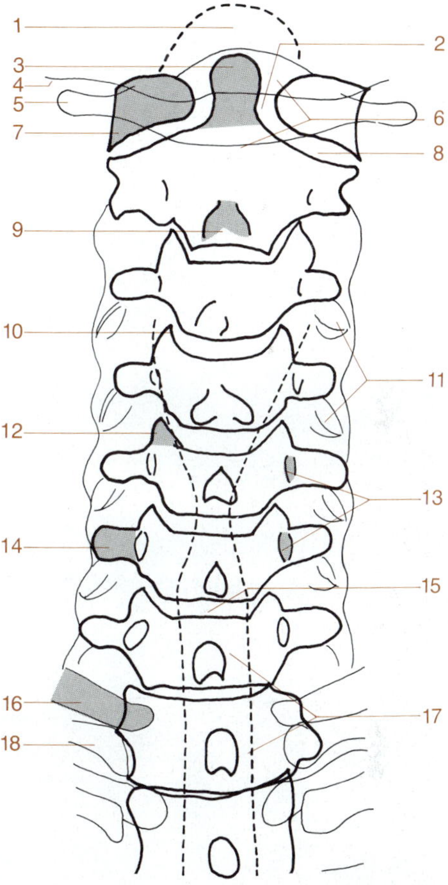

1 Foramen magnum
2 Articulatio atlantoaxialis mediana (Atlantodentalgelenk)
3 Dens axis
4 Okziput
5 Processus transversus
6 Arkus
7 Massa lateralis (von C I)
8 Articulatio atlantoaxialis lateralis (Atlantoaxialgelenk)
9 Processus spinosus (zweigeteilt)
10 Unkovertebralgelenk
11 überlappende Gelenkfortsätze (der Intervertebralgelenke)
12 Processus uncinatus
13 Pediculus arcus vertebrae
14 Processus transversus
15 Zwischenwirbelraum
16 Processus transversus vertebrae thoracicae I
17 Tracheaaufhellungsband
18 Coste I (1. Rippe)

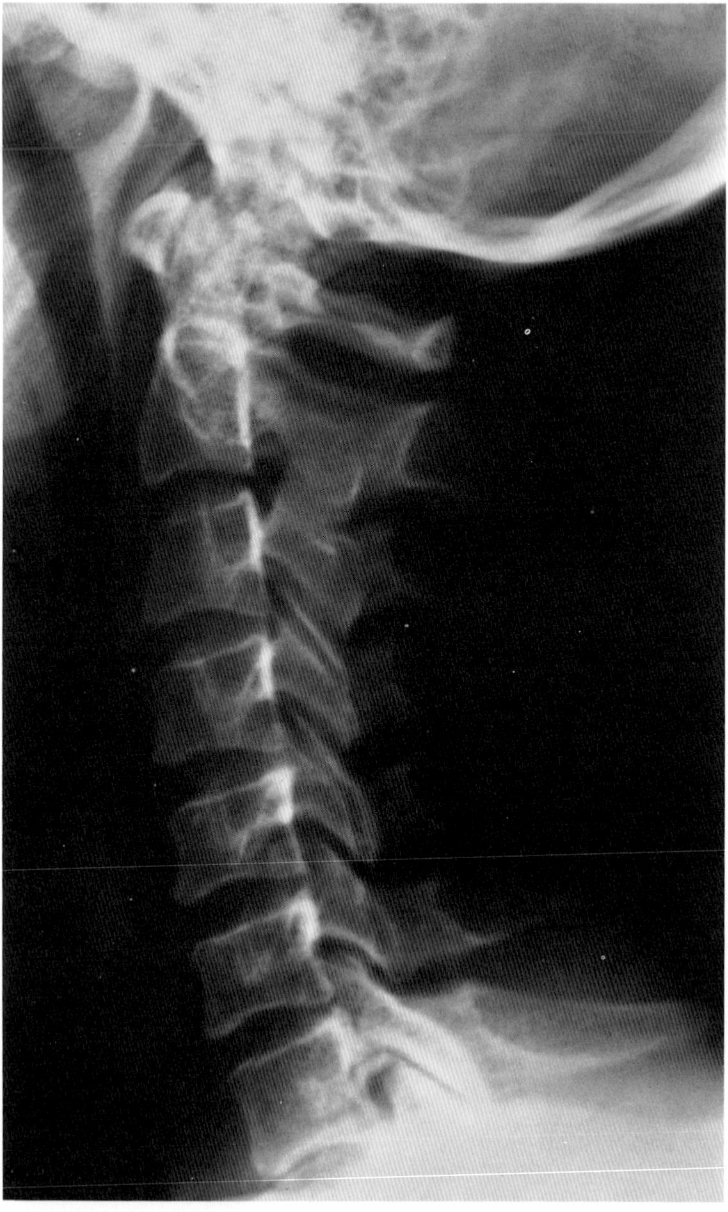

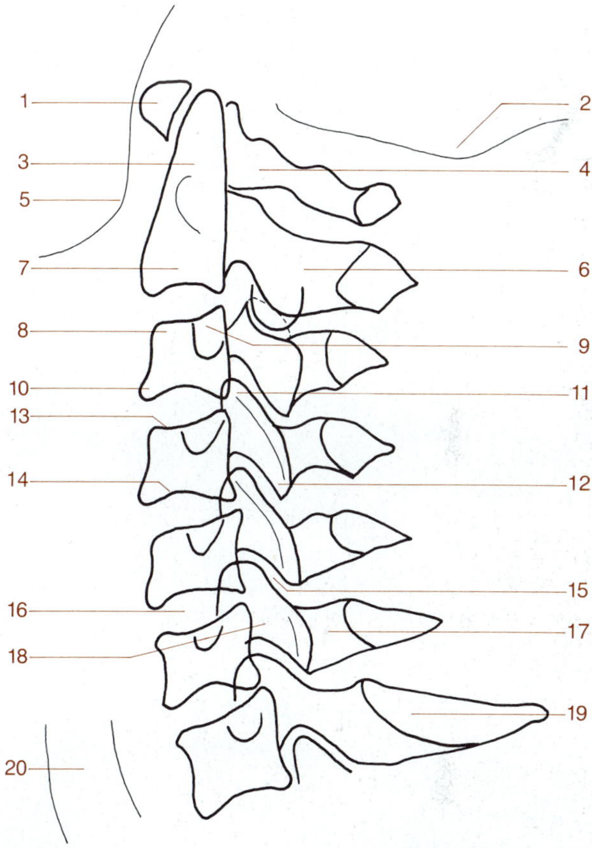

1 Arcus anterior (vorderer Atlasbogen)
2 Basis cranii (Schädelbasis)
3 Dens axis
4 Arcus posterior (hinterer Atlasbogen)
5 Mandibula
6 Processus spinosus
7 Corpus axis
8 vordere obere Wirbelkörperkante
9 Processus transversus
10 vordere untere Wirbelkörperkante
11 Processus articularis superior (oberer Gelenkfortsatz)
12 Processus articularis inferior (unterer Gelenkfortsatz)
13 Wirbelkörperdeckplatte
14 Wirbelkörpergrundplatte
15 Intervertebralgelenk (= kleines Wirbelgelenk)
16 Zwischenwirbelraum
17 Arkus (Bogen)
18 Gelenkpfeiler
19 Processus spinosus (vertebrae prominentis)
20 Trachea

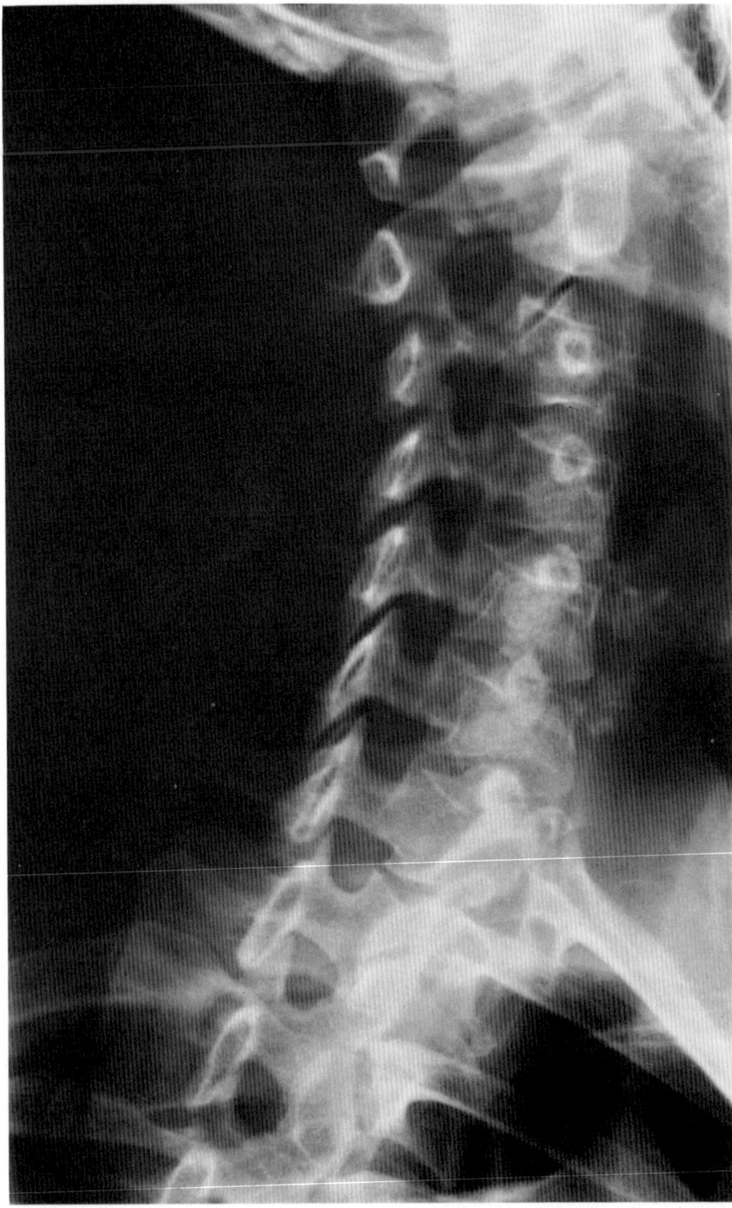

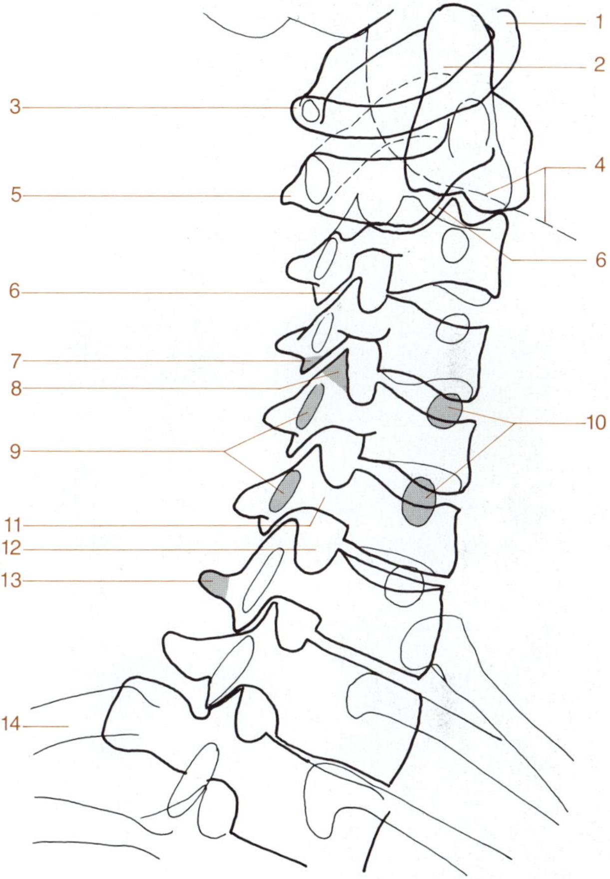

1 Arcus anterior
2 Dens
3 Atlas
4 Mandibula
5 Axis
6 Articulatio zygapophysialis (kleines Wirbelgelenk bzw. Intervertebralgelenk)
7 Processus articularis inferior
8 Processus articularis superior
9 Processus transversus
10 Pediculus der Gegenseite (orthograd getroffen)
11 Pediculus arcus vertebrae
12 Foramen intervertebrale
13 Processus spinosus
14 Costae (Rippen)

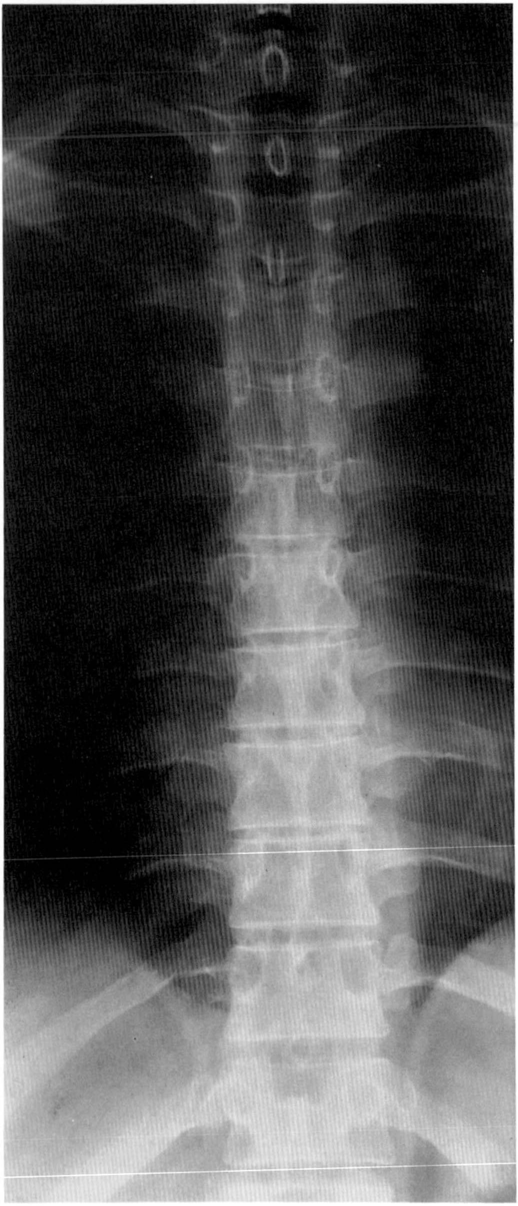

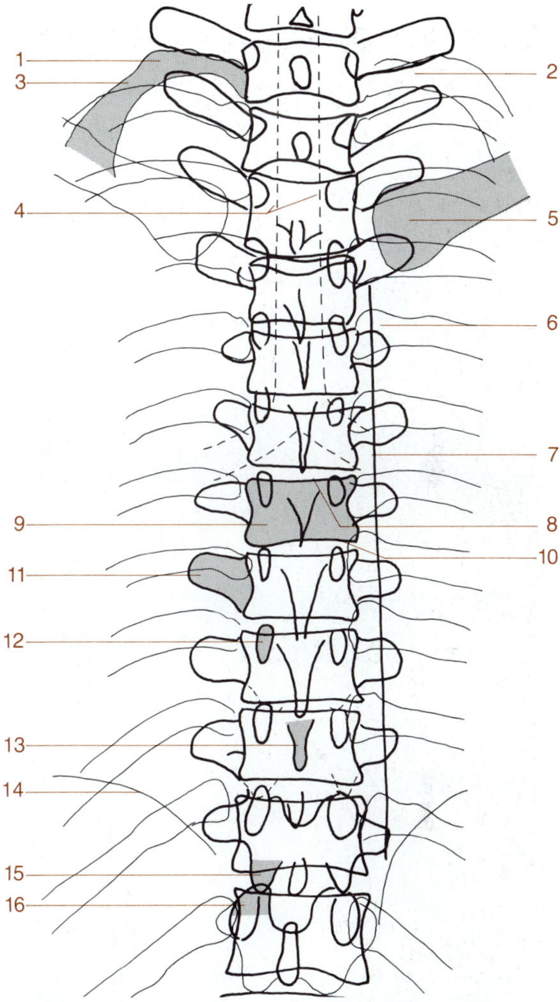

1 Tuberculum costae I
2 Collum costae
3 Costa I (1. Rippe)
4 Trachea
5 Klavikula
6 Caput costae
7 Paravertebrallinie
8 Wirbelkörperdeckplatte
9 Corpus vertebrae (Wirbelkörper)
10 Wirbelkörpergrundplatte
11 Processus transversus (Querfortsatz)
12 Pediculus arcus vertebrae
13 Processus spinosus (Dornfortsatz)
14 Diaphragma (Zwerchfell)
15 Processus articularis inferior
16 Processus articularis superior

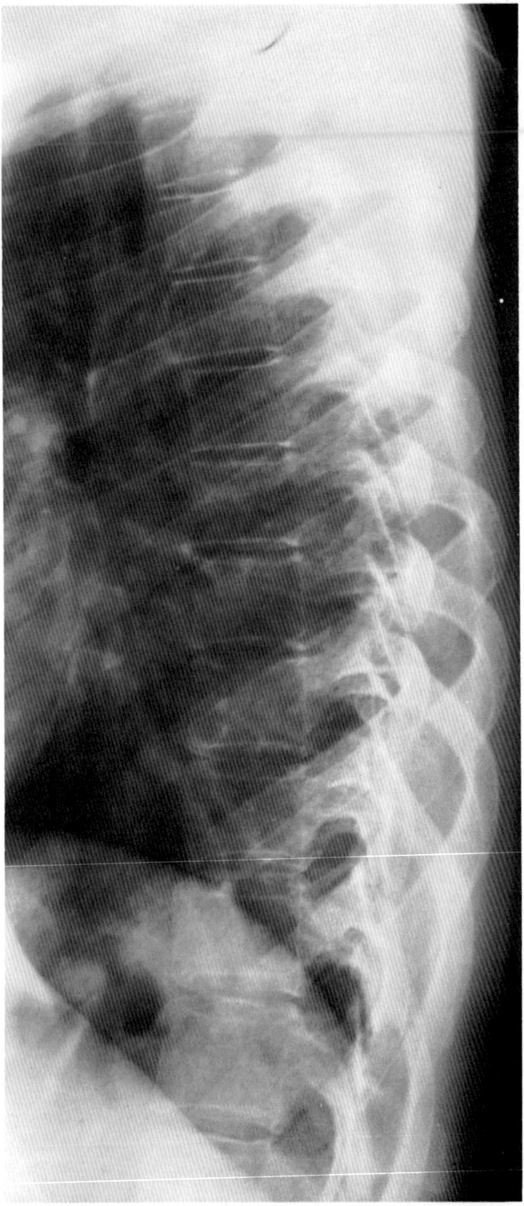

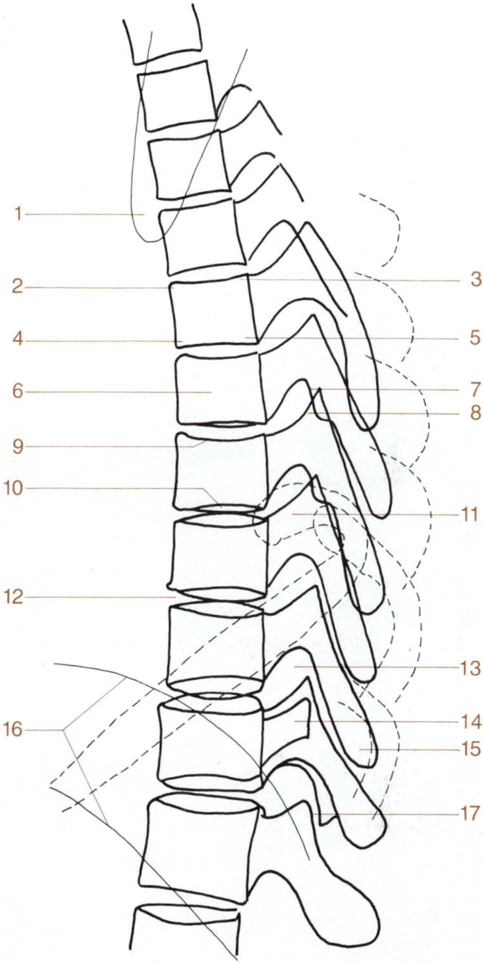

1 Skapula
2 vordere obere Abschlußkante
3 hintere obere Abschlußkante
4 vordere untere Abschlußkante
5 hintere untere Abschlußkante
6 Corpus vertebrae (Wirbelkörper)
7 Processus articularis superior
8 Processus articularis inferior
9 Wirbelkörperdeckplatte
10 Wirbelkörpergrundplatte
11 Caput costae (Rippenköpfchen)
12 Zwischenwirbelraum
13 Foramen intervertebrale
14 Processus transversus
15 Processus spinosus
16 Zwerchfellkuppe
17 Articulatio intervertebralis (Intervertebralgelenk)

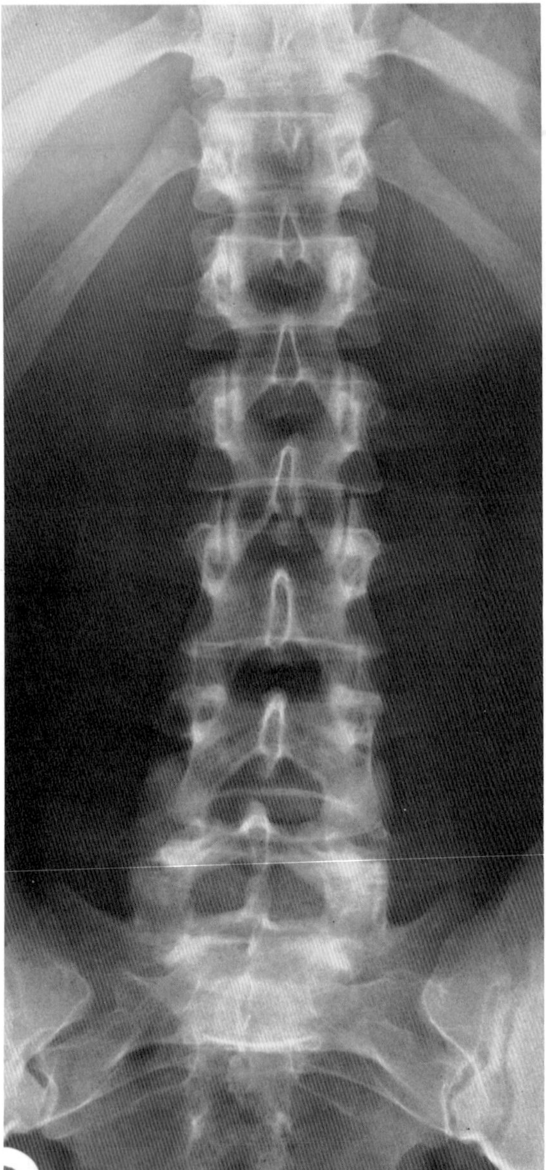

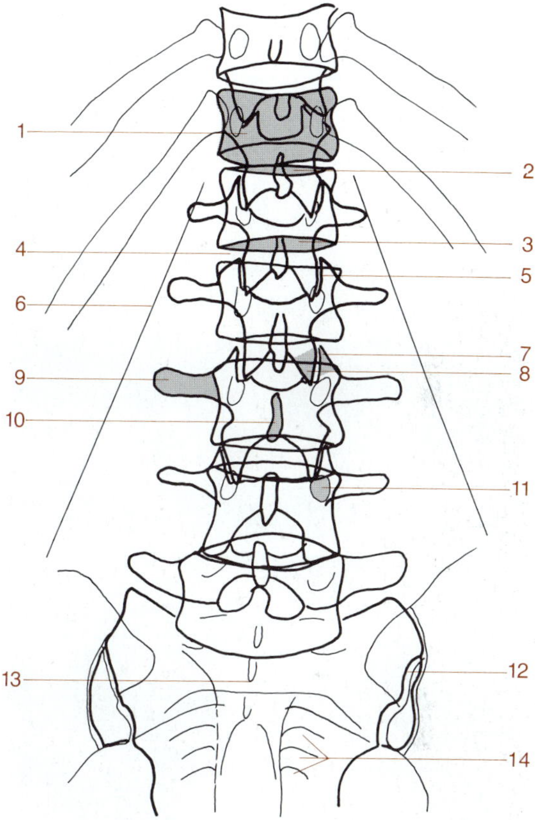

1 Corpus vertebrae (Wirbelkörper)
2 Wirbelkörperdeckplatte
3 Wirbelkörpergrundplatte
4 Zwischenwirbelraum
5 Intervertebralgelenk (kleines Wirbelgelenk)
6 Psoasschatten
7 Processus articularis superior (oberer Gelenkfortsatz)
8 Processus articularis inferior (unterer Gelenkfortsatz)
9 Processus transversus (Querfortsatz)
10 Processus spinosus (Dornfortsatz)
11 Pediculus arcus vertebrae
12 Articulatio sacroiliaca (Iliosakralgelenk)
13 Os sacrum
14 Foramina sacralia

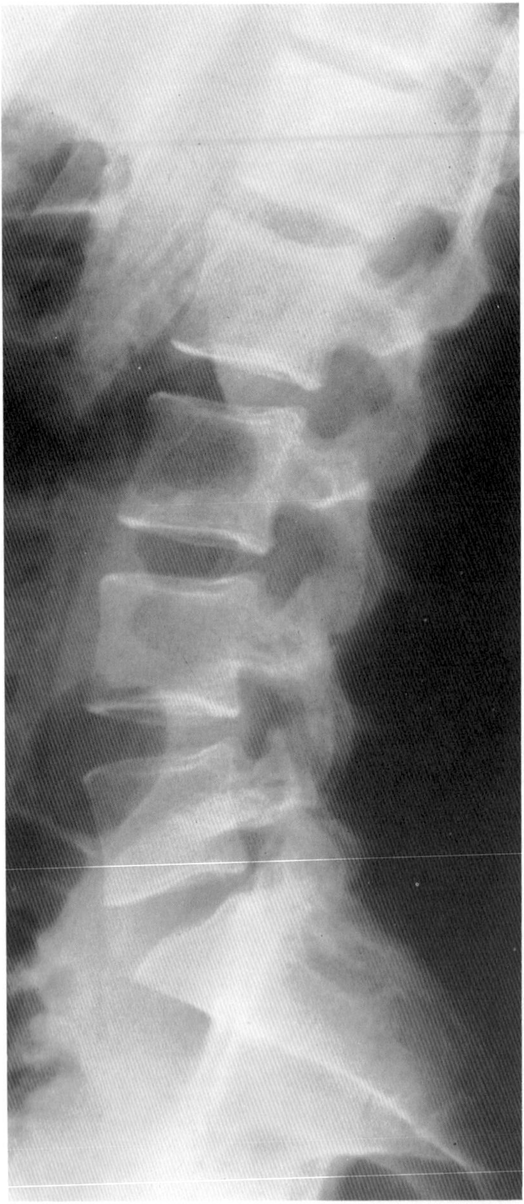

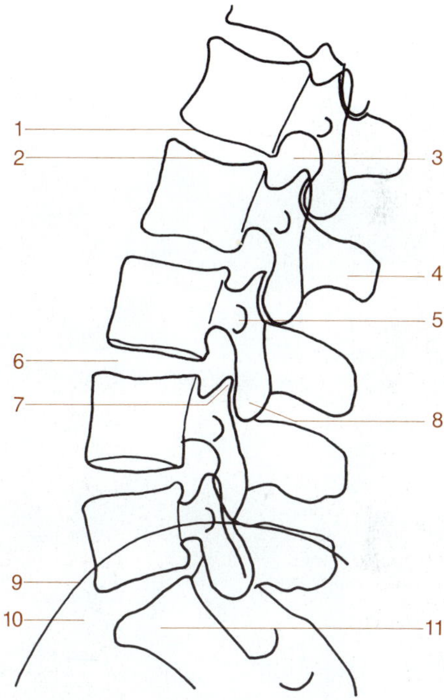

1 Wirbelkörpergrundplatte
2 Wirbelkörperdeckplatte
3 Foramen intervertebrale
4 Processus spinosus (Dornfortsatz)
5 Processus transversus (Querfortsatz)
6 Intervertebralraum (Zwischenwirbelraum)
7 Processus articularis superior (oberer Gelenkfortsatz)
8 Processus articularis inferior (unterer Gelenkfortsatz)
9 Crista iliaca
10 Promontorium
11 Os sacrum

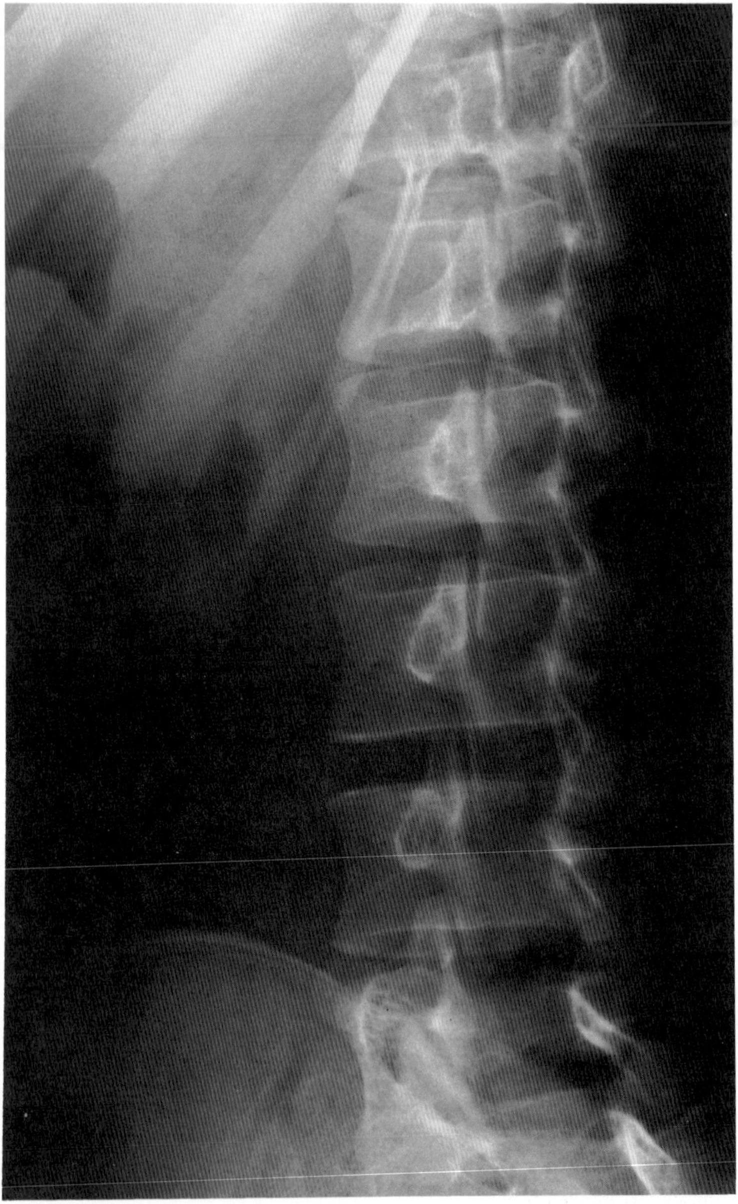

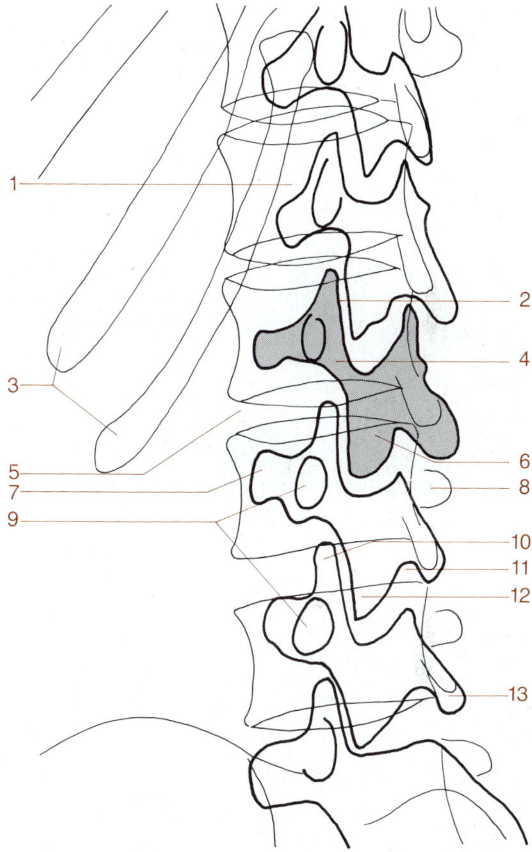

1 Corpus vertebrae (Wirbelkörper)
2 Intervertebralgelenk (kleines Wirbelgelenk)
3 Costae (Rippen)
4 Interartikularportion
5 Zwischenwirbelraum
6 Lamina arcus vertebrae
7 Processus costalis (nahe)
8 Processus costalis (entfernt)
9 Pediculus arcus vertebrae
10 Processus articularis superior
11 Foramen intervertebrale
12 Processus articularis inferior
13 Processus spinosus

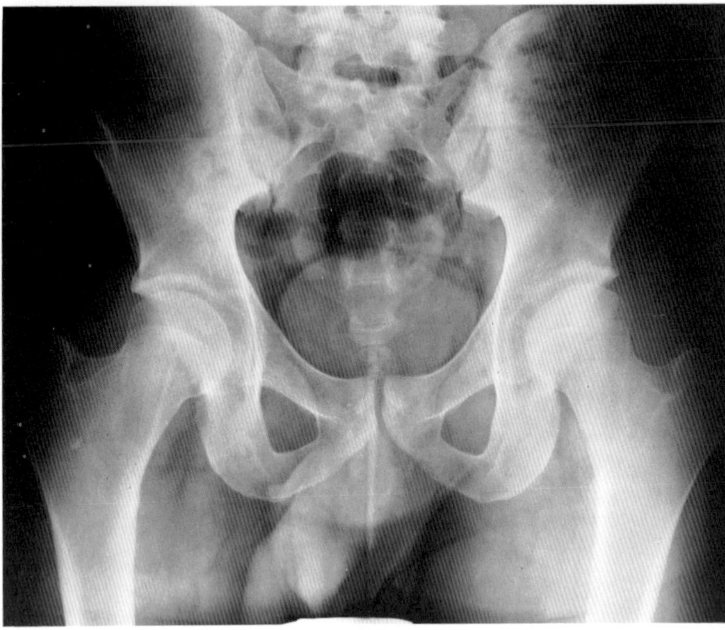

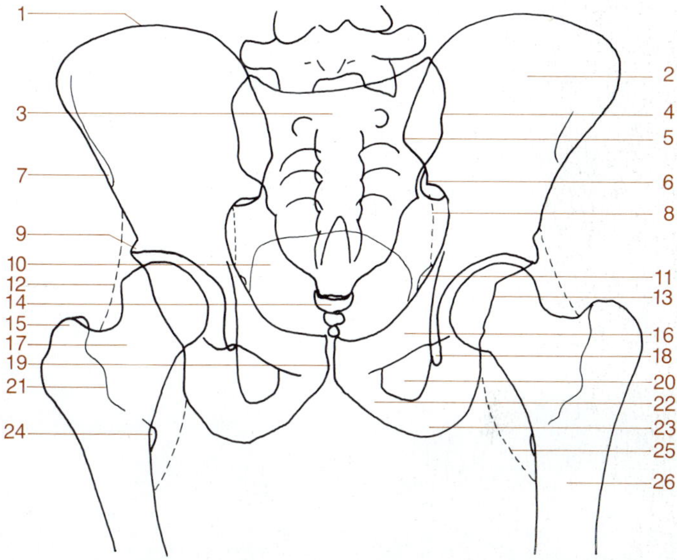

1 Crista iliaca
2 Ala ossis ilii (Beckenschaufel)
3 Os sacrum
4 Articulatio sacroiliaca (Iliosakralgelenk)
5 Spina iliaca posterior superior
6 Spina iliaca posterior inferior
7 Spina iliaca anterior superior
8 Weichteillinie des M. obturator internus
9 Limbus acetabuli (Pfannenerker)
10 Blasenschatten
11 Spina ischiadica
12 Fettstreifen medial vom M. glutaeus minimus
13 hinterer Pfannenrand
14 Os coccygis
15 Trochanter major
16 R. superior ossis pubis (oberer Schambeinast)
17 Collum femoris (Schenkelhals)
18 Köhler-Tränenfigur
19 Symphysis
20 Foramen obturatum
21 Crista intertrochanterica
22 R. inferior ossis pubis (unterer Schambeinast)
23 Tuber ischiadicum
24 Trochanter minor
25 Fettstreifen medial vom M. iliopsoas
26 Femur

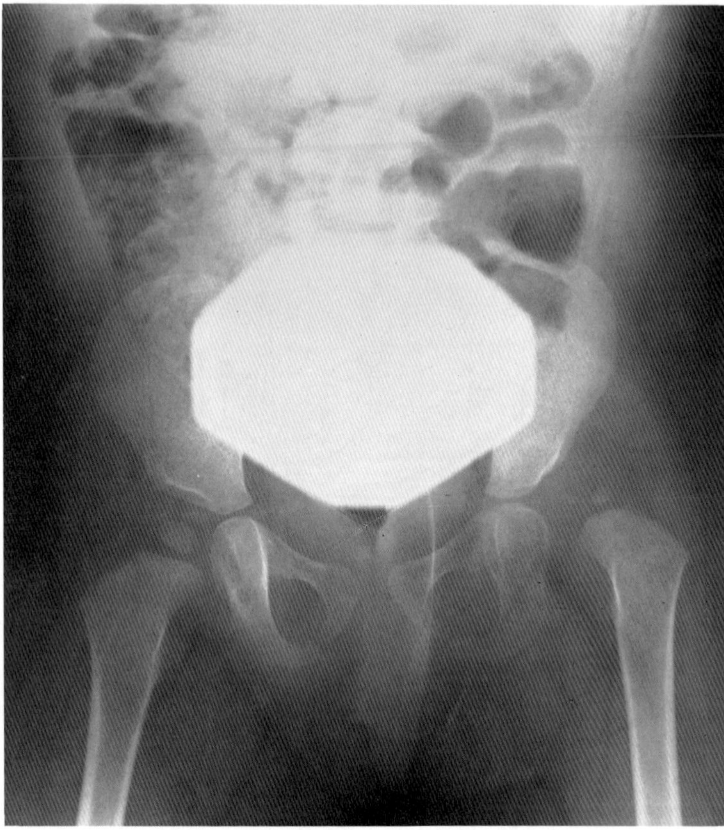

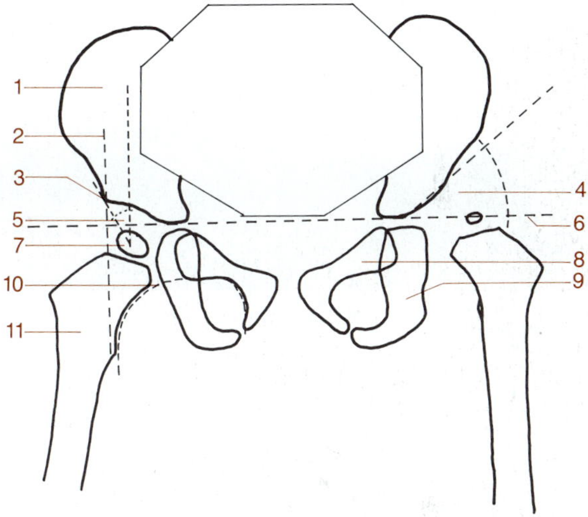

1 Os ilii
2 Ombrédanne-Linie (Senkrechte vom Pfannenerker auf die Hilgenreiner-Horizontale)
3 Pfannenerker
4 Pfannendachneigungswinkel
5 Zentrum-Ecken-Winkel nach Wiberg (Winkel zwischen Senkrechter auf Epiphysenzentrum EZ und Pfannenerker-EZ-Linie)
6 Hilgenreiner-Linie (Verbindung der Y-Fugen)
7 Femurkopfepiphyse
8 Os pubis
9 Os ischii
10 Shenton-Ménard-Linie (Verbindung obere Rundung Foramen obturatum – Schenkelhals)
11 Femur

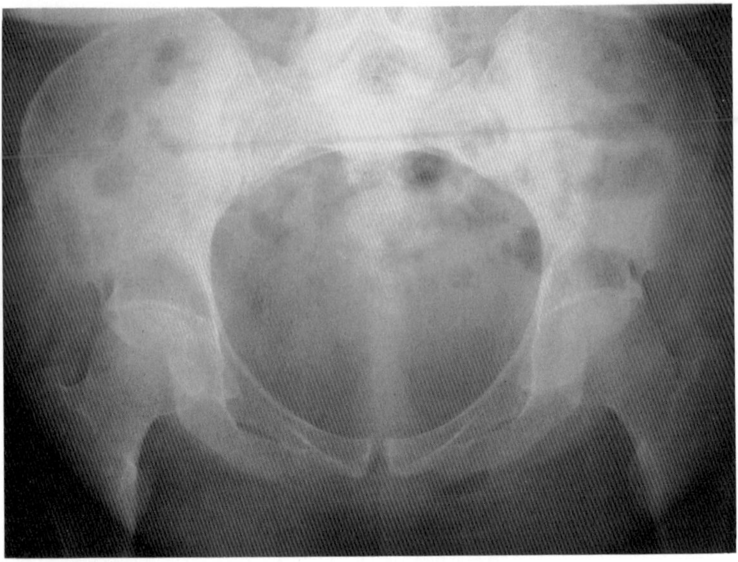

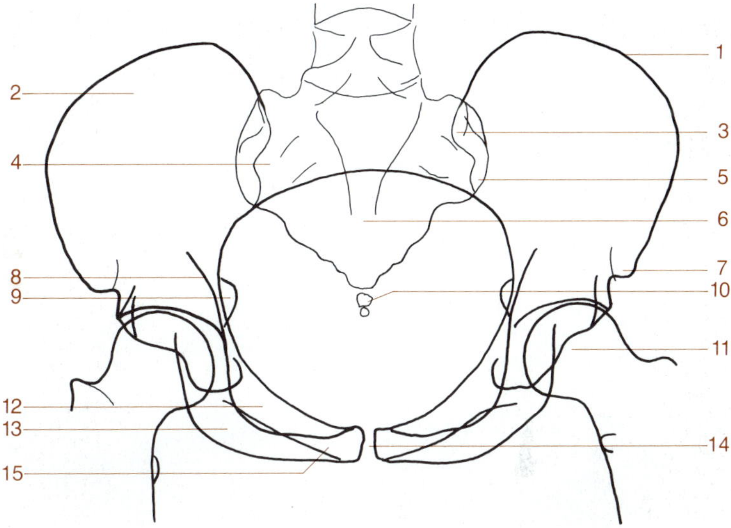

1 Crista iliaca
2 Ala ossis ilii (Beckenschaufel)
3 Spina iliaca posterior superior
4 Ala sacralis
5 Spina iliaca posterior inferior
6 Os sacrum
7 Spina iliaca anterior superior
8 Eminentia iliopubica
9 Spina ischiadica
10 Os coccygis
11 Caput femoris (Hüftkopf)
12 R. superior ossis pubis
13 Tuber ischiadicum
14 Symphysis
15 R. inferior ossis pubis

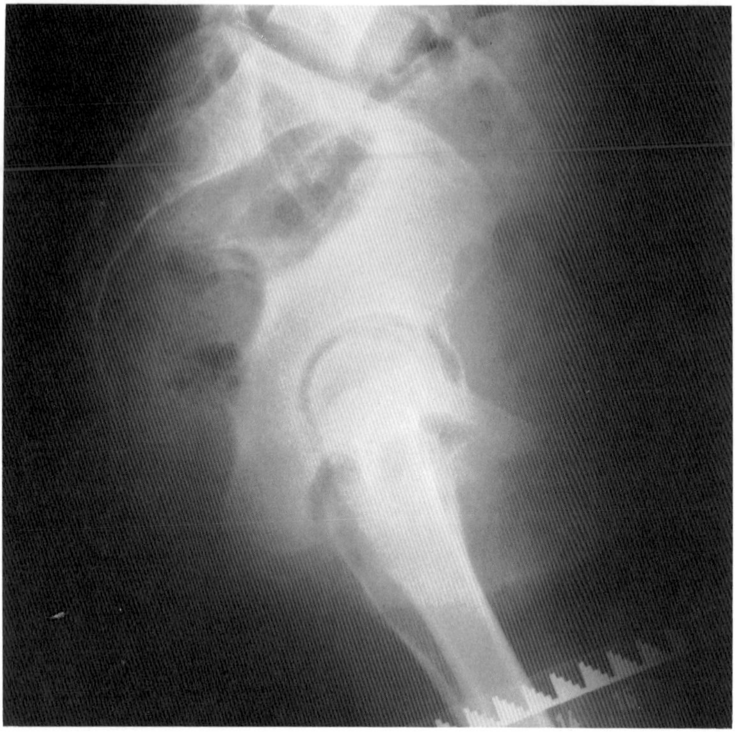

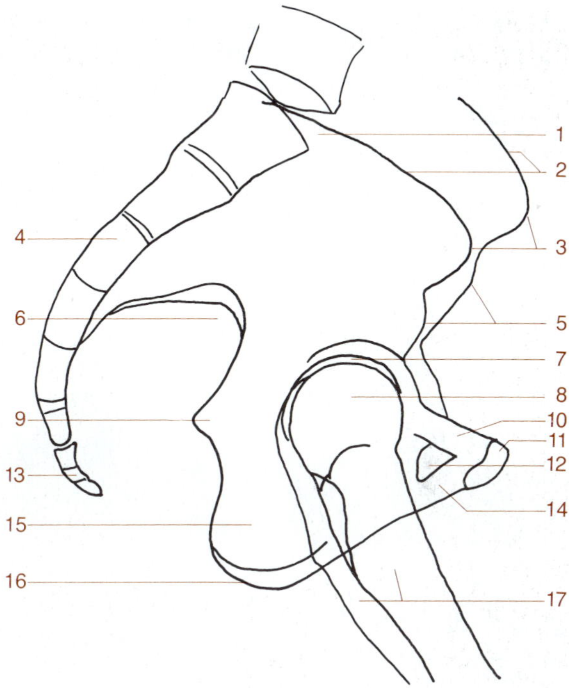

1 Promontorium
2 Crista iliaca
3 Spina iliaca anterior superior
4 Os sacrum
5 Spina iliaca anterior inferior
6 Incisura ischiadica major
7 Hüftgelenkspalt
8 Caput femoris (Hüftkopf)
9 Spina ischiadica
10 R. superior ossis pubis
11 Symphysis
12 Foramen obturatum
13 Os coccygis
14 R. inferior ossis pubis
15 Corpus ossis ischii
16 Tuber ischiadicum
17 Femur

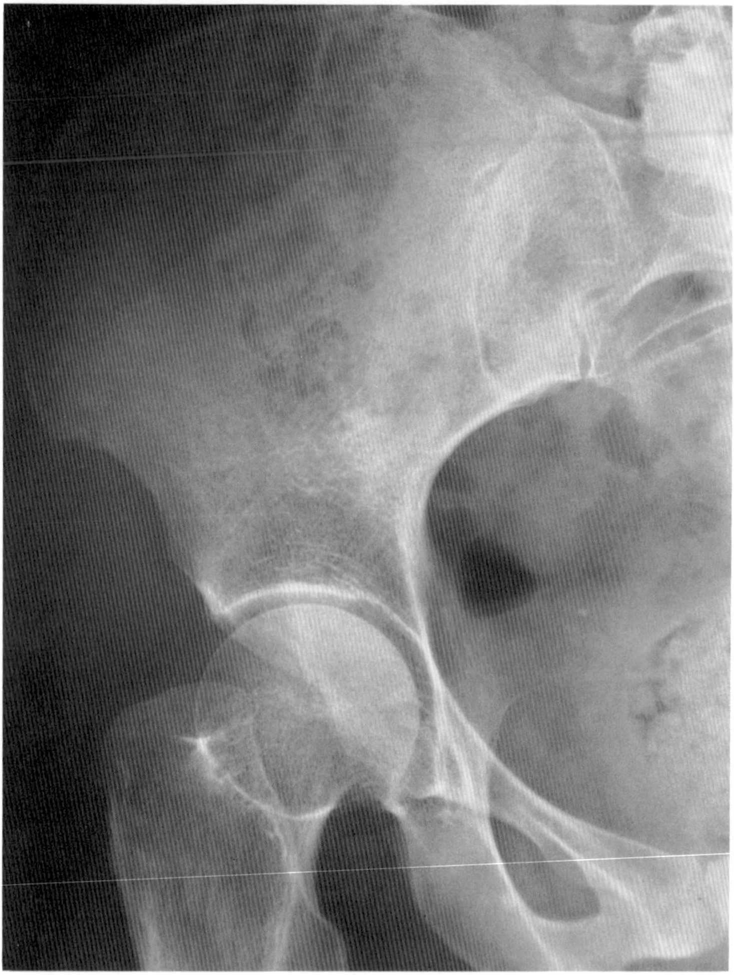

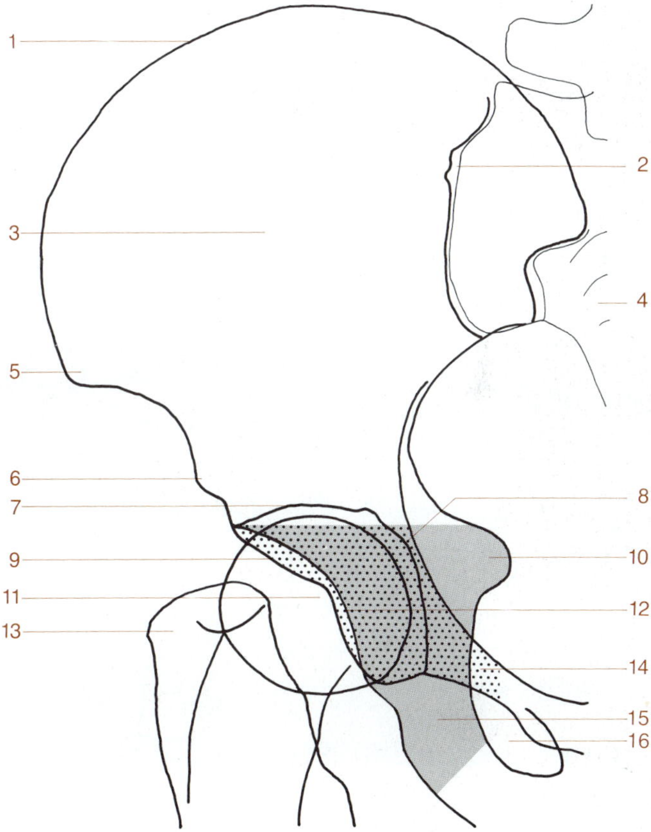

1 Crista iliaca
2 Articulatio sacroiliaca (Iliosakralgelenk)
3 Ala ossis ilii (Beckenschaufel)
4 Os sacrum
5 Spina iliaca anterior superior
6 Spina iliaca anterior inferior
7 Pfannendach
8 hinterer Pfannengrund
9 vorderer Pfannenrand
10 Spina ischiadica
11 Caput femoris (Hüftkopf)
12 hinterer Pfannenrand
13 Trochanter major
14 Corpus ossis pubis (vorderer Gelenkpfeiler)
15 Corpus ossis ischii (hinterer Gelenkpfeiler)
16 Foramen obturatum

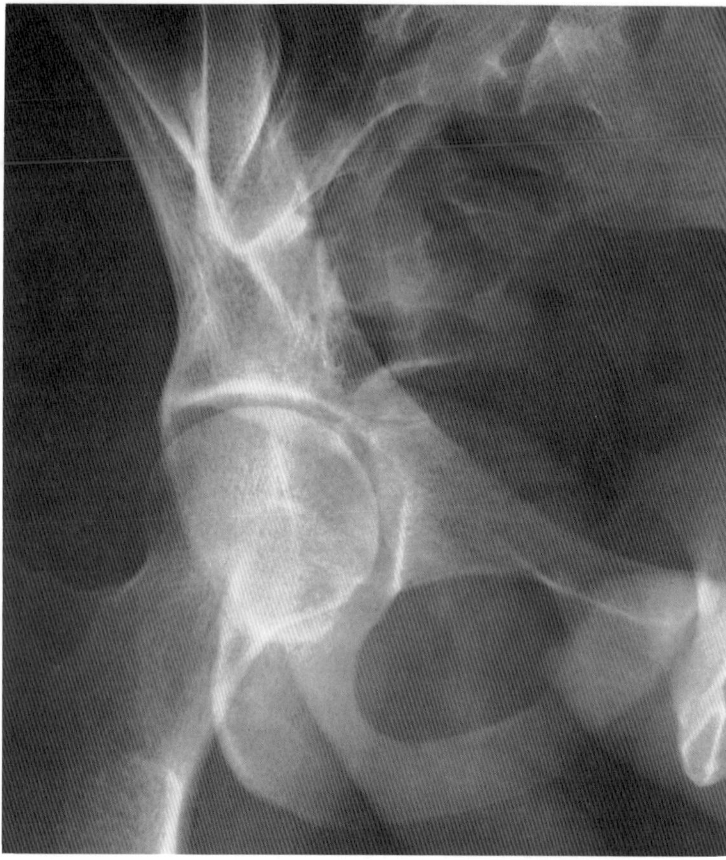

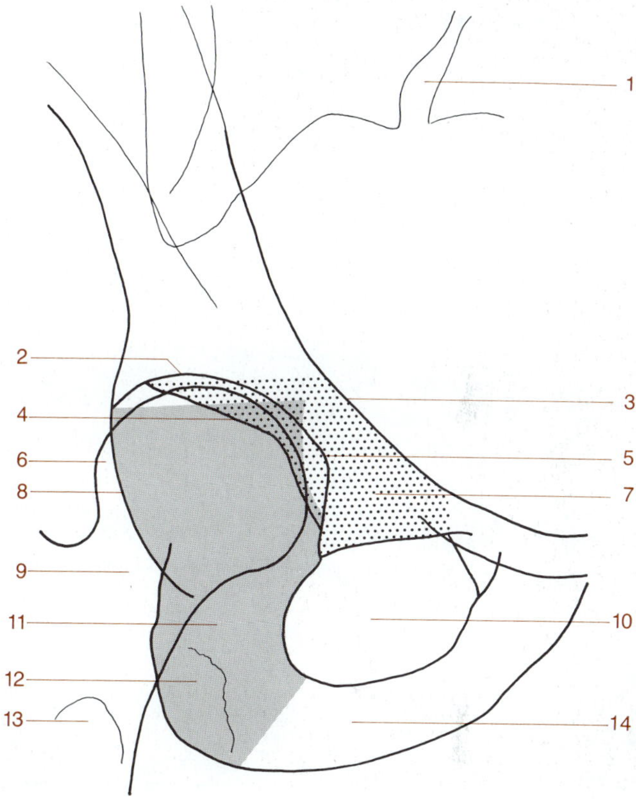

1 Articulatio sacroiliaca (Iliosakralgelenk)
2 Pfannendach
3 Linea terminalis
4 vorderer Pfannenrand
5 vorderer Pfannengrund
6 Caput femoris (Femurkopf)
7 Corpus ossis pubis (vorderer Gelenkpfeiler)
8 hinterer Pfannenrand
9 Collum femoris (Femurhals)
10 Foramen obturatum
11 Corpus ossis ischii (hinterer Gelenkpfeiler)
12 Tuber ischiadicum
13 Trochanter minor
14 R. inferior ossis pubis

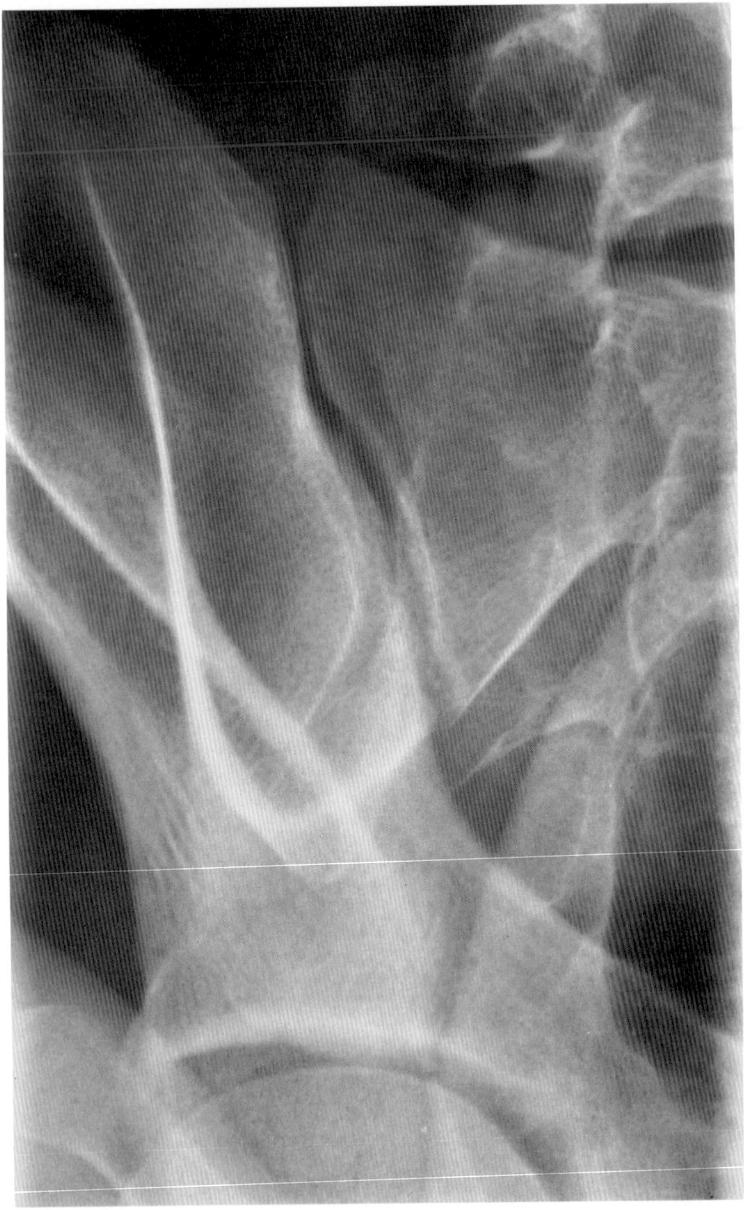

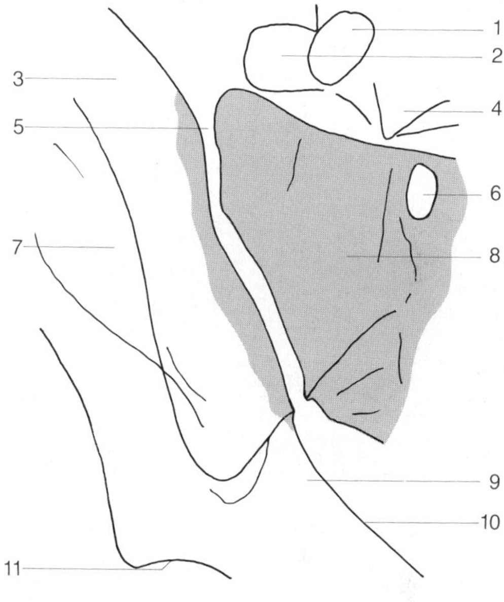

1 Bogenwurzel L V
2 Processus transversus (Querfortsatz) L V
3 Ala ossis ilii
4 Corpus vertebrae (Wirbelkörper) L V
5 Articulatio sacroiliaca (Iliosakralgelenk)
6 Foramen sacrale
7 Os ilium
8 Os sacrum, Pars lateralis
9 Corpus ossis ilii
10 Linea arcuata
11 Pfannendach des Hüftgelenkes

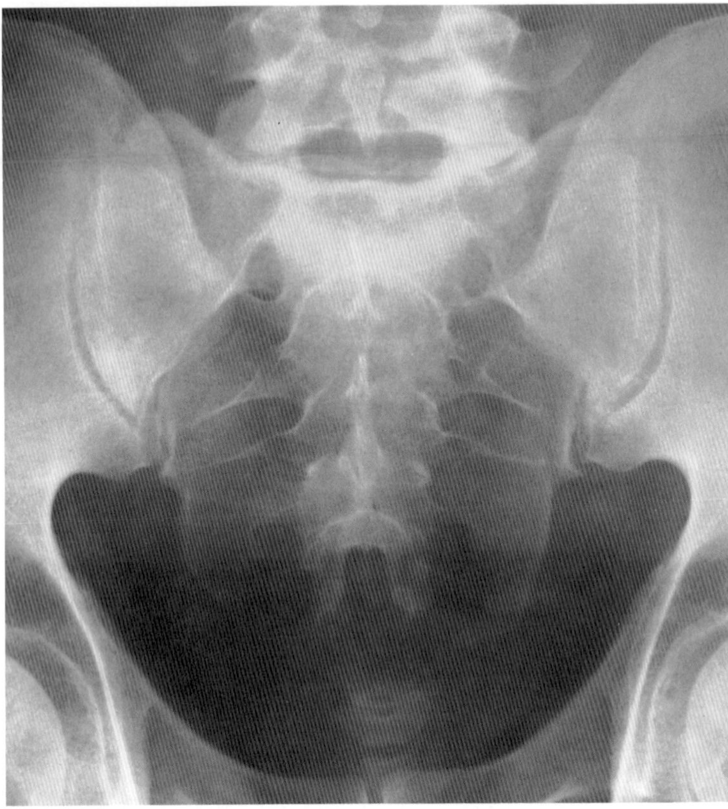

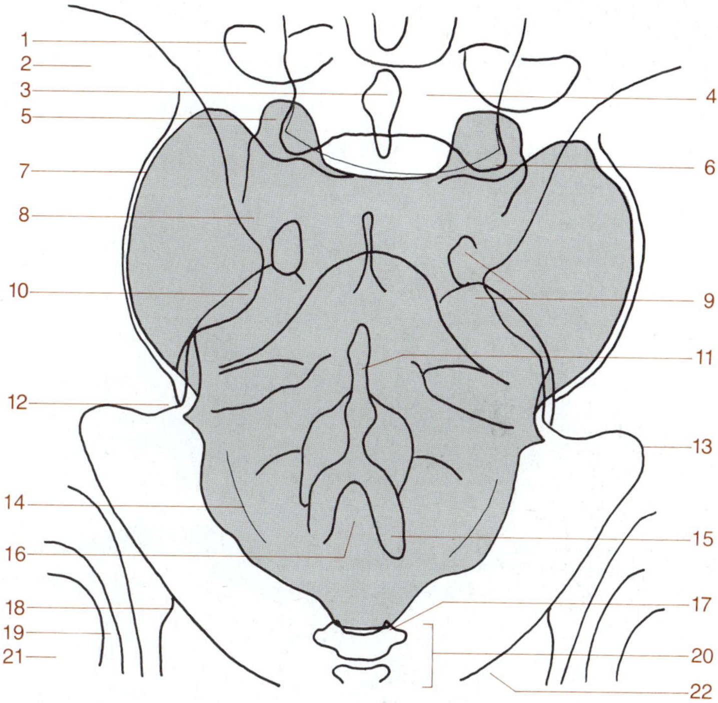

1 Processus transversus (Querfortsatz)
2 Ala ossis ilii (Beckenschaufel)
3 Processus spinosus
4 L V
5 Processus articularis superior
6 Processus articularis inferior (L V)
7 Articulatio sacroiliaca (Iliosakralgelenk)
8 Ala sacralis
9 Foramina sacralia
10 Spina iliaca posterior superior
11 Crista sacralis mediana
12 Spina iliaca posterior inferior
13 Incisura ischiadica major
14 Crista sacralis lateralis
15 Cornu sacrale
16 Hiatus sacralis
17 Cornu coccygeum
18 Spina ischiadica
19 Articulatio coxae (Hüftgelenk)
20 Os coccygis
21 Caput femoris (Femurkopf)
22 R. superior ossis pubis

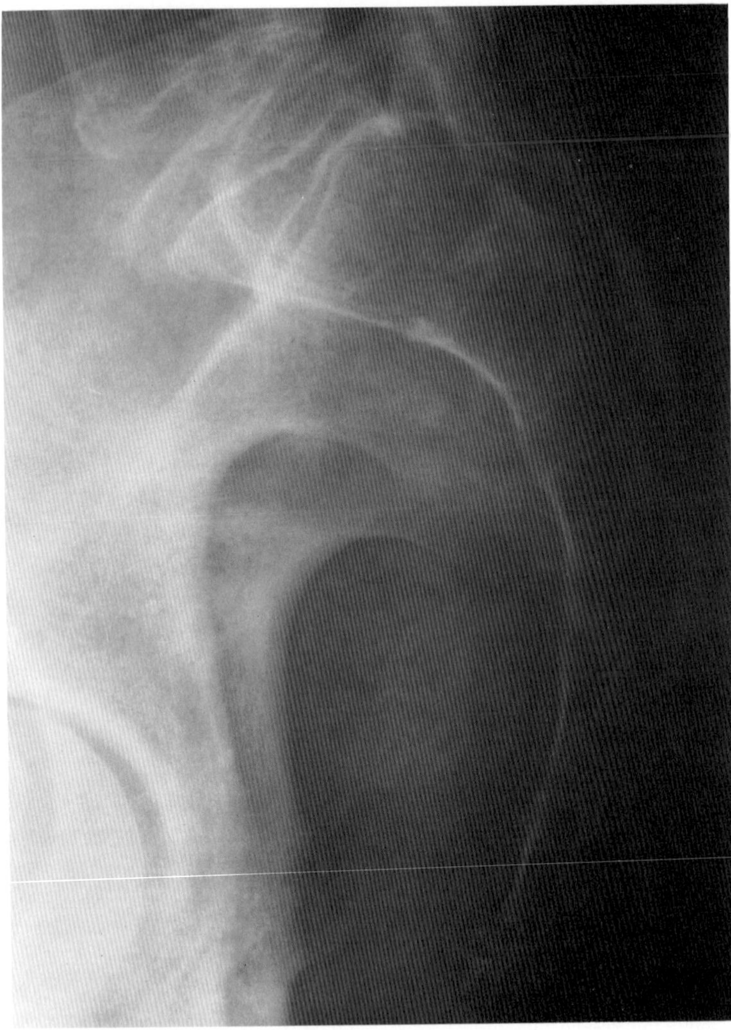

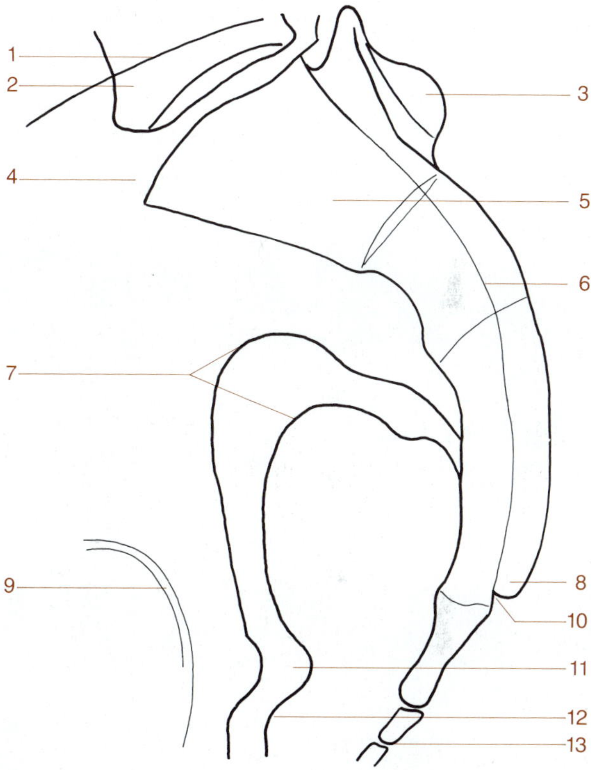

1 Crista iliaca
2 L V
3 Crista sacralis mediana
4 Promontorium
5 Os sacrum
6 Canalis sacralis
7 Incisura ischiadica major
8 Cornu sacrale
9 Articulatio coxae (Hüftgelenk)
10 Hiatus (canalis) sacralis
11 Spina ischiadica
12 Incisura ischiadica minor
13 Os coccygis

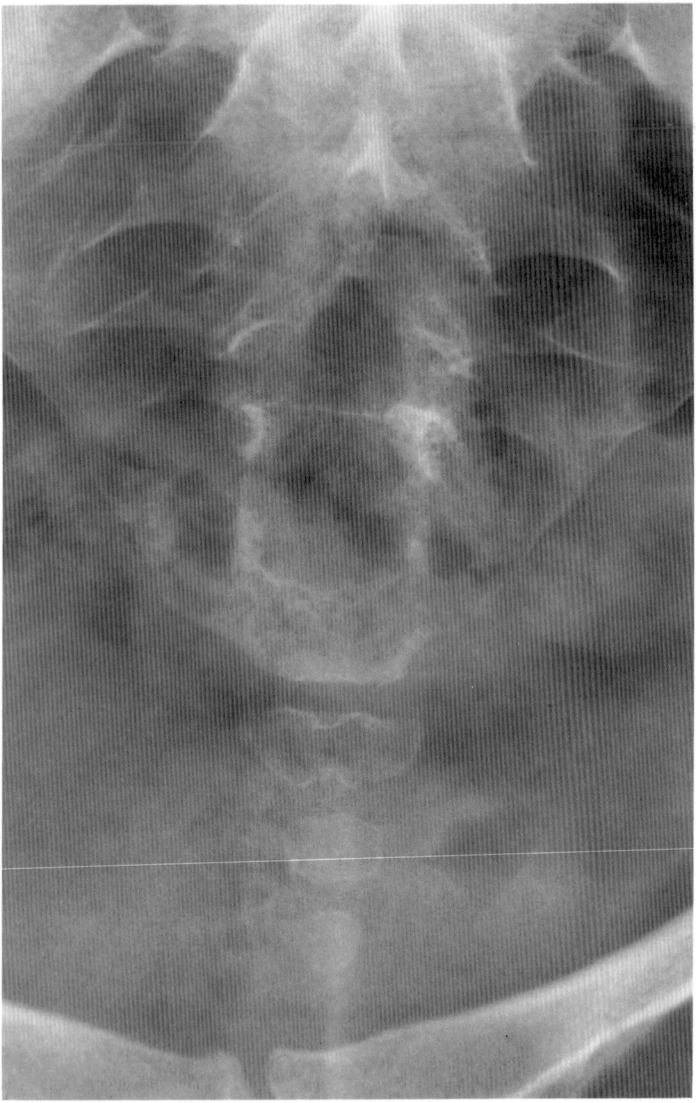

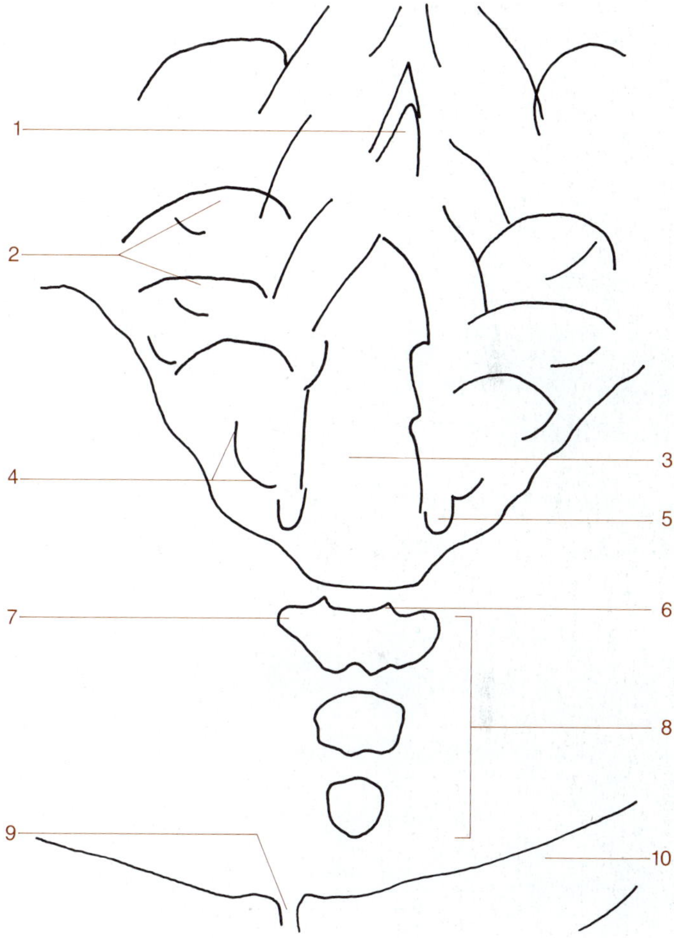

1 Crista sacralis mediana
2 Foramina sacralia
3 Hiatus sacralis
4 Crista sacralis lateralis
5 Cornu sacrale
6 Cornu coccygeum
7 Processus transversus
8 Os coccygis
9 Symphysis
10 R. superior ossis pubis

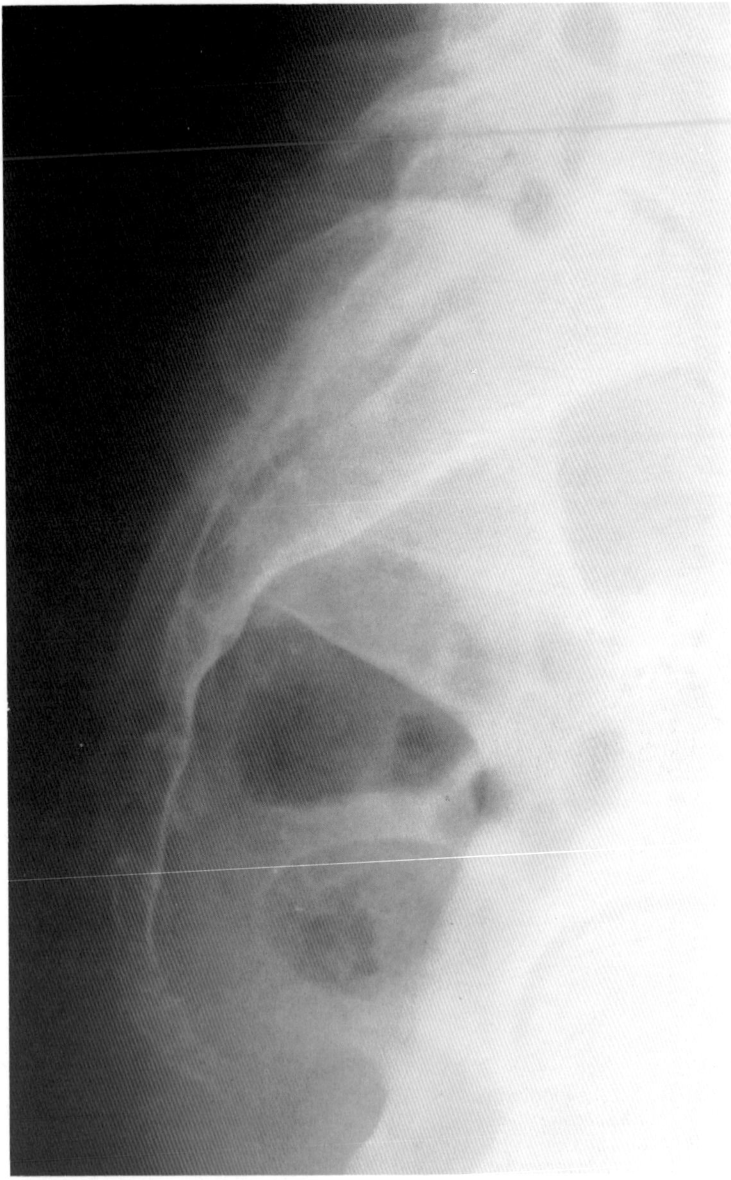

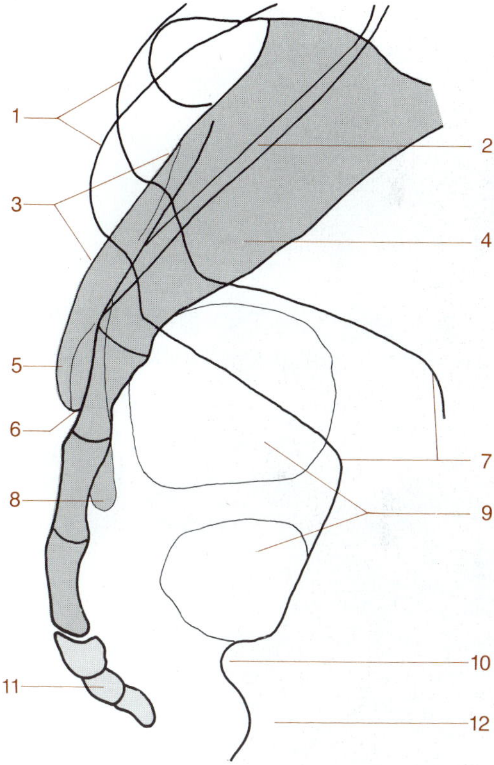

1 Crista iliaca
2 Canalis sacralis
3 Crista sacralis mediana
4 Os sacrum
5 Cornu sacrale
6 Hiatus sacralis
7 Incisura ischiadica major
8 Crista sacralis lateralis
9 Rektumluft
10 Spina ischiadica
11 Os coccygis
12 Os ischii

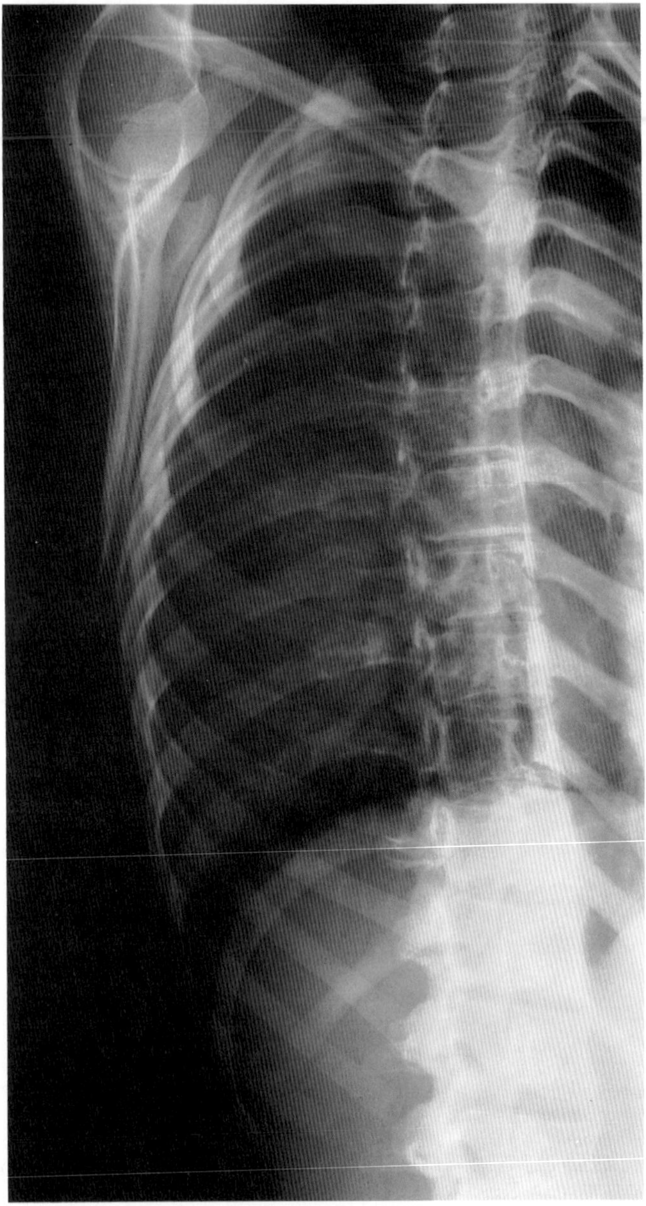

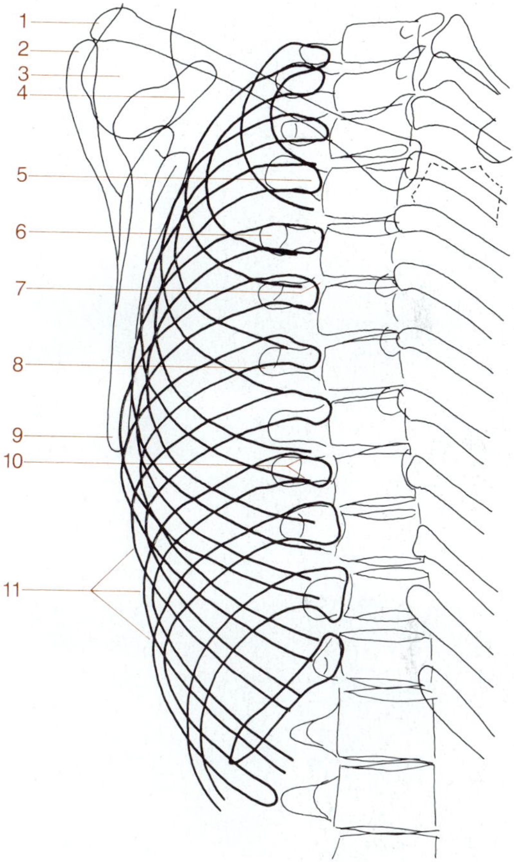

1 Klavikula (distales Ende)
2 Akromion
3 Caput humeri (Humeruskopf)
4 Processus coracoideus
5 Caput costae
6 Articulatio costotransversaria (Kostotransversalgelenk)
7 Articulatio costovertebralis (Kostovertebralgelenk)
8 Processus transversus
9 Angulus inferior scapulae
10 Collum costae
11 Arcus costalis (Rippenbogen)

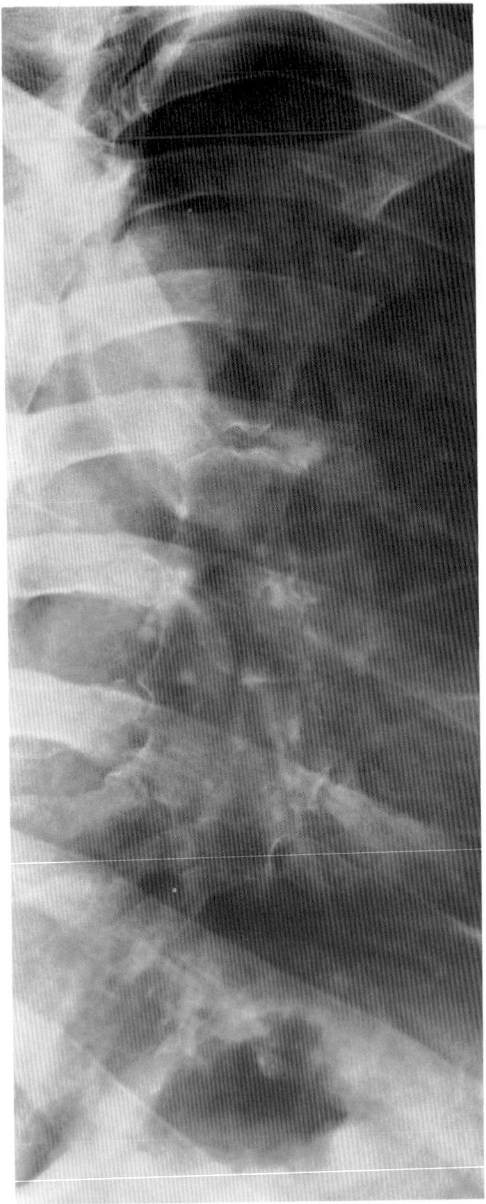

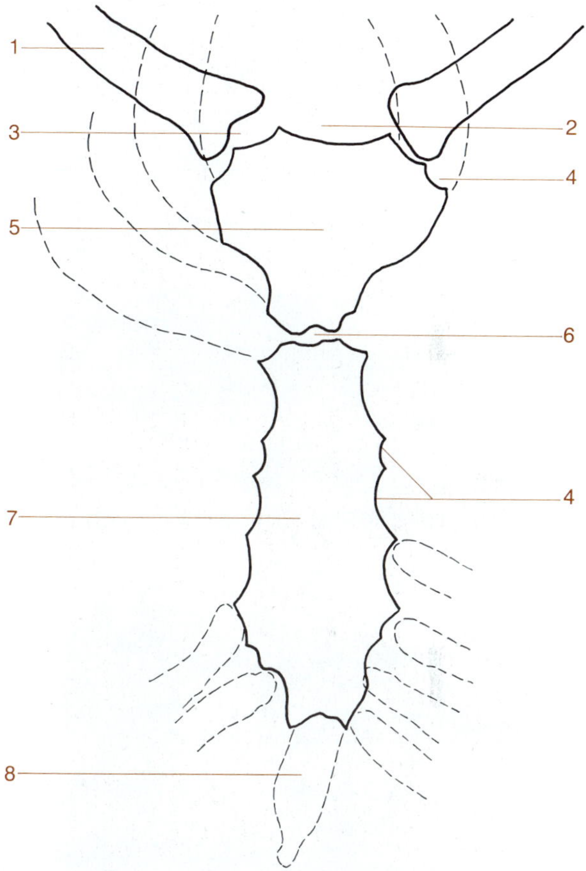

1 Klavikula
2 Jugulum
3 Articulatio sternoclavicularis (Sternoklavikulargelenk)
4 Incisura costalis
5 Manubrium sterni
6 Angulus sterni
7 Corpus sterni
8 Processus xiphoideus

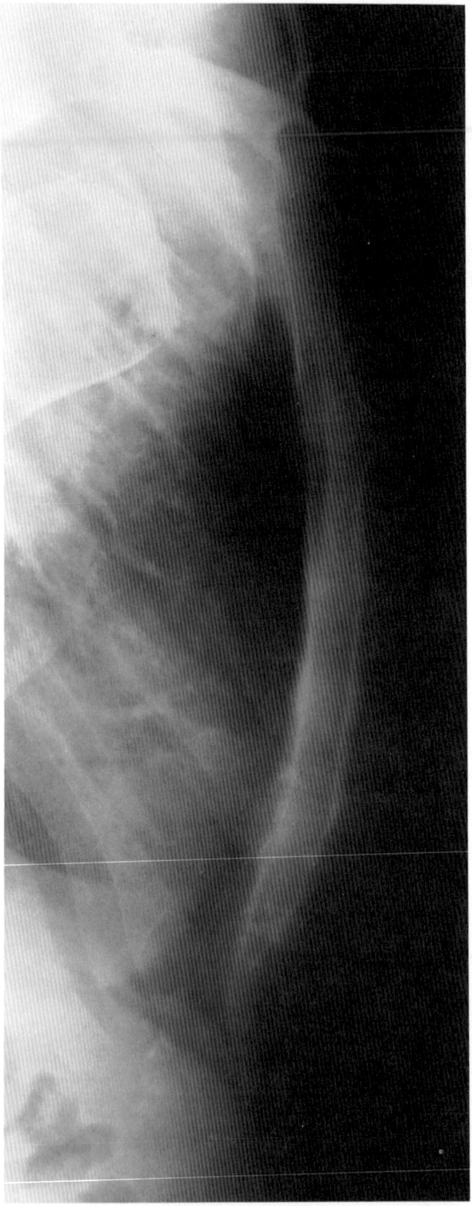

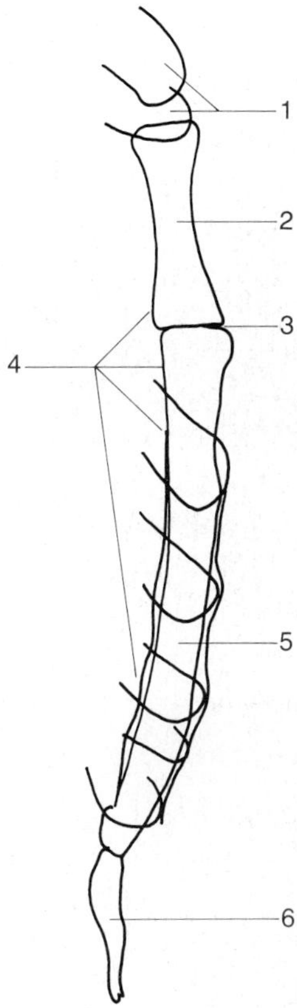

1 Claviculae
2 Manubrium sterni
3 Angulus sterni
4 Retrosternalraum
5 Corpus sterni
6 Processus xiphoideus

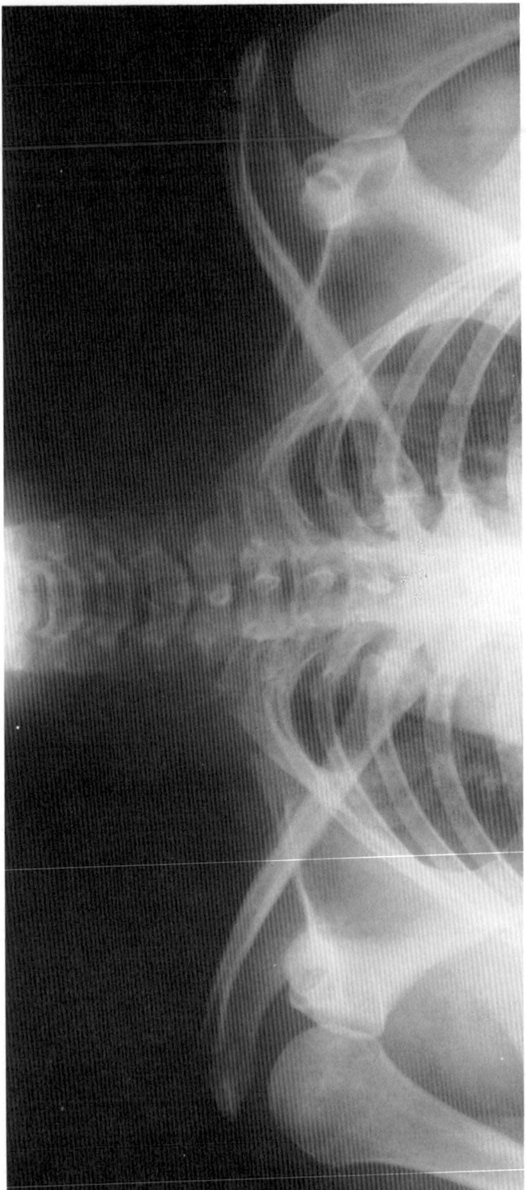

1 HWS
2 Angulus superior scapulae
3 Articulatio acromioclavicularis (Akromioklavikulargelenk)
4 Akromion
5 Spina scapulae
6 Klavikula
7 Korakoid
8 Tuberculum minus
9 Tuberculum majus
10 Caput humeri
11 Cavitas glenoidalis (Gelenkfläche)
12 Processus lateralis scapulae
13 Margo medialis scapulae
14 Extremitas sternalis (sternales Klavikulaende)
15 Margo lateralis scapulae
16 Humerus

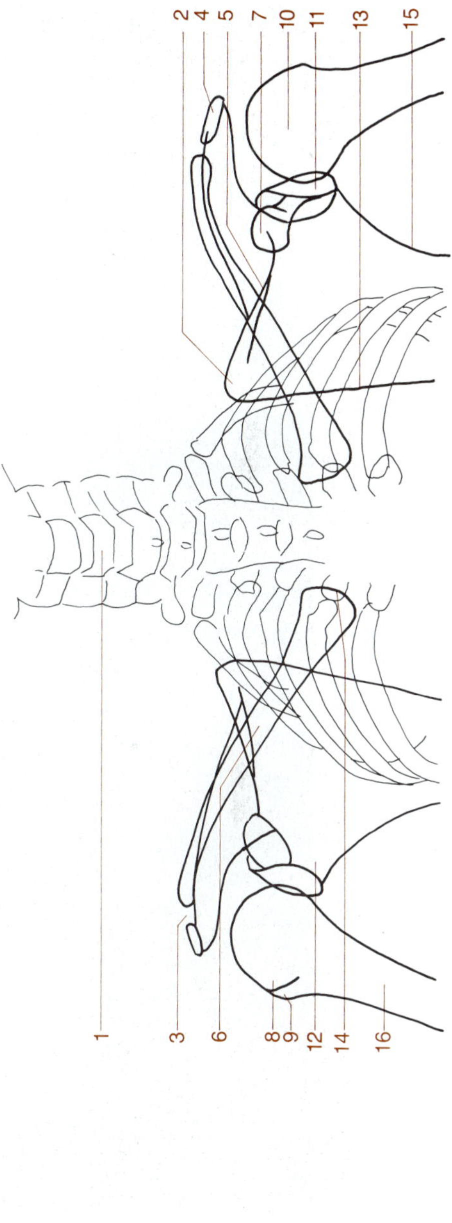

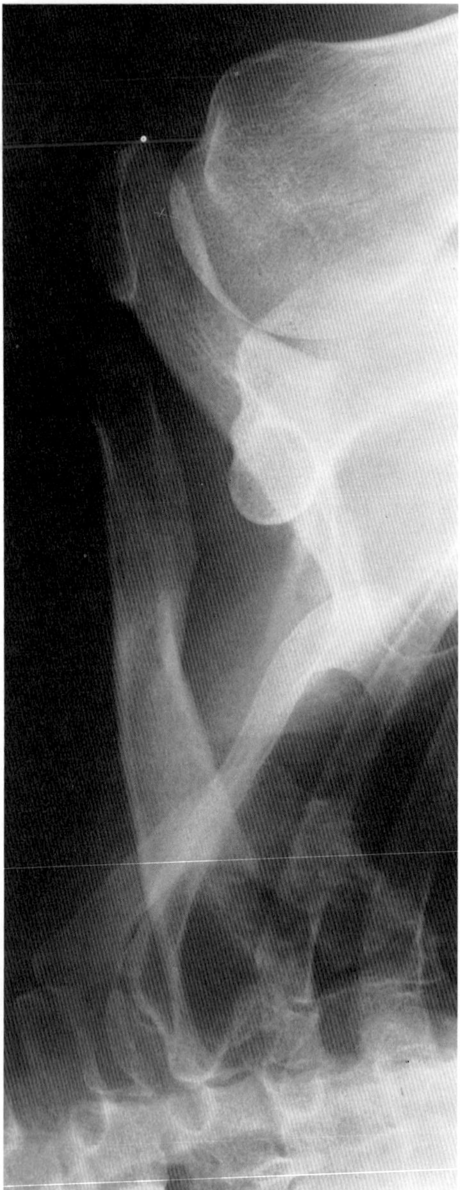

1 Tuberculum conoideum claviculae
2 Articulatio acromioclavicularis (Akromioklavikulargelenk)
3 Akromion
4 Klavikula
5 Angulus superior scapulae
6 Extremitas sternalis (sternales Klavikulaende)
7 Processus coracoideus
8 Caput humeri
9 Spina scapulae
10 Articulatio costotransversaria (Kostotransversalgelenk)
11 Cavitas glenoidalis

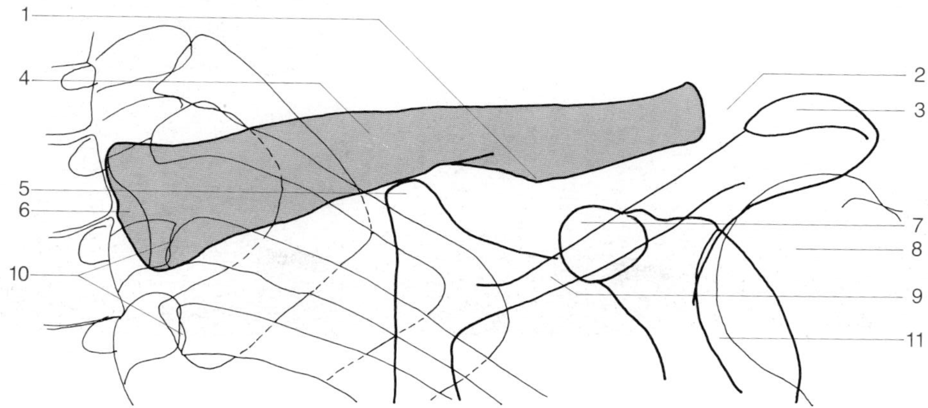

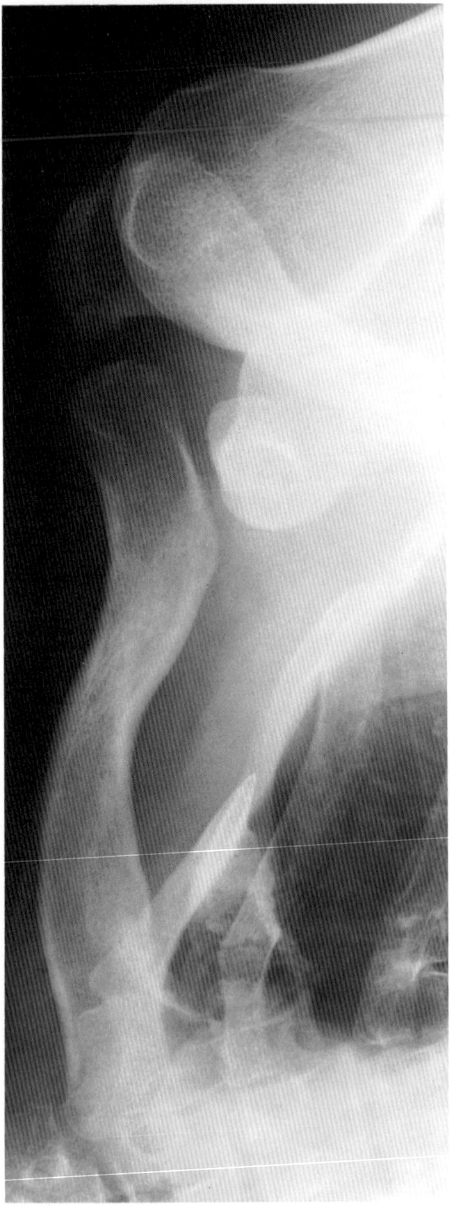

1 Articulatio sternoclavicularis (Sternoklavikulargelenk)
2 Klavikula (Schlüsselbein)
3 Akromion
4 Articulatio acromioclavicularis (Akromioklavikulargelenk)
5 Sternum (Manubrium sterni)
6 Processus coracoideus
7 Tuberculum majus
8 Sulcus intertubercularis
9 Tuberculum minus
10 Caput humeri

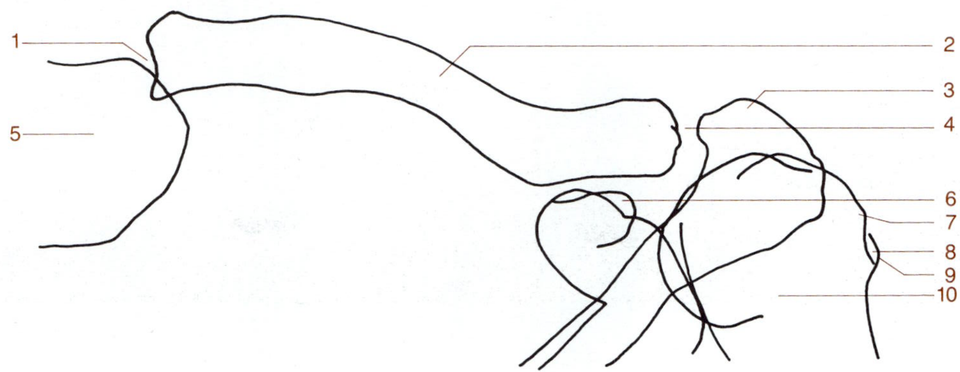

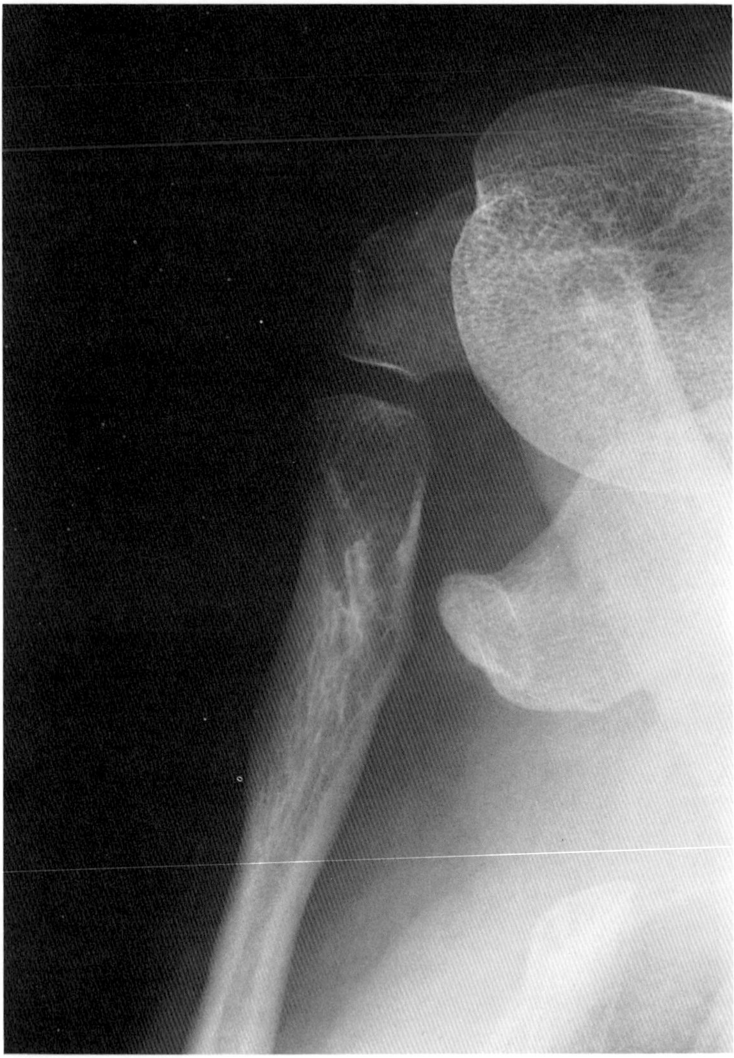

1 Klavikula
2 Akromion
3 Articulatio acromioclavicularis (Akromioklavikulargelenk)
4 Tuberculum conoideum claviculae
5 Processus coracoideus
6 Caput humeri (Humeruskopf)
7 Tuberculum majus
8 Sulcus intertubercularis
9 Tuberculum minus
10 Cavitas glenoidalis

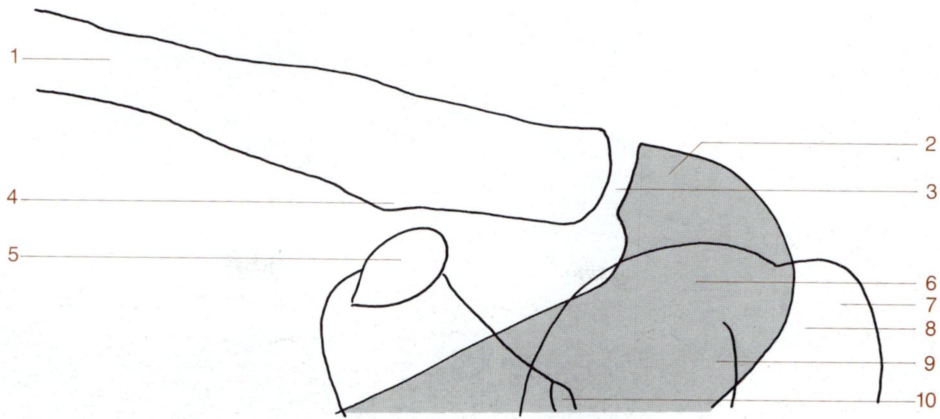

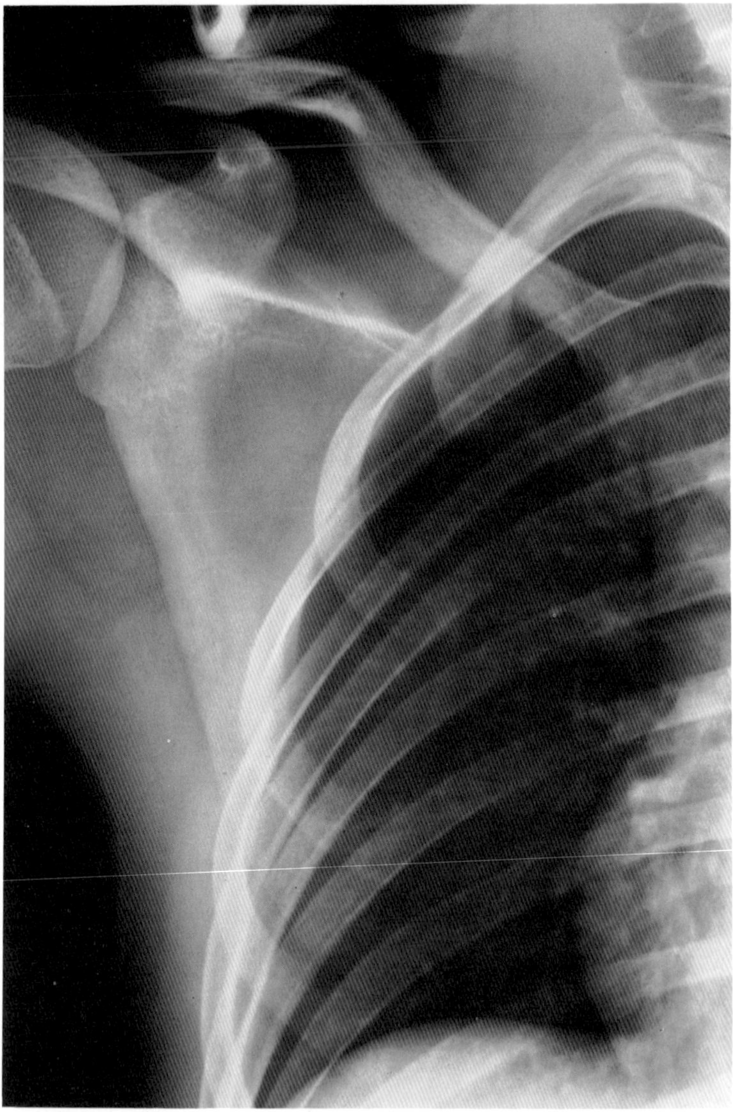

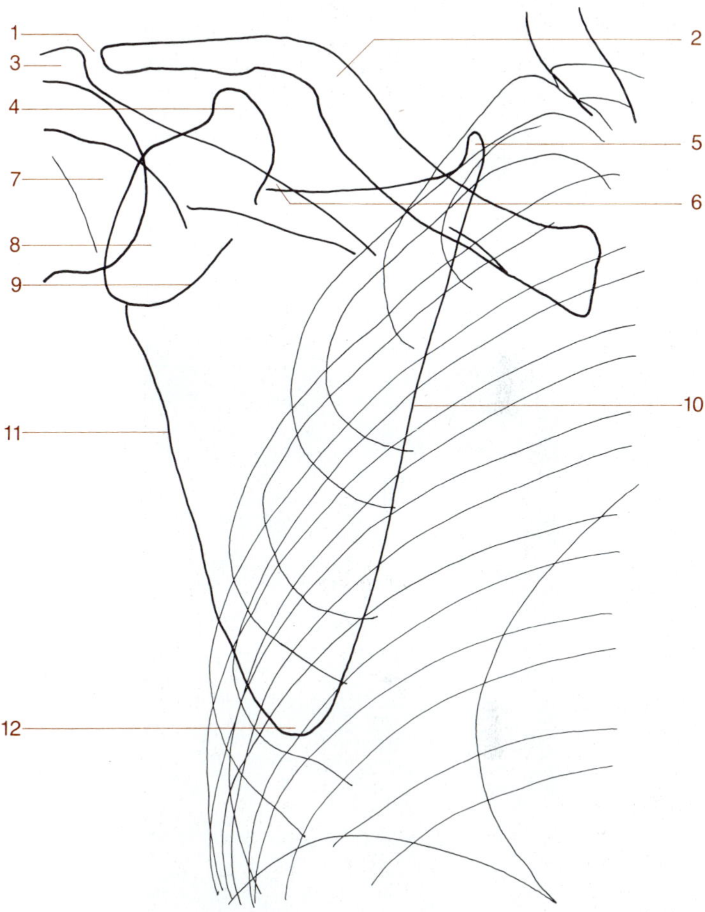

1 Articulatio acromioclavicularis (Akromioklavikulargelenk)
2 Klavikula
3 Akromion
4 Processus coracoideus
5 Angulus superior
6 Spina scapulae
7 Caput humeri (Humeruskopf)
8 Gelenkfläche
9 Processus lateralis scapulae
10 Margo medialis
11 Margo lateralis
12 Angulus inferior

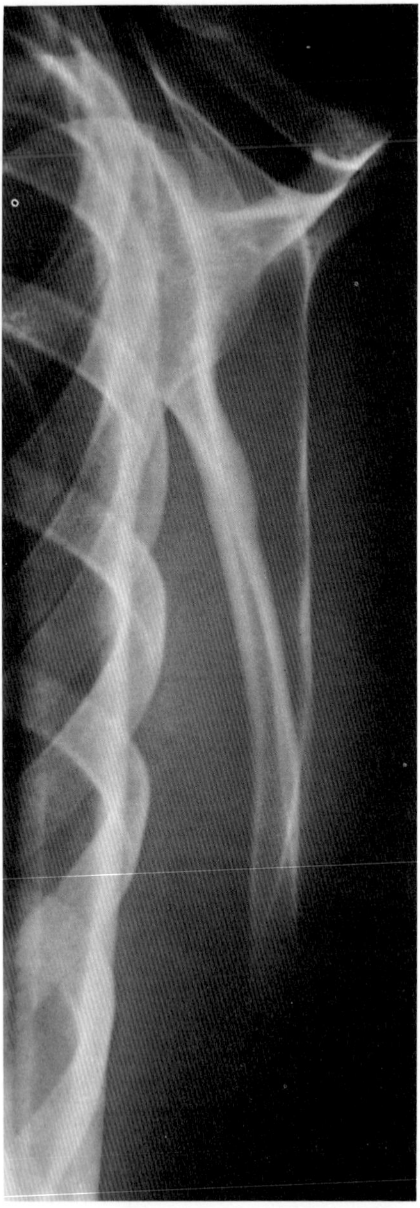

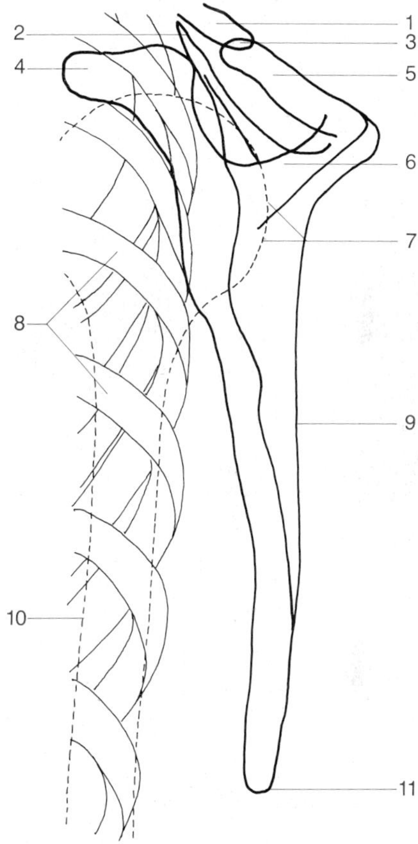

1 Extremitas acromialis (distales Ende der Klavikula)
2 Angulus superior scapulae
3 Articulatio acromioclavicularis (Akromioklavikulargelenk)
4 Processus coracoideus
5 Processus acromialis
6 Spina scapulae
7 Caput humeri (Humeruskopf)
8 Costae (Rippen)
9 Margo lateralis scapulae
10 Corpus humeri (Humerusschaft)
11 Angulus inferior scapulae

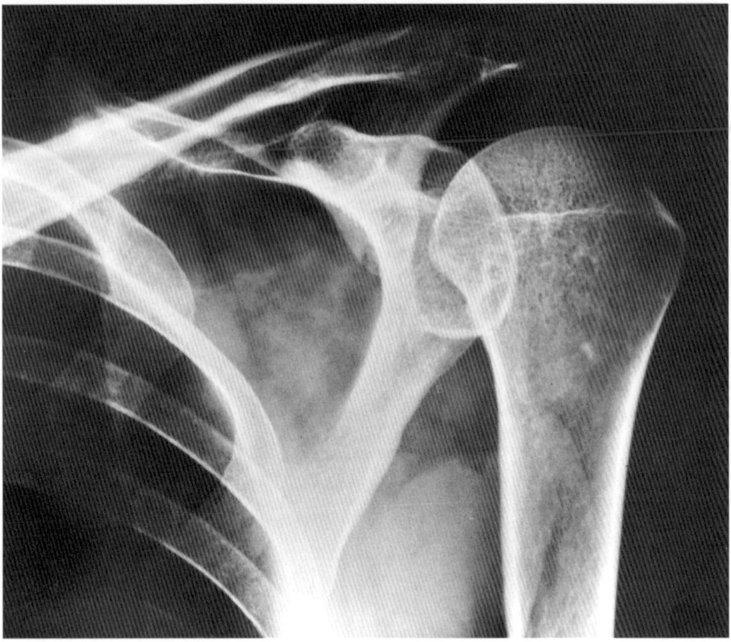

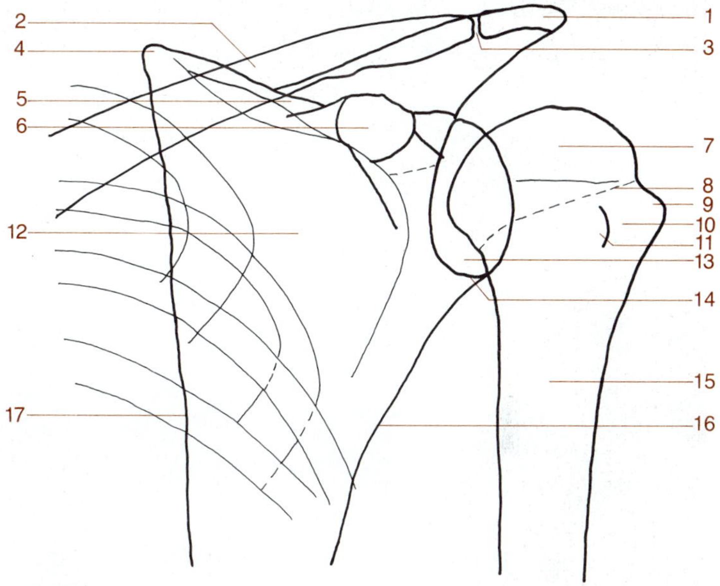

1 Akromion
2 Klavikula
3 Articulatio acromioclavicularis (Akromioklavikulargelenk)
4 Angulus superior scapulae
5 Spina scapulae
6 Processus coracoideus
7 Caput humeri (Humeruskopf)
8 Collum anatomicum
9 Tuberculum majus
10 Sulcus intertubercularis
11 Tuberculum minus
12 Skapula
13 Cavitas glenoidalis (Gelenkpfanne)
14 Labrum glenoidale (Pfannenrand)
15 Collum chirurgicum
16 Margo lateralis scapulae
17 Margo medialis scapulae

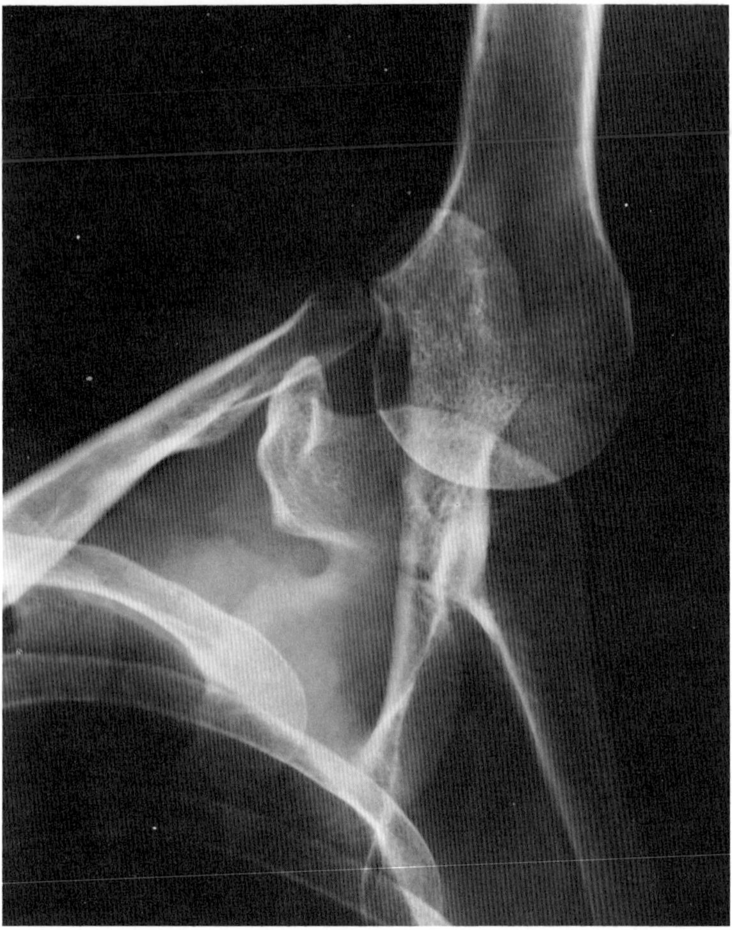

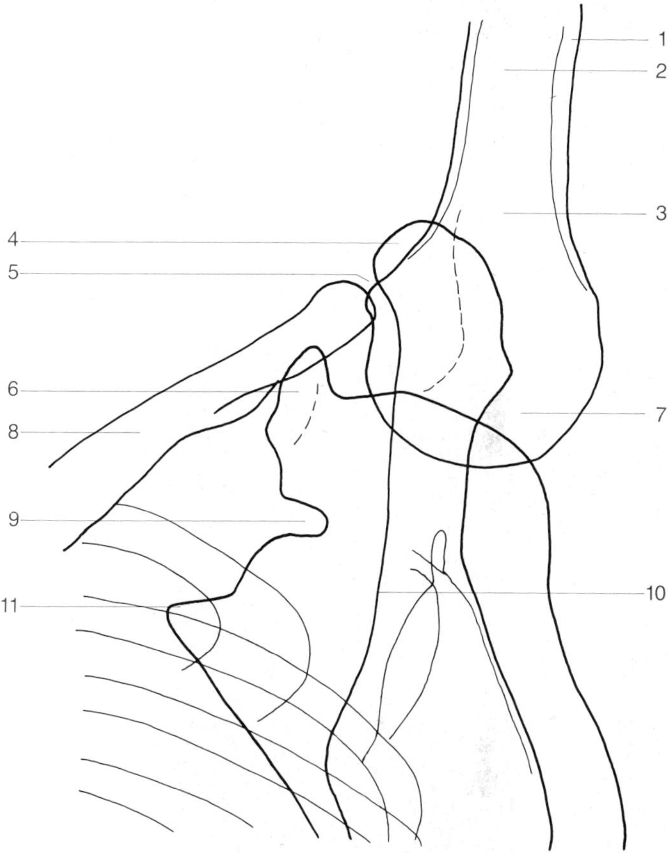

1 Kortikalis
2 Metaphysis
3 Collum chirurgicum
4 Akromion
5 Articulatio acromioclavicularis (Akromioklavikulargelenk)
6 Processus coracoideus
7 Caput humeri (Humeruskopf)
8 Klavikula (Schlüsselbein)
9 Incisura scapulae
10 Spina scapulae
11 Angulus superior scapulae

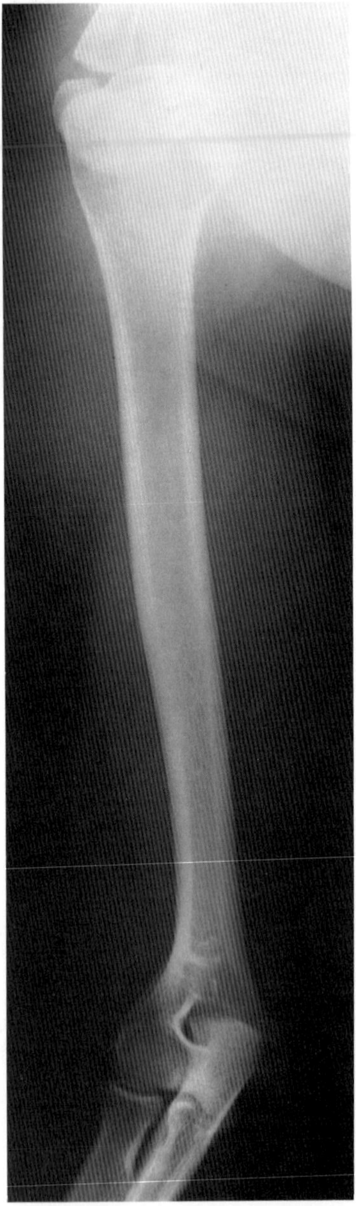

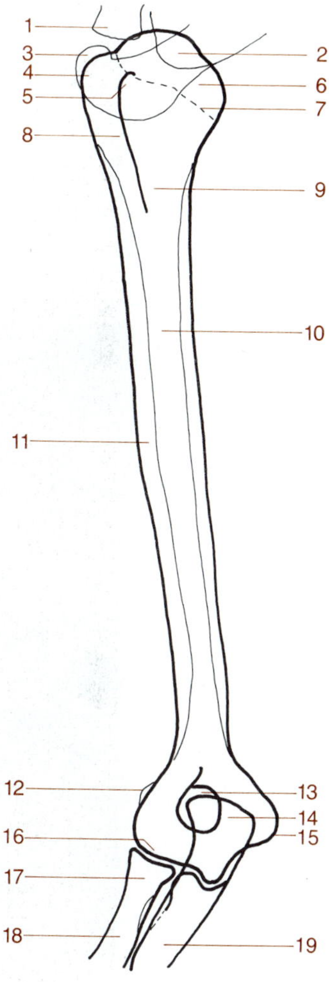

1 Klavikula
2 Processus lateralis scapulae
3 Akromion
4 Tuberculum majus
5 Tuberculum minus
6 Caput humeri (Humeruskopf)
7 Collum anatomicum
8 Sulcus intertubercularis
9 Collum chirurgicum
10 Humerus
11 Tuberositas deltoidea
12 Epicondylus lateralis
13 Fossa olecrani
14 Olekranon
15 Epicondylus medialis
16 Trochlea humeri
17 Caput radii (Radiuskopf)
18 Radius
19 Ulna

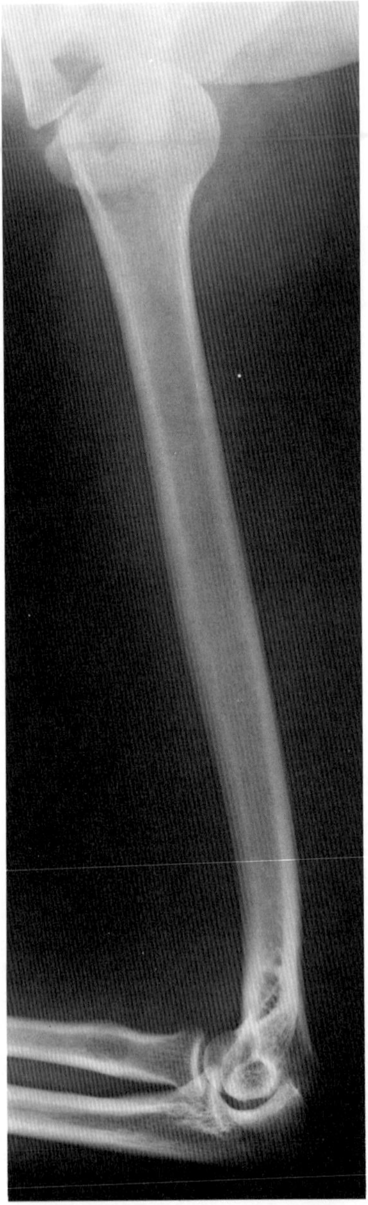

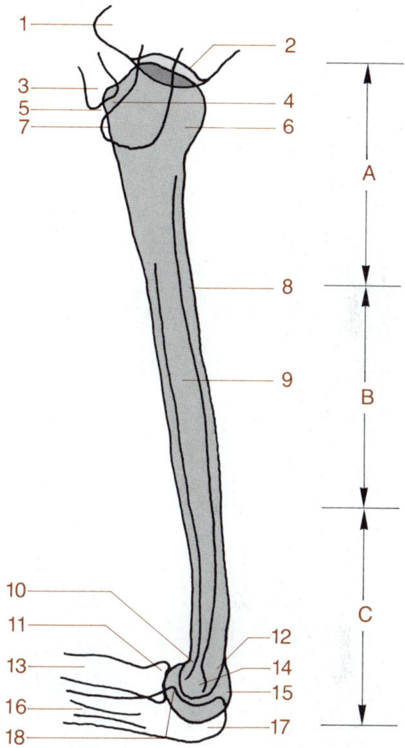

A proximales Humerusdrittel
B mittleres Humerusdrittel
C distales Humerusdrittel
1 Processus coracoideus (Koracoid)
2 Cavitas glenoidalis
3 Klavikula (Schlüsselbein)
4 Tuberculum minus
5 Articulatio acromioclavicularis (Akromioklavikulargelenk)
6 Caput humeri (Humeruskopf)
7 Akromion
8 Kompakta
9 Corpus humeri (Humerusschaft)
10 Fossa coronoidea
11 Caput radii (Radiusköpfchen)
12 Fossa olecrani
13 Radius
14 Trochlea humeri
15 Capitulum humeri
16 Ulna
17 Olekranon
18 Processus coronoideus

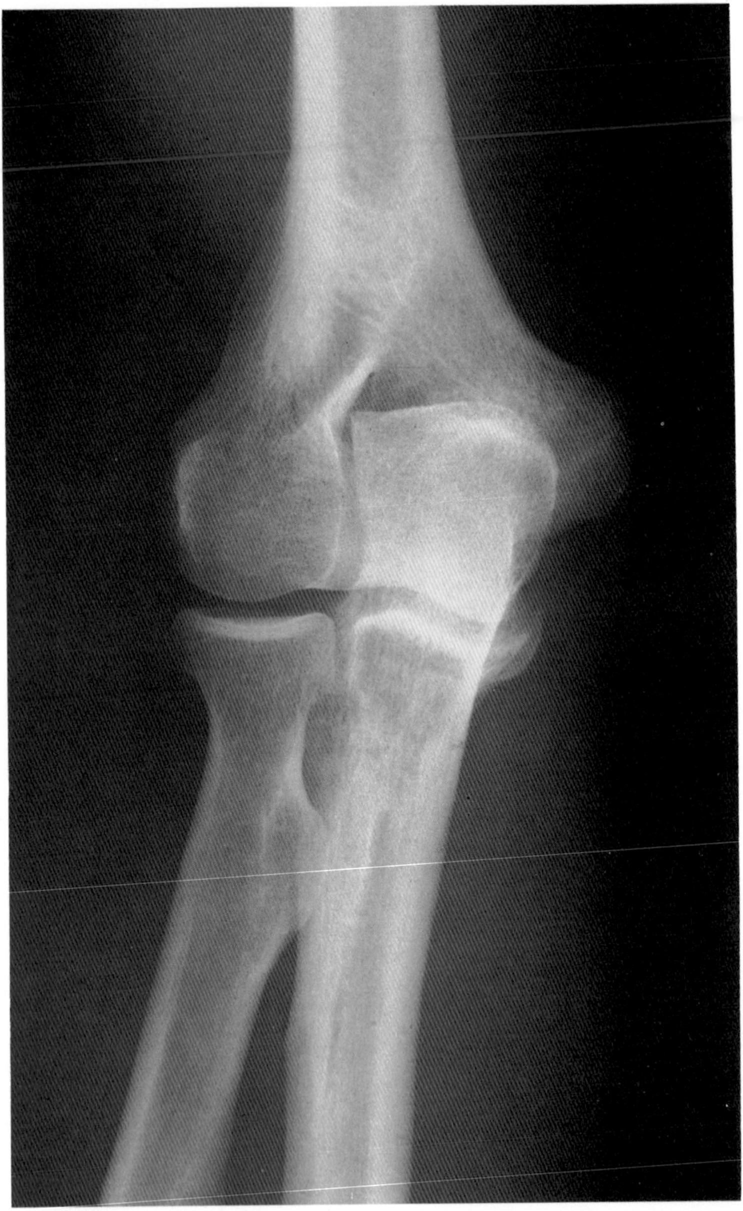

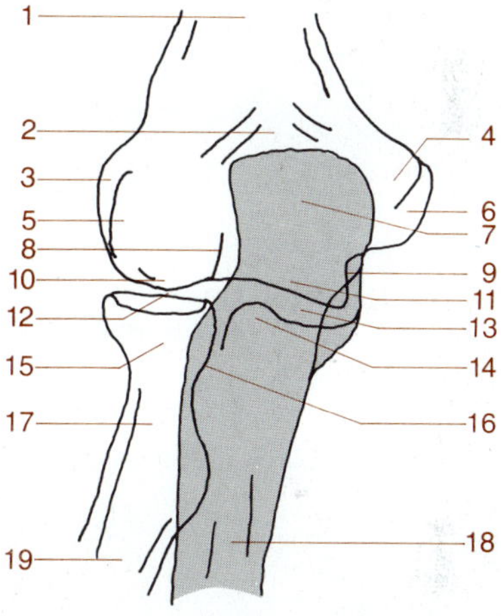

1 Humerus
2 Fossa olecrani
3 Epicondylus lateralis humeri
4 Condylus humeri medialis
5 Condylus humeri lateralis
6 Epicondylus medialis humeri
7 Olekranon
8 lateraler Rand der Trochlea
9 medialer Rand der Trochlea
10 Capitulum humeri
11 Trochlea
12 Articulatio humeroradialis
13 Articulatio humeroulnaris
14 Processus coronoideus
15 Caput radii
16 Articulatio radioulnaris proximalis
17 Collum radii
18 Ulna
19 Radius

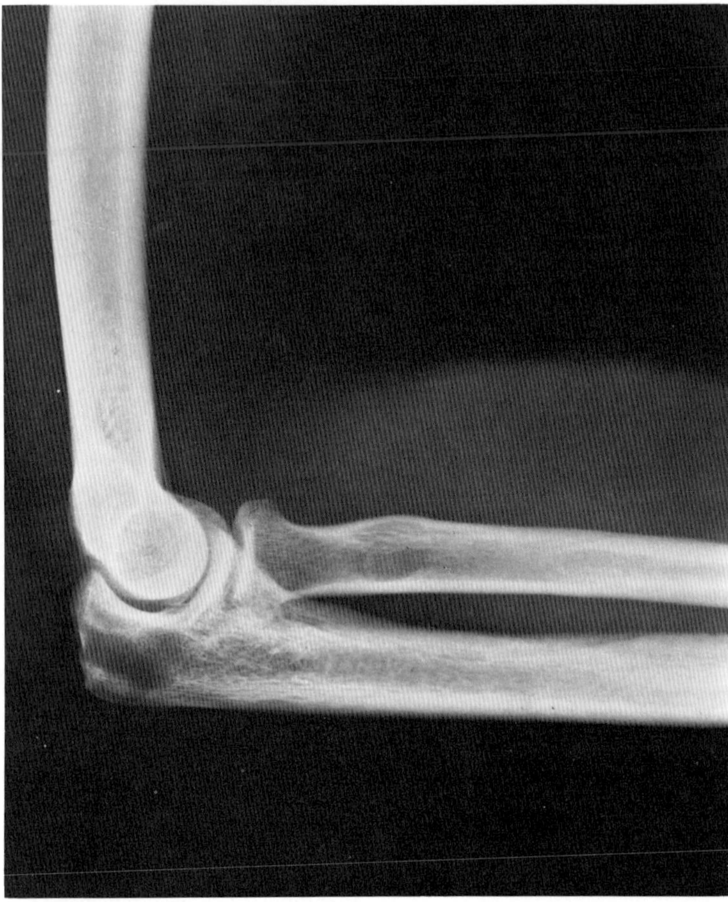

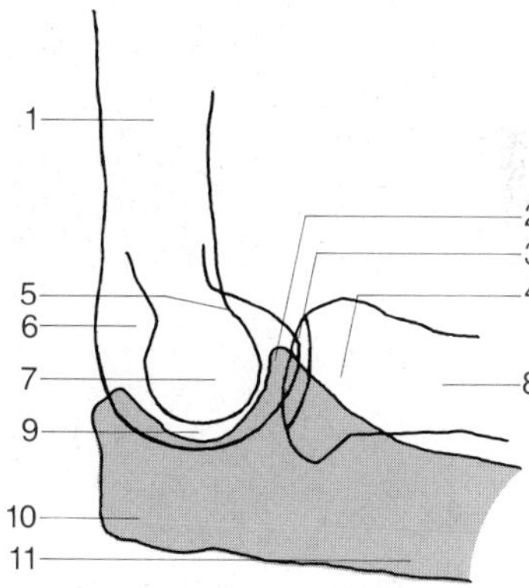

1 Humerus
2 Processus coronoideus
3 Articulatio humeroradialis
4 Caput radii
5 Fossa coronoidea
6 Fossa olecrani
7 Trochlea
8 Radius
9 Articulatio humeroulnaris
10 Olekranon
11 Ulna

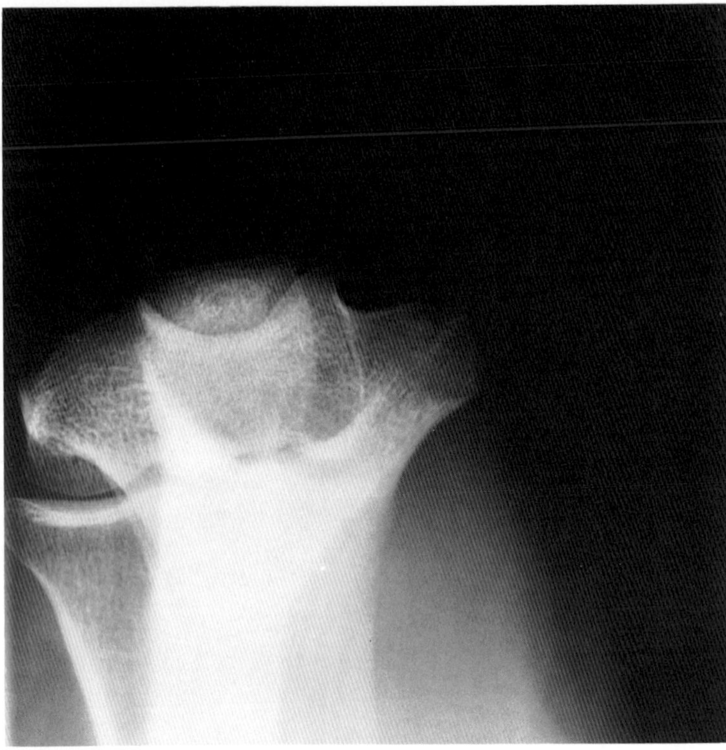

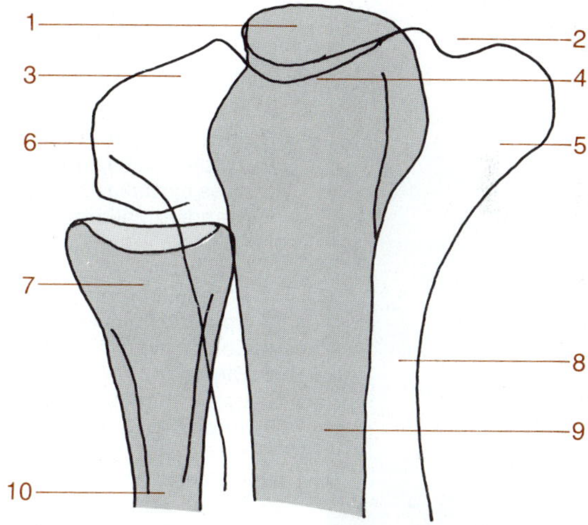

1 Olekranon
2 Kubitaltunnel
3 Capitulum humeri
4 Trochlea
5 Epicondylus medialis
6 Epicondylus lateralis
7 Caput radii (Radiusköpfchen)
8 Humerus
9 Ulna
10 Radius

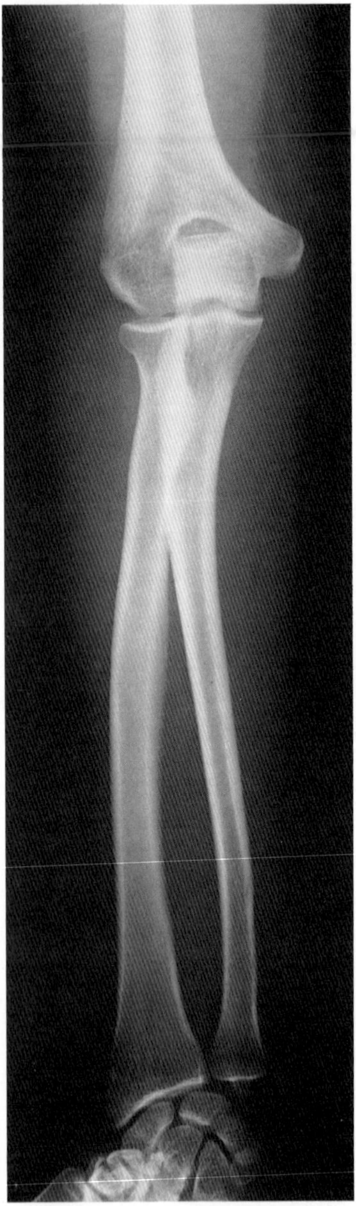

A proximales Unterarmdrittel
B mittleres Unterarmdrittel
C distales Unterarmdrittel
D Ossa carpalia (Handwurzelknochen)

1 Humerus
2 Fossa olecrani
3 Epicondylus medialis humeri
4 Epicondylus lateralis humeri
5 Olekranon
6 Capitulum humeri
7 Trochlea
8 Articulatio humeroradialis
9 Articulatio humeroulnaris
10 Caput radii
11 Processus coronoideus
12 Articulatio radioulnaris proximalis
13 Tuberositas radii
14 Collum radii
15 Ulna
16 Membrana interossea
17 Radius
18 Articulatio radioulnaris distalis
19 proximales Handgelenk
20 Processus styloideus ulnae
21 Processus styloideus radii
22 Os lunatum
23 Os triquetrum
24 Os scaphoideum
25 Os pisiforme
22–25 Ossa carpalia proximales (proximale Handwurzelknochen)

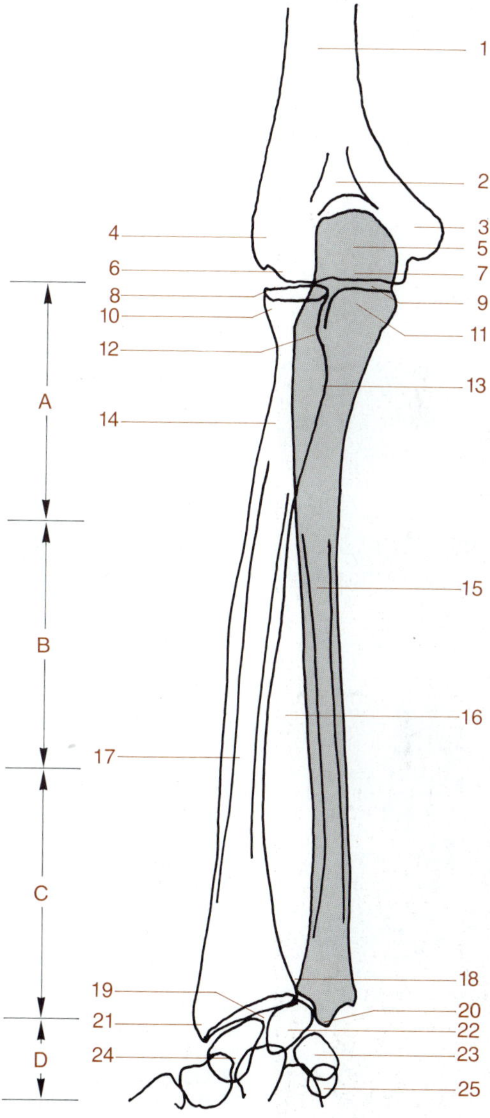
1
2
3
4
5
6
7
8
9
10
11
12
13
14
15
16
17
18
19
20
21
22
23
24
25
A
B
C
D

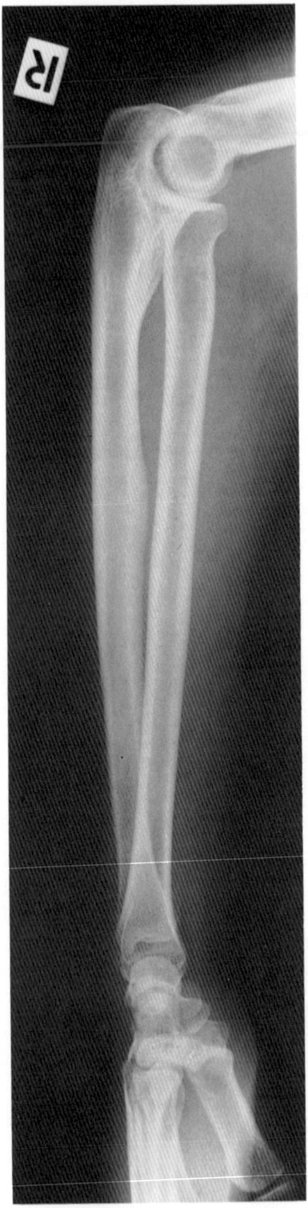

A proximales Unterarmdrittel
B mittleres Unterarmdrittel
C distales Unterarmdrittel
D Ossa carpalia (Handwurzelknochen)

1 Fossa olecrani
2 Olekranon
3 Humerus
4 Trochlea humeri
5 Fossa coronoidea
6 Processus coronoideus
7 Caput radii
8 Collum radii
9 Membrana interossea
10 Radius
11 Ulna
12 Processus styloideus ulnae
13 proximales Handgelenk
14 Os lunatum
15 Os pisiforme
16 Os scaphoideum
17 Os triquetrum
14–17 Ossa carpalia proximales (proximale Handwurzelknochen)

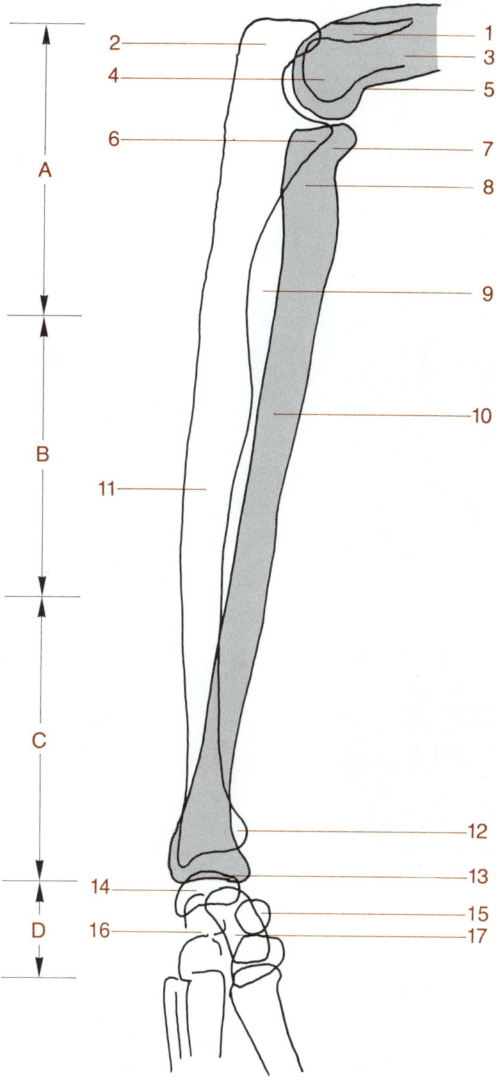
1
2
3
4
5
6
7
8
9
10
11
12
13
14
15
16
17
A
B
C
D

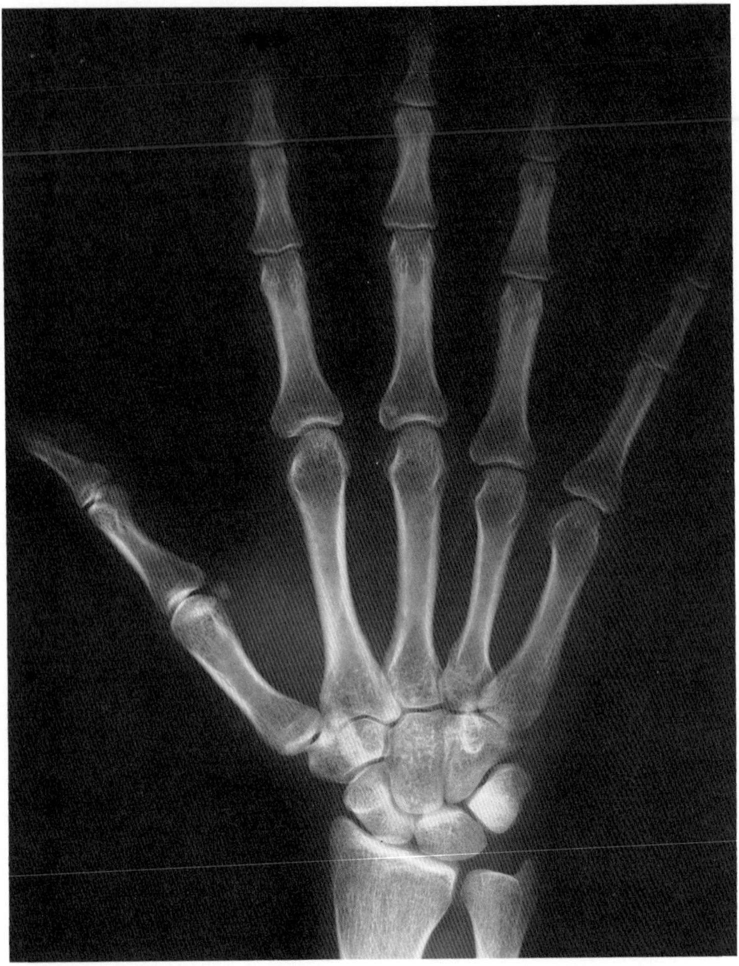

1 Tuberositas phalangis distalis (Nagelkranz)
2 Phalanx distalis (Endglied)
3 Articulatio interphalangealis distalis (Fingerendgelenk)
4 Articulatio interphalangealis proximalis (Fingermittelgelenk)
5 Phalanx media (Fingermittelglied)
6 Caput phalangis proximalis (Grundgliedköpfchen)
7 Phalanx proximalis (Fingergrundglied)
8 Articulatio metacarpophalangealis (Fingergrundgelenk)

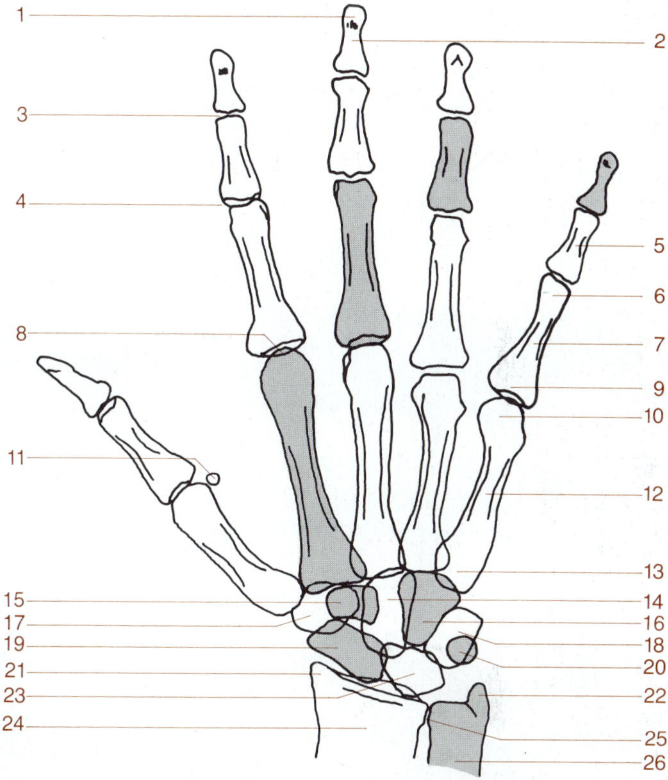

9 Basis phalangis proximalis (Fingergrundgliedbasis)
10 Caput ossis metacarpalis (Köpfchen des Mittelhandknochens)
11 Os sesamoideum (Sesambein)
12 Os metacarpale (Mittelhandknochen)
13 Basis metacarpalis
14 Os capitatum
15 Os trapezoideum (Os multangulum minus)
16 Os hamatum
17 Os trapezium (Os multangulum majus)
18 Os triquetrum
19 Os scaphoideum (Kahnbein)
20 Os pisiforme
21 Processus styloideus radii
22 Processus styloideus ulnae
23 Os lunatum (Mondbein)
24 distaler Radius
25 Articulatio radioulnaris distalis (distales Radioulnargelenk)
26 distale Ulna

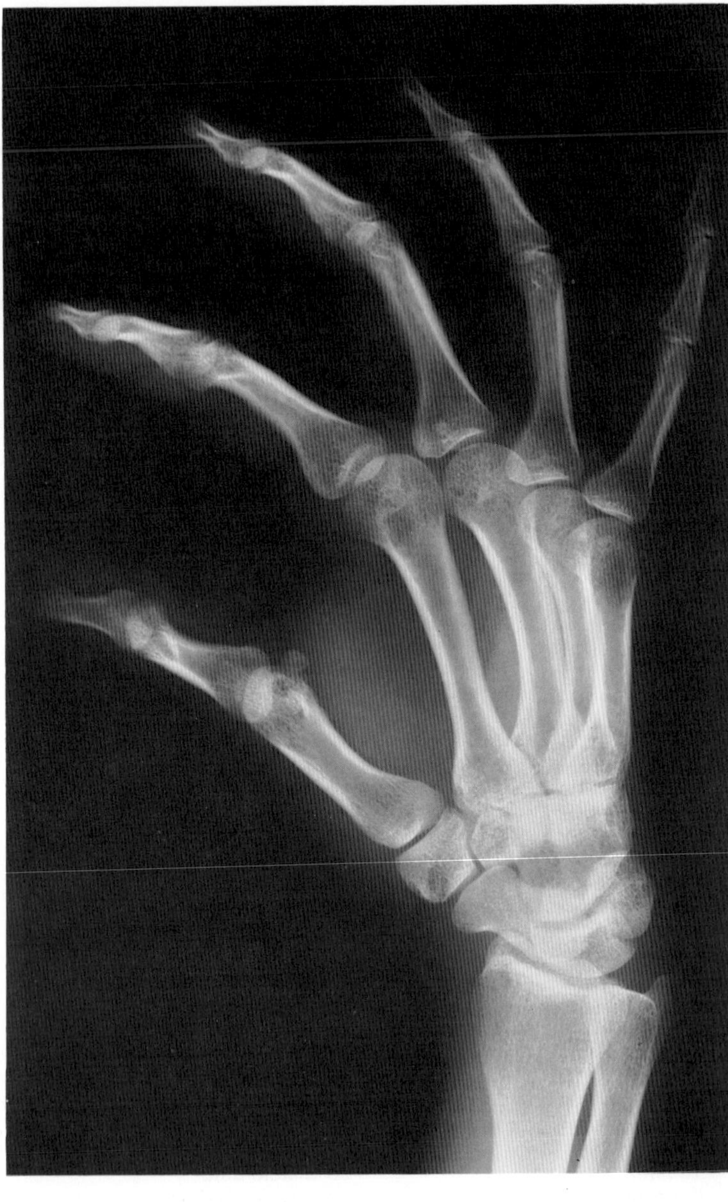

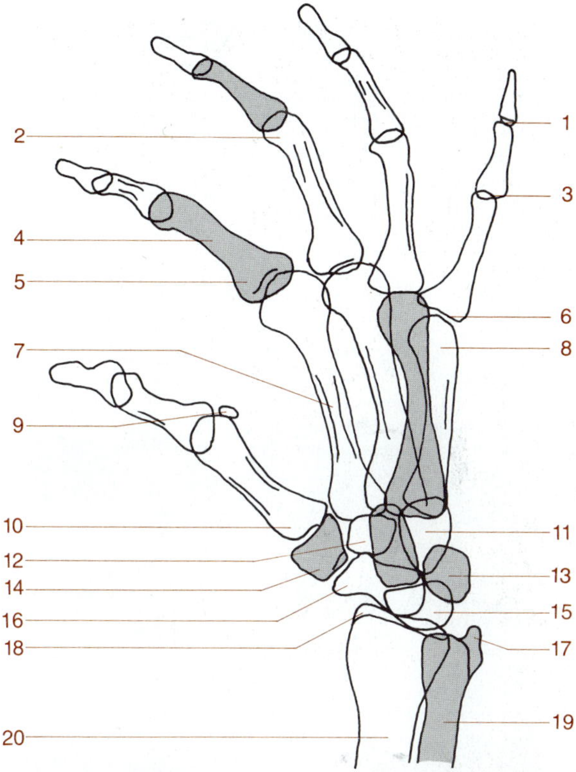

1 Articulatio interphalangealis distalis (distales Interphalangealgelenk, Fingerendgelenk)
2 Caput phalangis proximalis (Grundgliedköpfchen)
3 Articulatio interphalangealis proximalis (proximales Interphalangealgelenk, Fingermittelgelenk)
4 Phalanx proximalis (Fingergrundglied)
5 Basis phalangis proximalis (Fingergrundgliedbasis)
6 Articulatio metacarpophalangealis (Metakarpophalangealgelenk, Fingergrundgelenk)
7 Os metacarpale (Mittelhandknochen)
8 Caput ossis metacarpalis (Köpfchen des Mittelhandknochens)
9 Os sesamoideum (Sesambein)
10 Basis metacarpalis (Basis des Mittelhandknochens)
11 Os capitatum/Os hamatum
12 Os trapezoideum (Os multangulum minus)
13 Os triquetrum
14 Os trapezium (Os multangulum majus)
15 Os lunatum (Mondbein)
16 Os scaphoideum (Kahnbein)
17 Processus styloideus ulnae
18 Processus styloideus radii
19 distale Ulna
20 distaler Radius

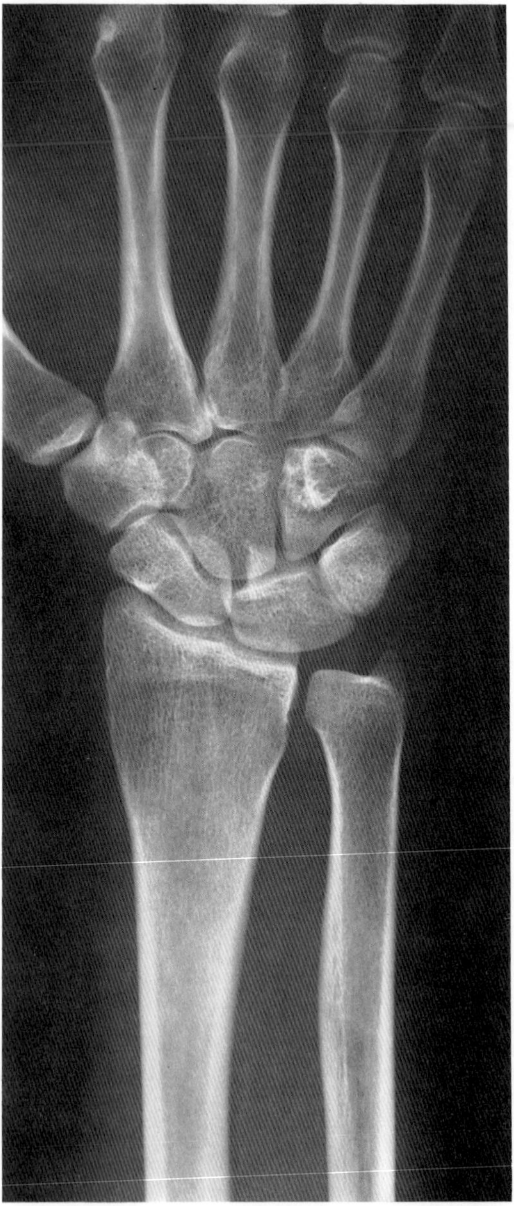

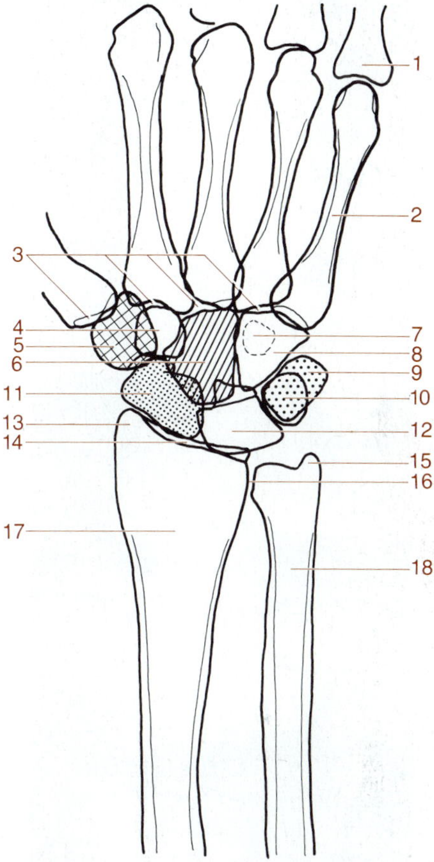

1 Phalanx proximalis (Fingergrundglied)
2 Os metacarpale V
3 Articulatio metacarpophalangealis (Metakarpophalangealgelenk, Fingergrundgelenk)
4 Os trapezoideum (Os multangulum minus)
5 Os trapezium (Os multangulum majus)
6 Os capitatum
7 Hamulus ossis hamati
8 Os hamatum
9 Os triquetrum
10 Os pisiforme
11 Os scaphoideum (Kahnbein)
12 Os lunatum (Mondbein)
13 Processus styloideus radii
14 Articulatio radiocarpalis (Radiokarpalgelenk)
15 Processus styloideus ulnae
16 Articulatio radioulnaris (Radioulnargelenk)
17 Radius
18 Ulna

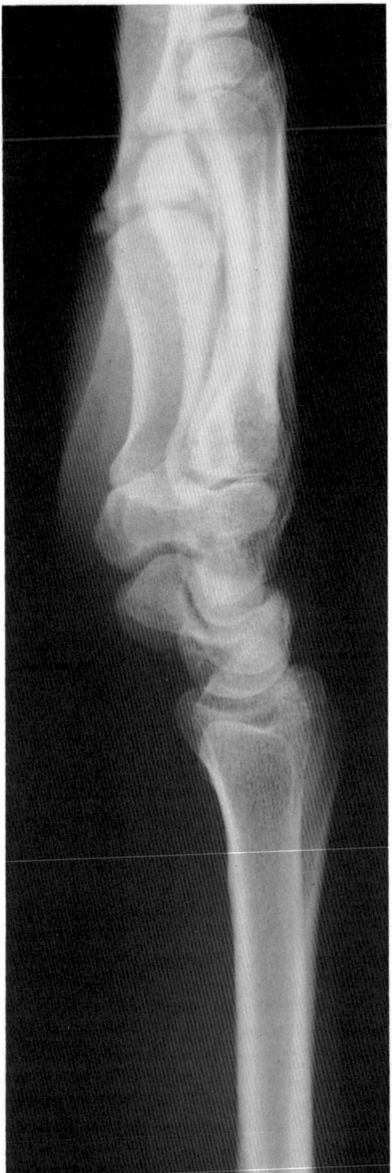

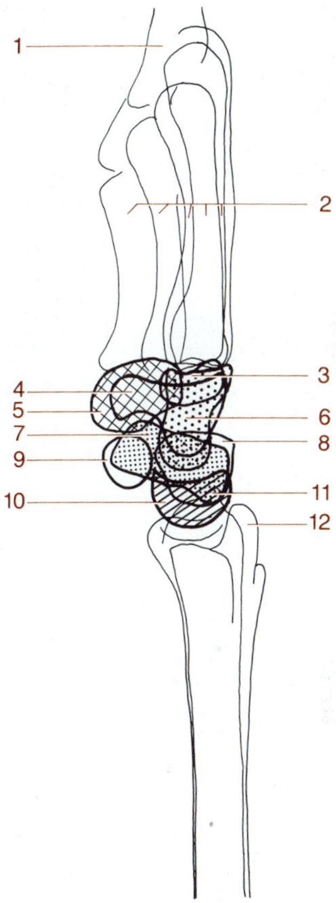

1 Phalanx proximalis (Fingergrundglied)
2 Ossa metacarpalia (Mittelhandknochen)
3 Os trapezoideum (Os multangulum minus)
4 Hamulus ossis hamati
5 Os trapezium
6 Os capitatum
7 Os scaphoideum (Kahnbein)
8 Os triquetrum (Os multangulum majus)
9 Os pisiforme
10 Os lunatum (Mondbein)
11 Processus styloideus radii
12 Processus styloideus ulnae

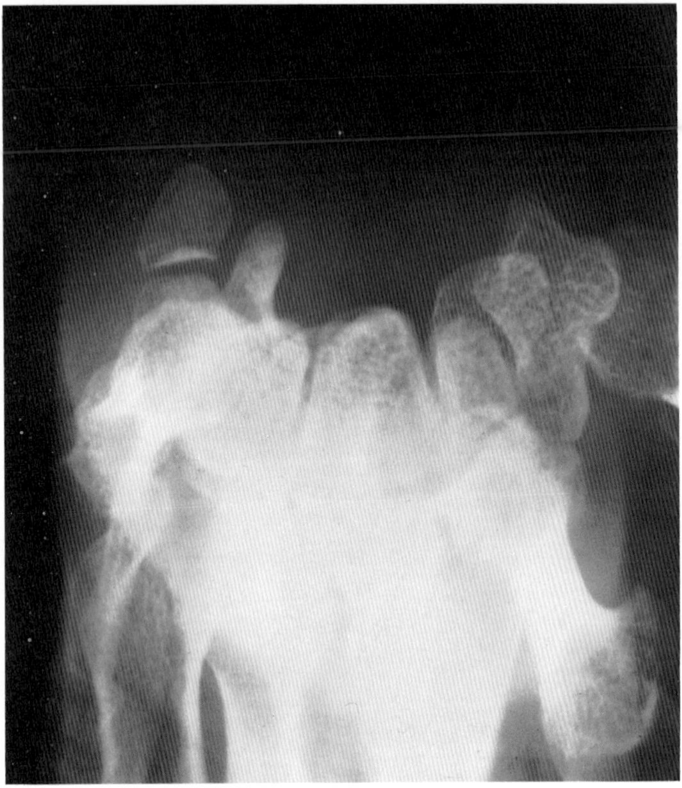

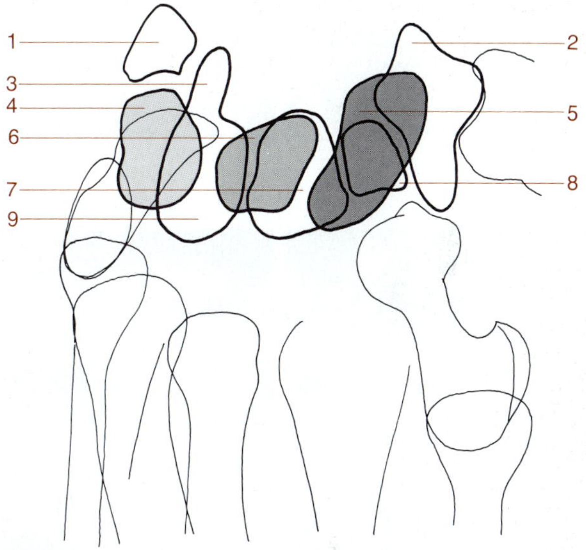

1 Os pisiforme
2 Os trapezium
(Os multangulum majus)
3 Hamulus ossis hamati
4 Os triquetrum
5 Os scaphoideum (Kahnbein)
6 Os lunatum (Mondbein)
7 Os capitatum
8 Os trapezoideum
(Os multangulum minus)
9 Os hamatum

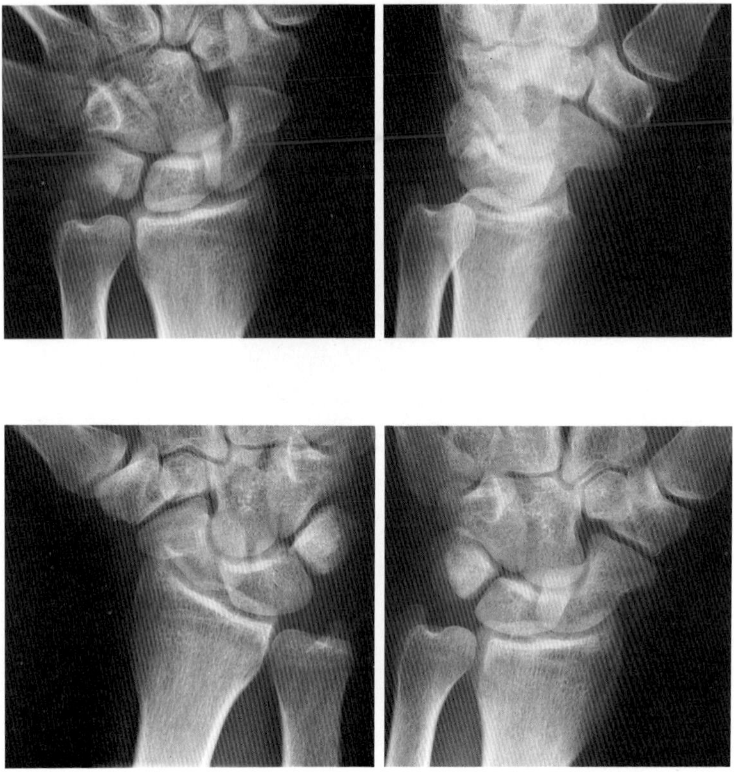

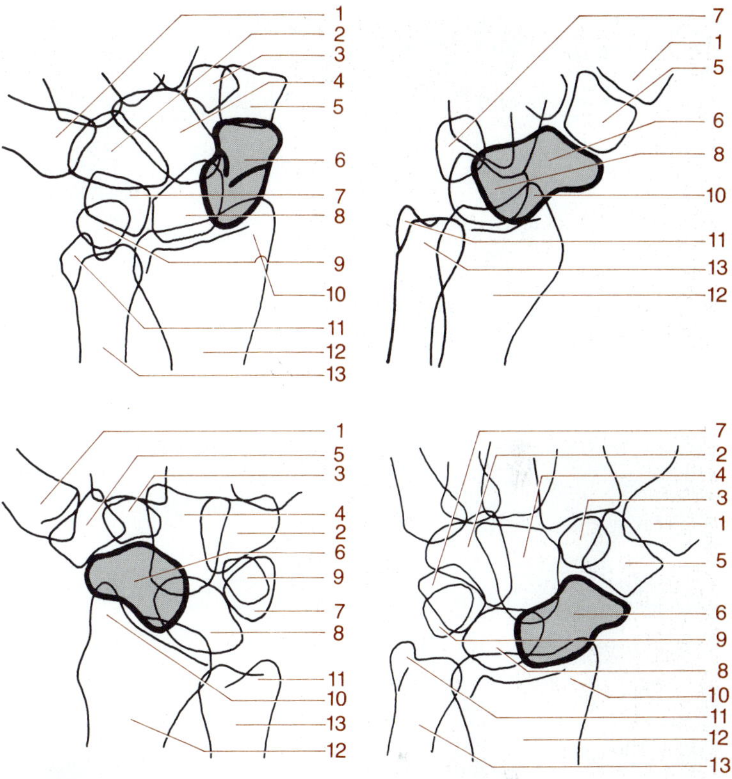

1 Os metacarpale (Mittelhandknochen)
2 Os hamatum
3 Os trapezoideum (Os multangulum minus)
4 Os capitatum
5 Os trapezium (Os multangulum majus)
6 Os scaphoideum (Kahnbein)
7 Os triquetrum
8 Os lunatum (Mondbein)
9 Os pisiforme
10 Processus styloideus radii
11 Processus styloideus ulnae
12 Radius
13 Ulna

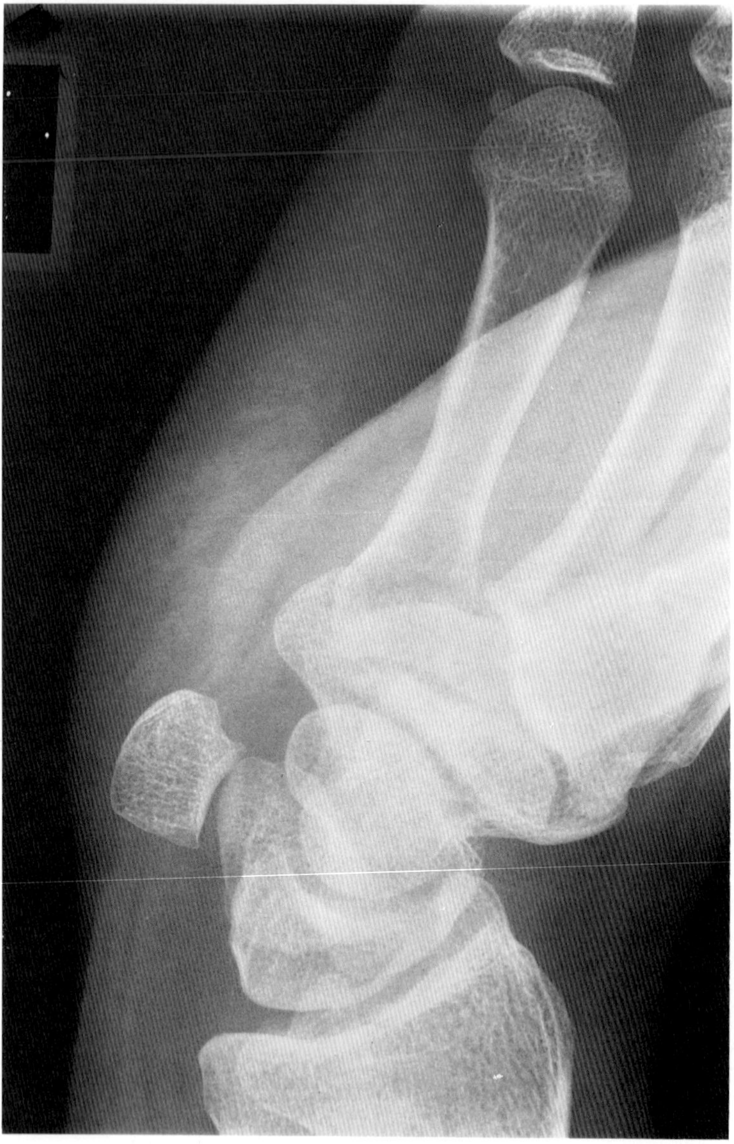

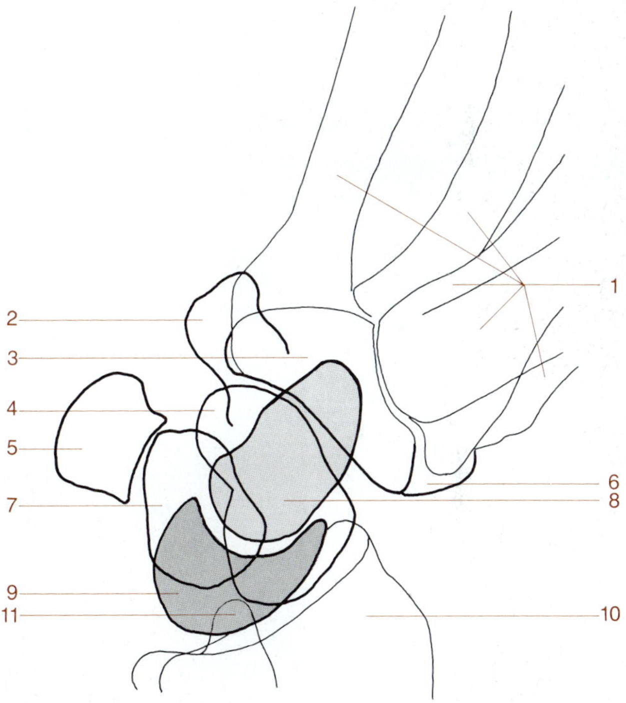

1 Ossa metacarpalia (Mittelhandknochen)
2 Os hamatum
3 Os trapezoideum (Os multangulum minus)
4 Os scaphoideum (Kahnbein)
5 Os pisiforme
6 Os trapezium (Os multangulum majus)
7 Os triquetrum
8 Os capitatum
9 Os lunatum (Mondbein)
10 Radius
11 Processus styloideus ulnae

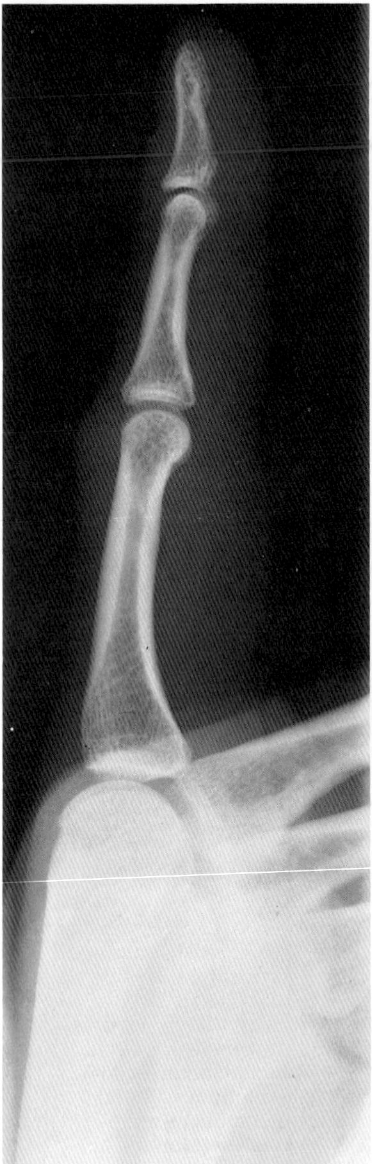

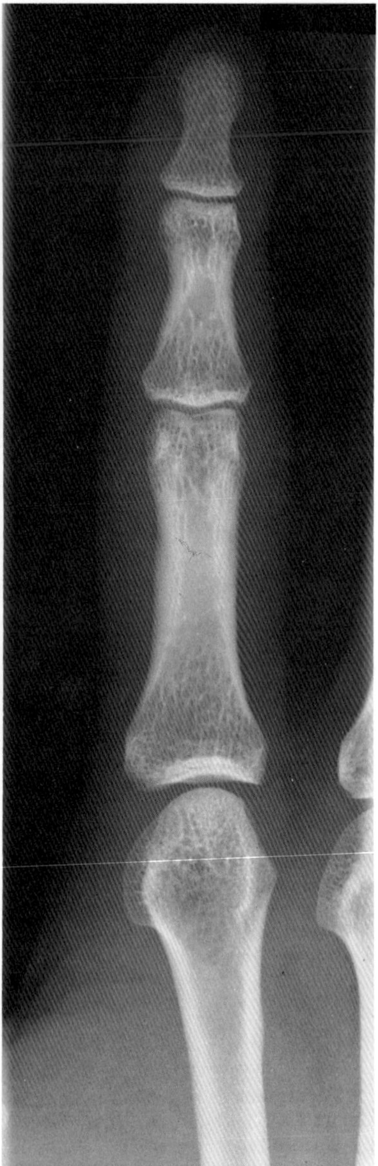

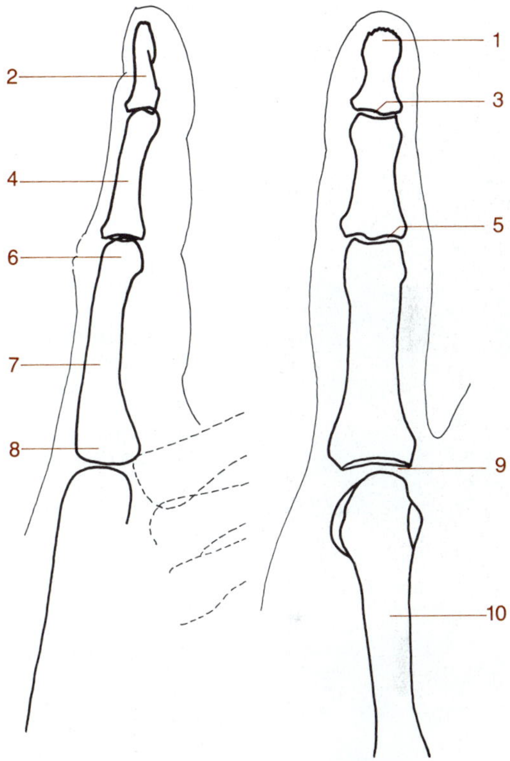

1 Tuberositas phalangis distalis (Nagelkranz)
2 Phalanx distalis (Endphalanx, Fingerendglied)
3 Articulatio interphalangealis distalis (Fingerendgelenk, distales Interphalangealgelenk)
4 Phalanx media (Mittelphalanx)
5 Articulatio interphalangealis proximalis (Fingermittelgelenk, proximales Interphalangealgelenk)
6 Caput phalangis proximalis (Grundgliedköpfchen)
7 Phalanx proximalis (Grundphalanx)
8 Basis phalangis proximalis (Grundphalangenbasis)
9 Articulatio metacarpophalangealis (Metakarpophalangealgelenk)
10 Os metacarpale

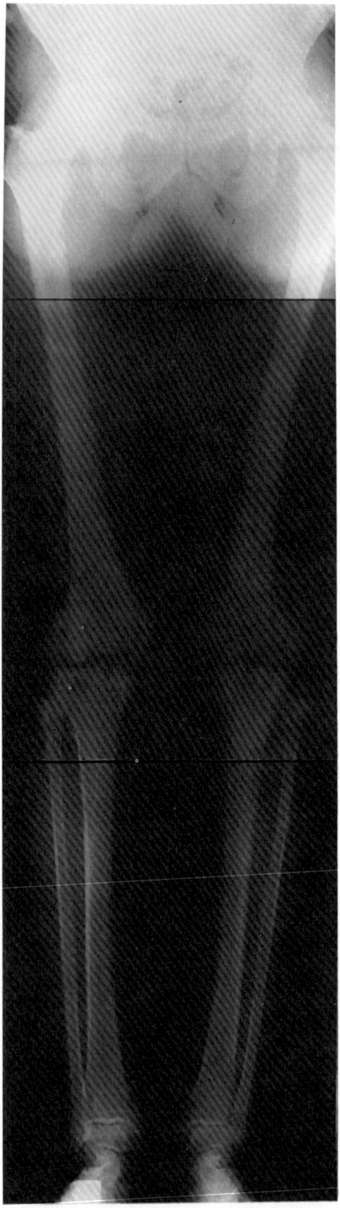

A proximales Femurdrittel
B mittleres Femurdrittel
C distales Femurdrittel
D proximales Unterschenkeldrittel
E mittleres Unterschenkeldrittel
F distales Unterschenkeldrittel

1 röntgenologischer Hüftgelenksspalt
2 Os pubis (Schambein)
3 Caput femoris (Hüftkopf)
4 Trochanter major
5 Foramen obturatum
6 Os ischii (Sitzbein)
7 Tuber ischiadicum
8 Femur
9 Patella (Kniescheibe)
10 Condylus medialis und lateralis femoris (medialer und lateraler Femurkondylus)
11 röntgenologischer Kniegelenksspalt
12 Eminentia intercondylaris (Interkondylenhöcker)
13 mediale und laterale Tibiakopfkonsole
14 Tibia (Schienbein)
15 Fibula (Wadenbein)
16 Malleolus medialis (Innenknöchel)
17 Malleolus lateralis (Außenknöchel)
18 Trochlea tali (Talusrolle)
19 Articulatio talocruralis (oberes Sprunggelenk)

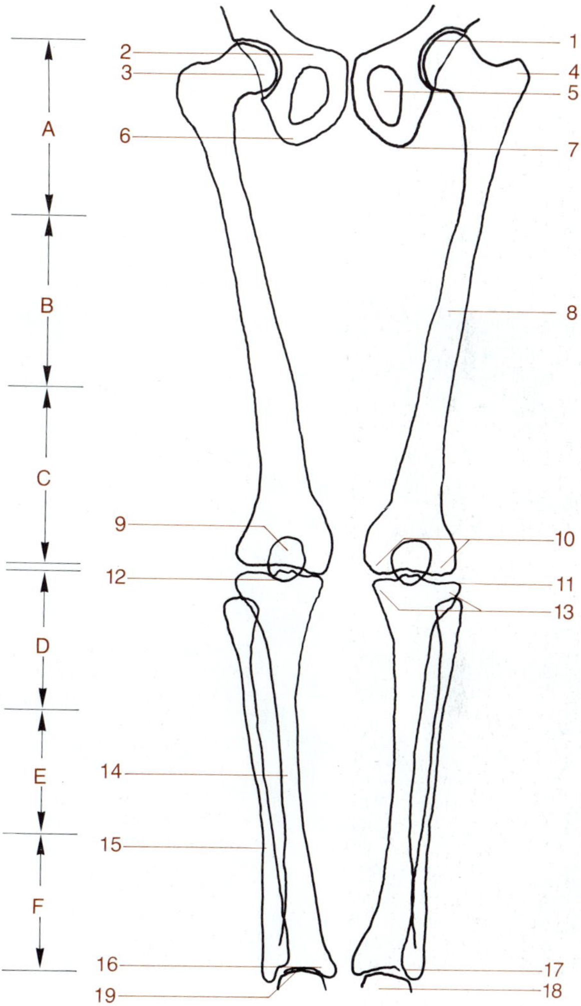
A
B
C
D
E
F
1
2
3
4
5
6
7
8
9
10
11
12
13
14
15
16
17
18
19

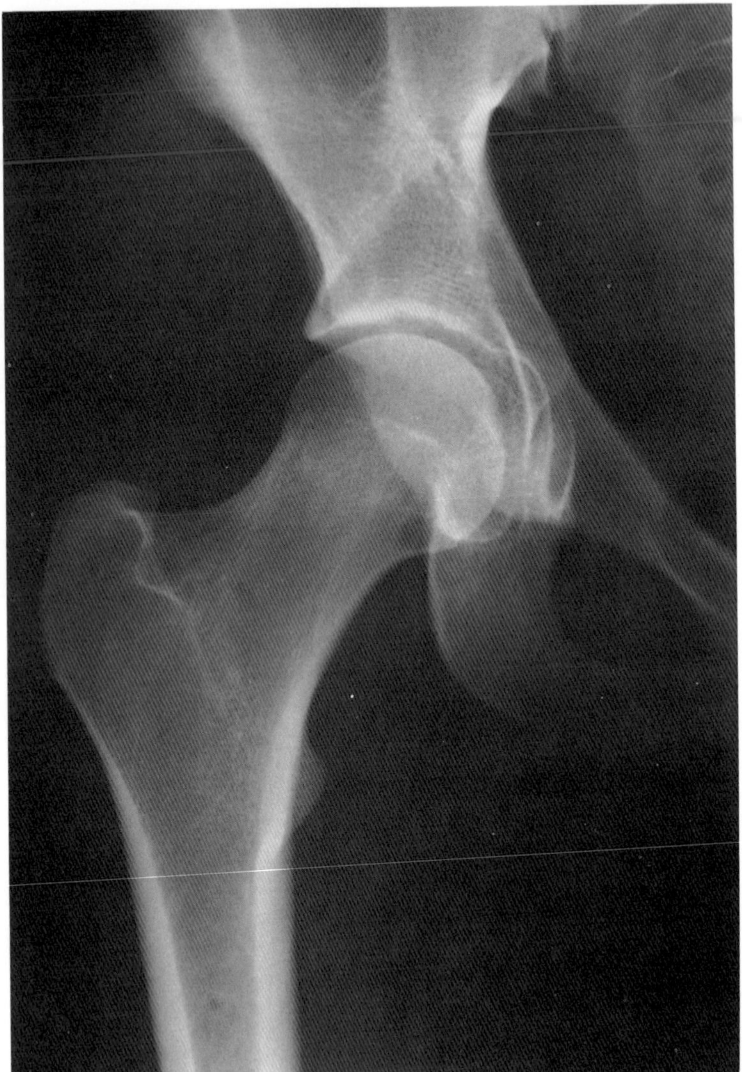

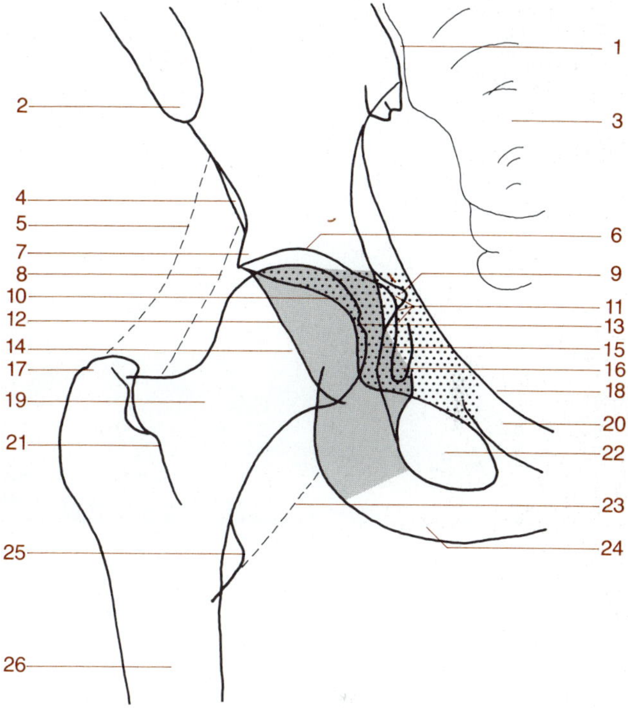

1 Articulatio sacroiliaca (Iliosakralgelenk)
2 Spina iliaca anterior superior
3 Os sacrum (Kreuzbein)
4 Spina iliaca anterior inferior
5 Fettstreifen (zwischen Mm. glutaei)
6 Pfannendach
7 Pfannenerker
8 Fettstreifen (medial vom M. glutaeus minimus)
9 Spina ischiadica
10 ventraler Pfannenrand
11 medialer Pfannengrund
12 dorsaler Pfannenrand
13 Fovea capitis femoris
14 Caput femoris (Femurkopf)
15 Linea ilioischiadica
16 Köhler-Tränenfigur
17 Trochanter major
18 Linea terminalis
19 Collum femoris (Schenkelhals)
20 R. superior ossis pubis (Schambein)
21 Crista intertrochanterica
22 Foramen obturatum
23 Fettstreifen (medial vom M. iliopsoas)
24 Tuber ischiadicum
25 Trochanter minor
26 Femur (Oberschenkel)

(gepunktet) Corpus ossis ischii (hinterer Gelenkpfeiler)

(grau) Corpus ossis pubis (vorderer Gelenkpfeiler)

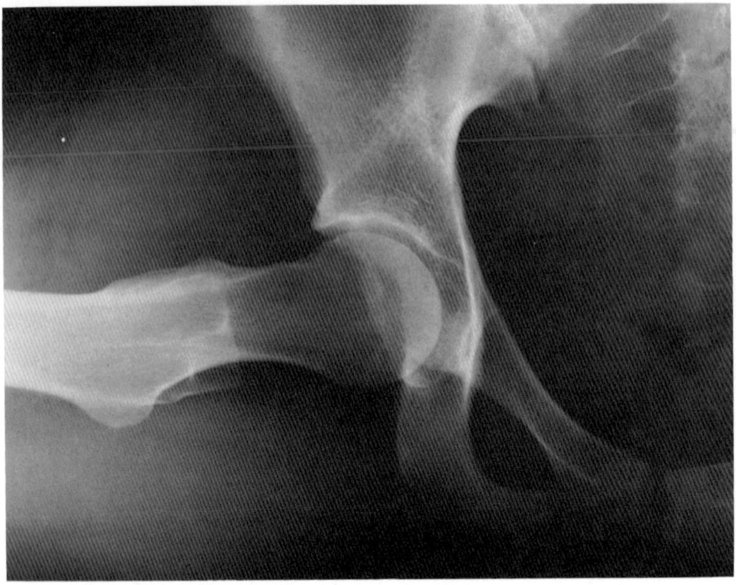

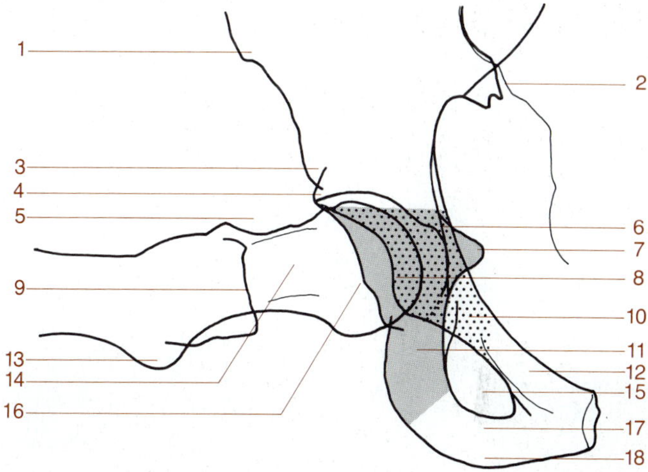

1 Spina iliaca anterior superior
2 Articulatio sacroiliaca (Iliosakralgelenk)
3 Spina iliaca anterior inferior
4 Pfannenerker
5 hinterer Pfannenrand
6 Pfannengrund
7 Spina ischiadica
8 vorderer Pfannenrand
9 Trochanter major
10 Corpus ossis pubis (Schambein, vorderer Gelenkpfeiler)
11 Corpus ossis ischii (hinterer Gelenkpfeiler)
12 R. superior ossis pubis
13 Trochanter minor
14 Collum femoris (Schenkelhals)
15 Foramen obturatum
16 Caput femoris (Hüftkopf)
17 R. inferior ossis pubis
18 Tuber ischiadicum

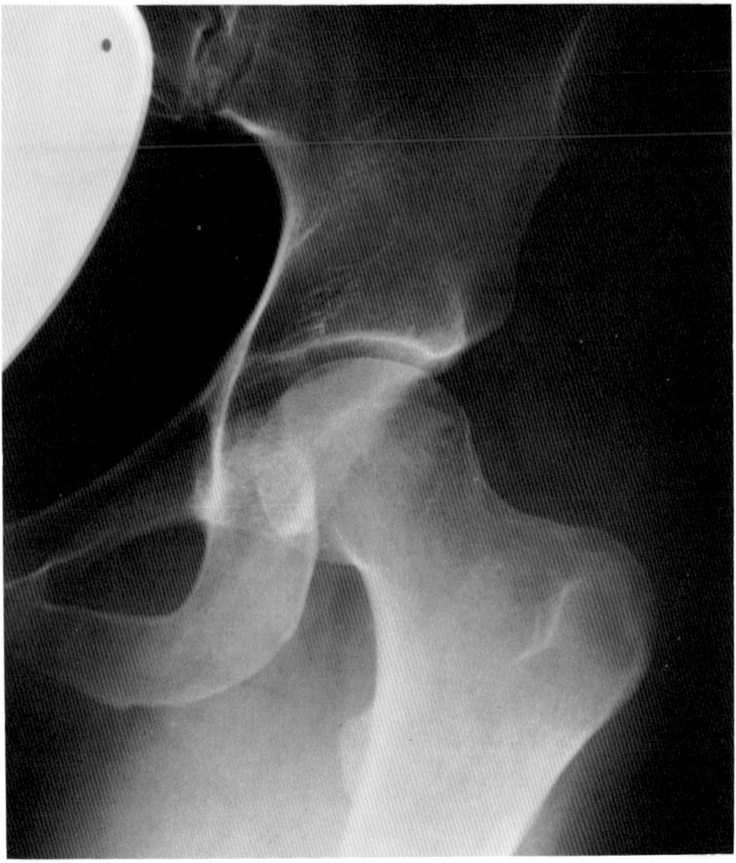

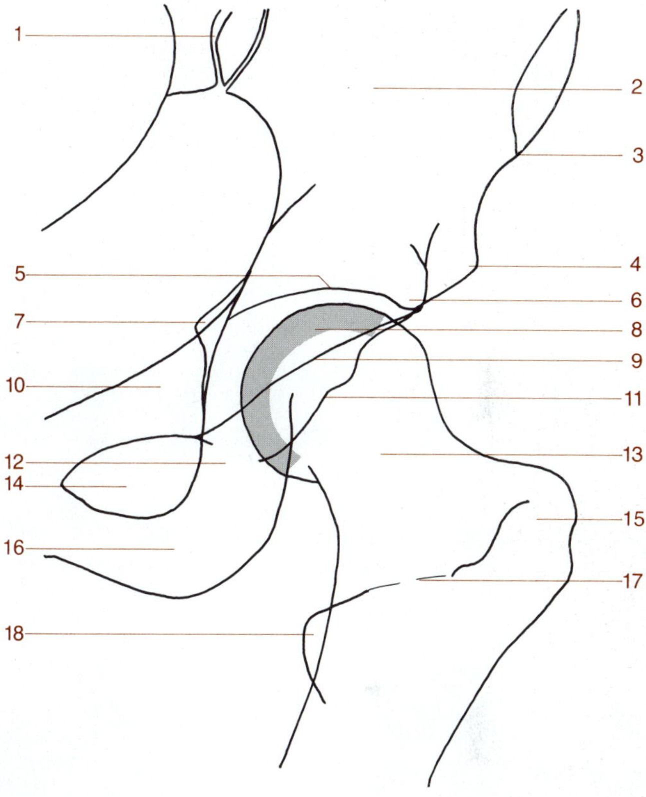

1 Articulatio sacroiliaca (Iliosakralgelenk)
2 Os ilii
3 Spina iliaca anterior superior
4 Spina iliaca anterior inferior
5 Pfannendach
6 Pfannenerker
7 Spina ischiadica
8 Vorderfläche des Caput femoris (Femurkopfes)
9 vorderer Pfannenrand
10 Corpus ossis pubis (vorderer Gelenkpfeiler)
11 hinterer Pfannenrand
12 Os ischii
13 Collum femoris (Schenkelhals)
14 Foramen obturatum
15 Trochanter major
16 Tuber ischiadicum
17 Linea intertrochanterica
18 Trochanter minor

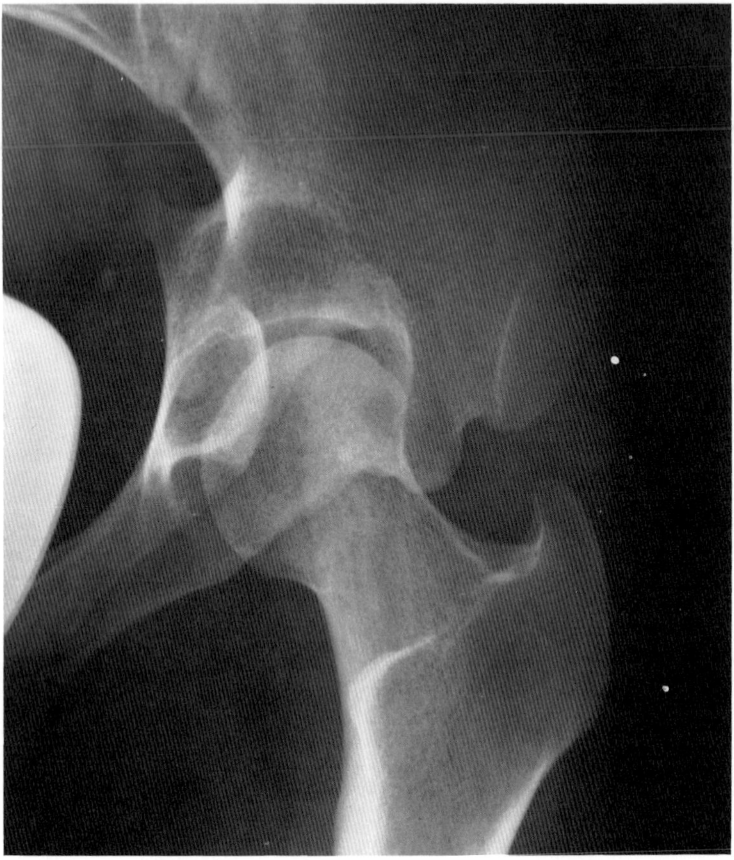

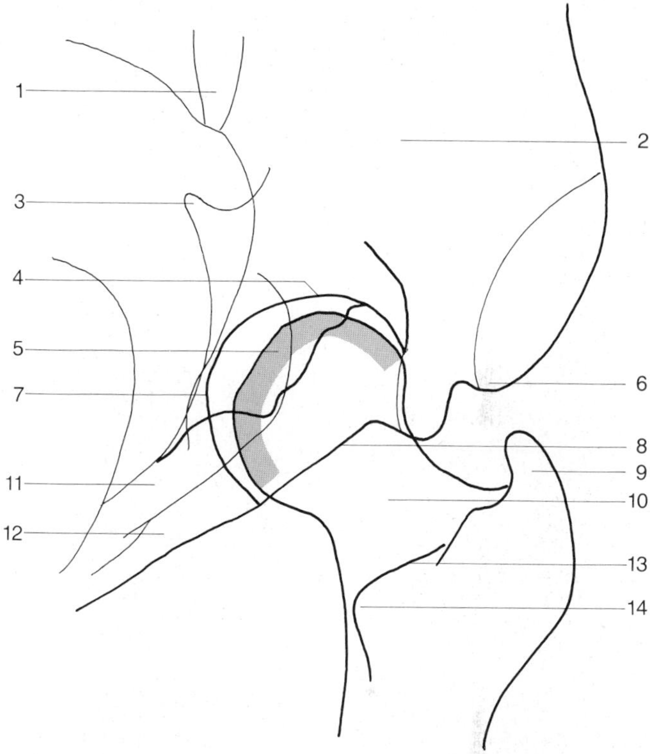

1 Articulatio sacroiliaca (Iliosakralgelenk)
2 Os ilii
3 Spina ischiadica
4 Pfannendach
5 dorsale Gelenkfläche des Caput femoris (Femurkopfes)
6 Spina iliaca anterior superior
7 Pfannengrund
8 vorderer Pfannenrand
9 Trochanter major
10 Collum femoris (Schenkelhals)
11 Os ischiadicum
12 Os pubis
13 Linea intertrochanterica
14 Trochanter minor

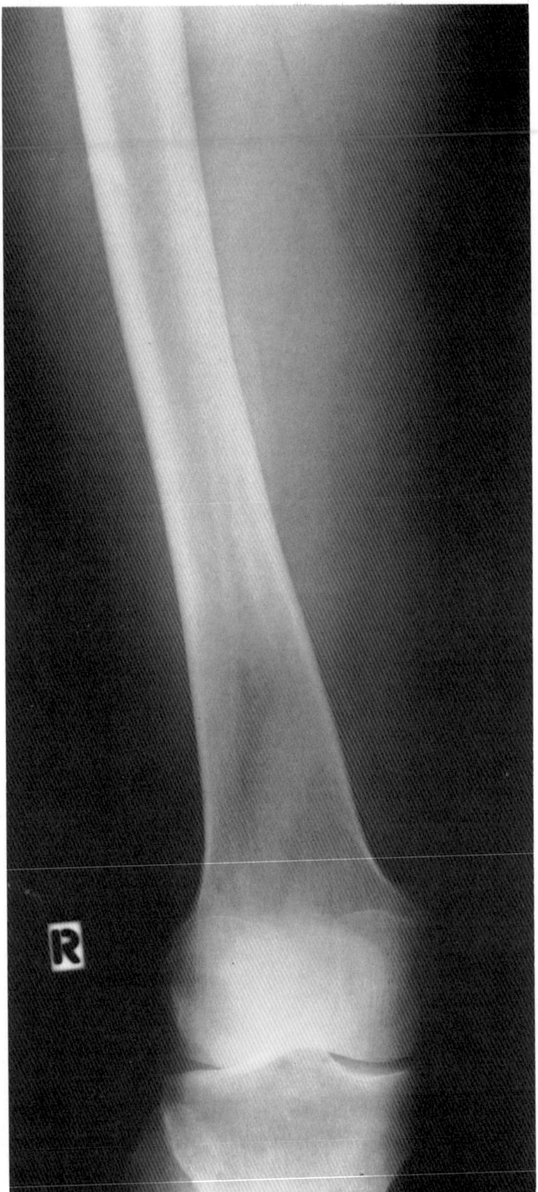
R

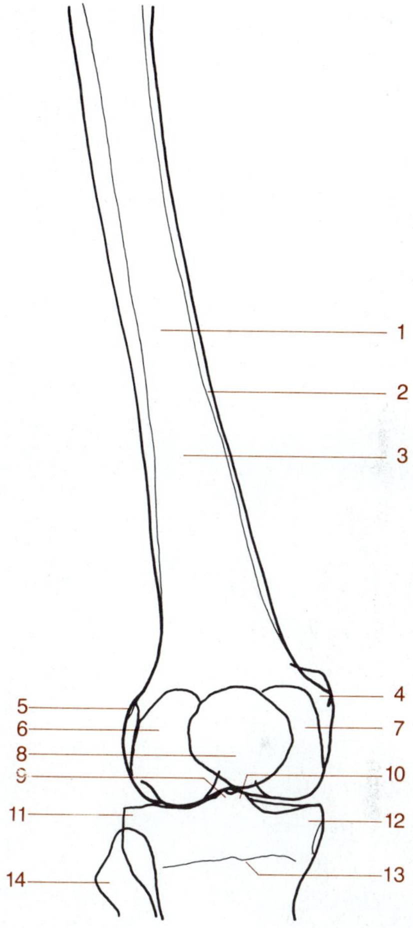

1 Corpus femoris (Femurschaft)
2 Kortikalis
3 Markraum
4 Epicondylus medialis femoris
5 Epicondylus lateralis femoris
6 Condylus lateralis femoris
7 Condylus medialis femoris
8 Patella (Kniescheibe)
9 Eminentia intercondylaris lateralis (lateraler Interkondylenhöcker)
10 Eminentia intercondylaris medialis (medialer Interkondylenhöcker)
11 Condylus lateralis tibiae
12 Condylus medialis tibiae
13 Linea epiphysialis (Epiphysenlinie)
14 Caput fibulae (Fibulaköpfchen)

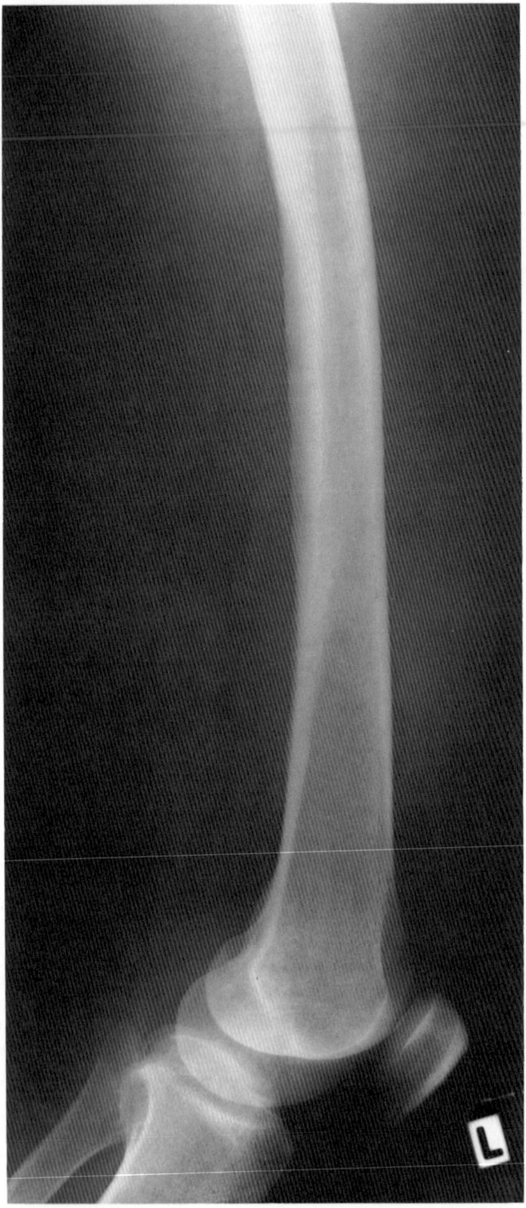
L

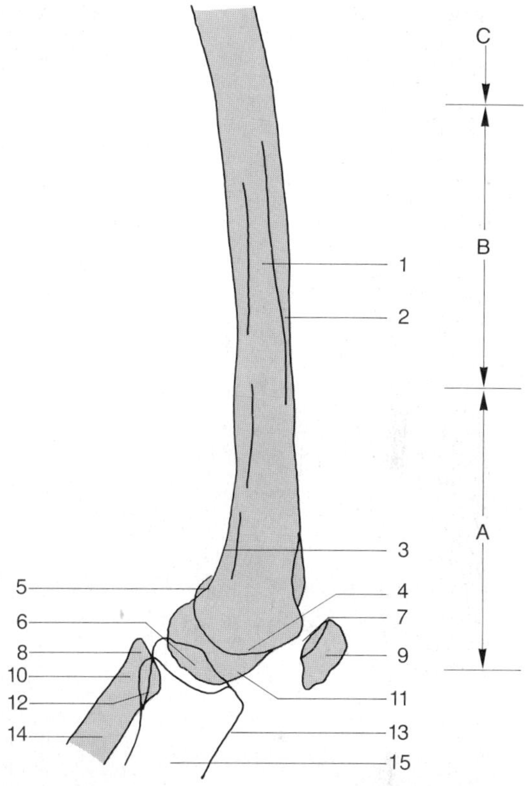

A distales Femurdrittel
B mittleres Femurdrittel
C proximales Femurdrittel
1 Femur
2 Kompakta
3 Facies poplitea
4 Condylus medialis femoris (medialer Femurkondylus)
5 Fossa intercondylaris
6 Eminentia intercondylaris
7 Retropatellargelenk
8 Apex capitis fibulae
9 Patella
10 Caput fibulae (Fibulaköpfchen)
11 Condylus lateralis femoris (lateraler Femurkondylus)
 a Steht dem lateralen Tibiakondylus gegenüber; dieser artikuliert mit der Fibula.
 b Die korrespondierenden lateralen Gelenkflächen von Patella und Femur sind – unabhängig von der Seitenlage – in proximal-distaler Richtung länger als die entsprechenden medialen Gelenkflächen (nach Teichert)
12 Articulatio tibiofibularis
13 Tuberositas tibiae
14 Fibula (Wadenbein)
15 Tibia (Schienbein)

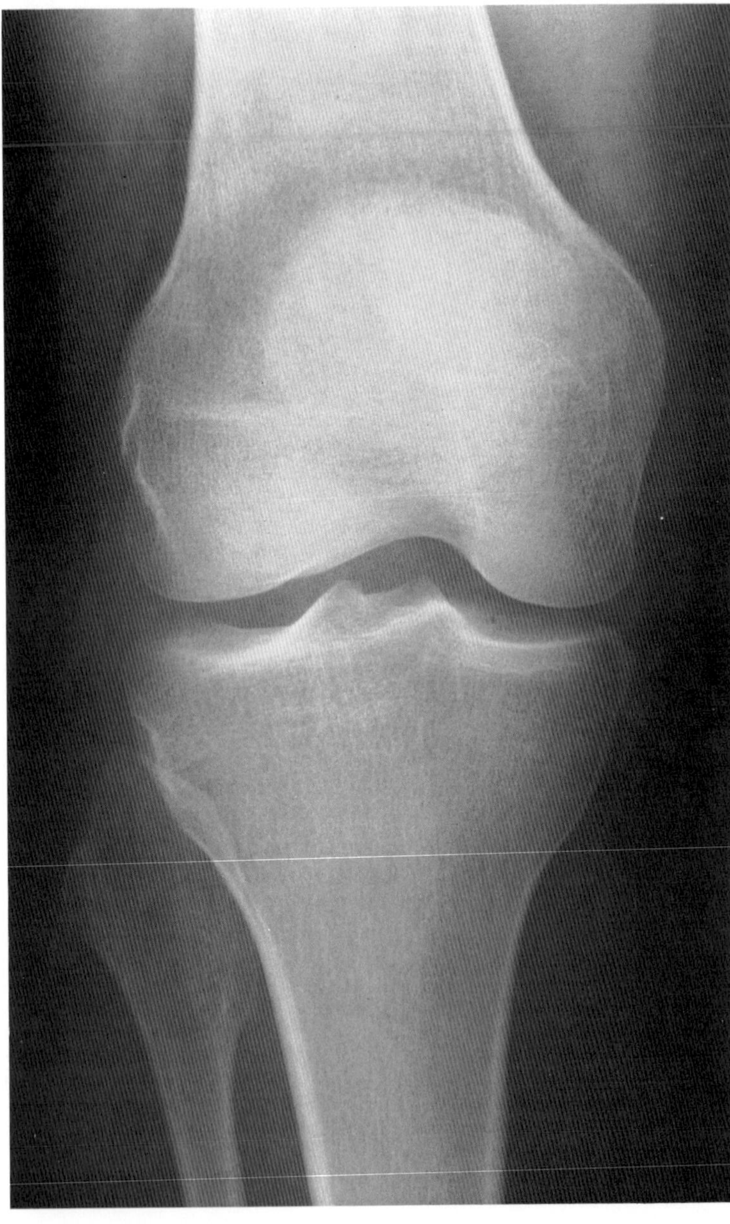

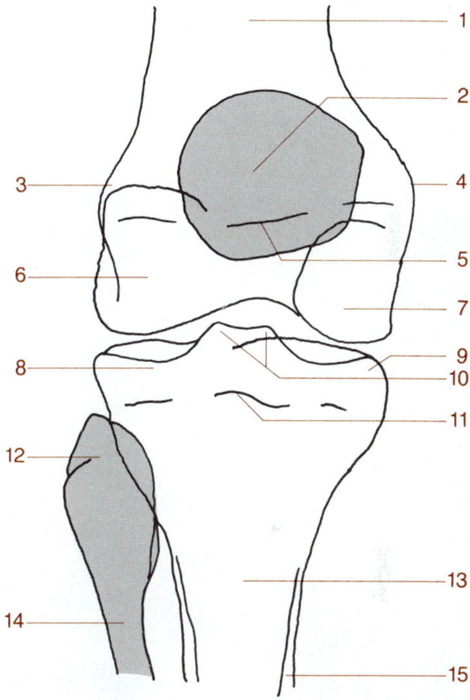

1 Femur
2 Patella (Kniescheibe)
3 Epicondylus lateralis femoris
4 Epicondylus medialis femoris
5 Epiphysenfuge
6 Condylus lateralis femoris (lateraler Femurkondylus)
7 Condylus medialis femoris medialer Femurkondylus)
8 Condylus lateralis tibiae (laterale Tibiakopfkonsole)
9 Condylus medialis tibiae (mediale Tibiakopfkonsole)
10 Tuberculum intercondylare mediale und laterale (medialer und lateraler Interkondylenhöcker)
11 Epiphysenfuge
12 Caput fibulae (Fibulaköpfchen)
13 Tibia (Schienbein)
14 Fibula (Wadenbein)
15 Kompakta

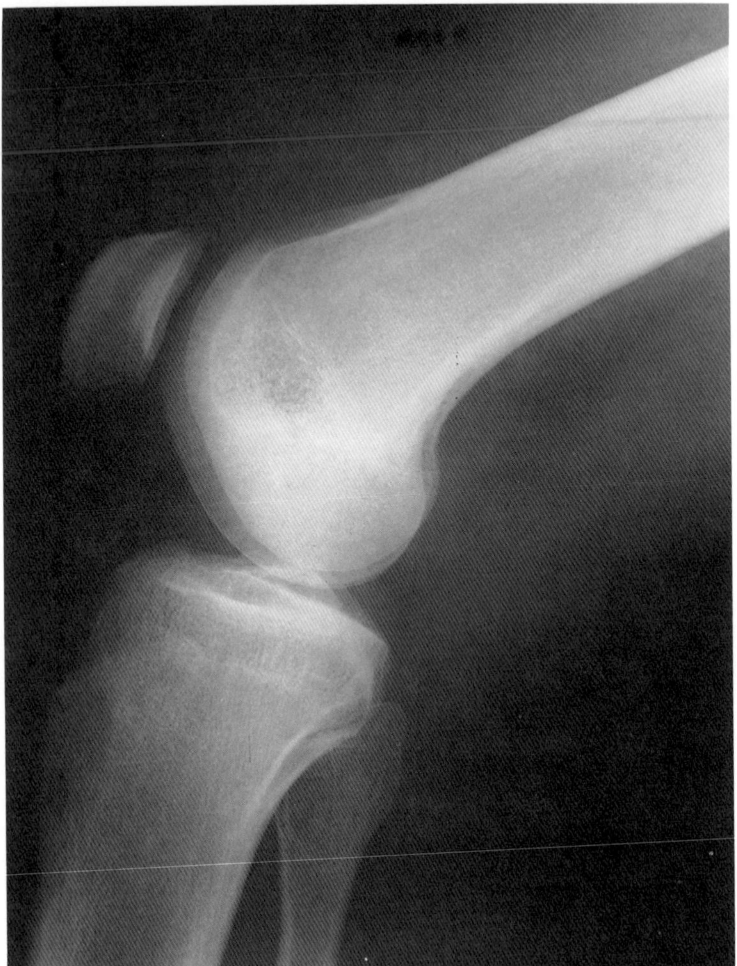

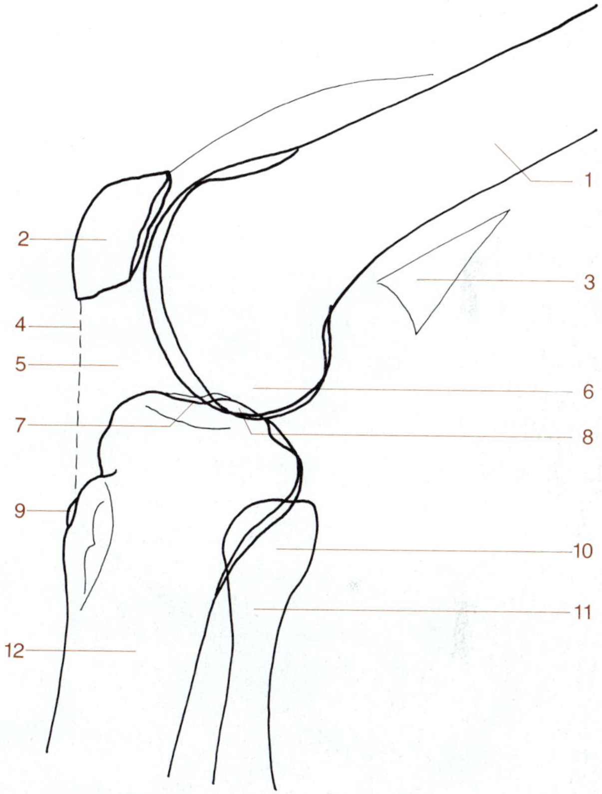

1 Femur
2 Patella (Kniescheibe)
3 dorsales Fettdreieck
4 Lig. patellae
5 infrapatellarer Fettkörper (Hoffa)
6 Condylus lateralis femoris
7 Facies articularis superior tibiae (Tibiaplateau)
8 Eminentia intercondylaris
9 Tuberositas tibiae
10 Caput fibulae (Fibulaköpfchen)
11 Collum fibulae (Fibulahals)
12 Tibia (Schienbein)

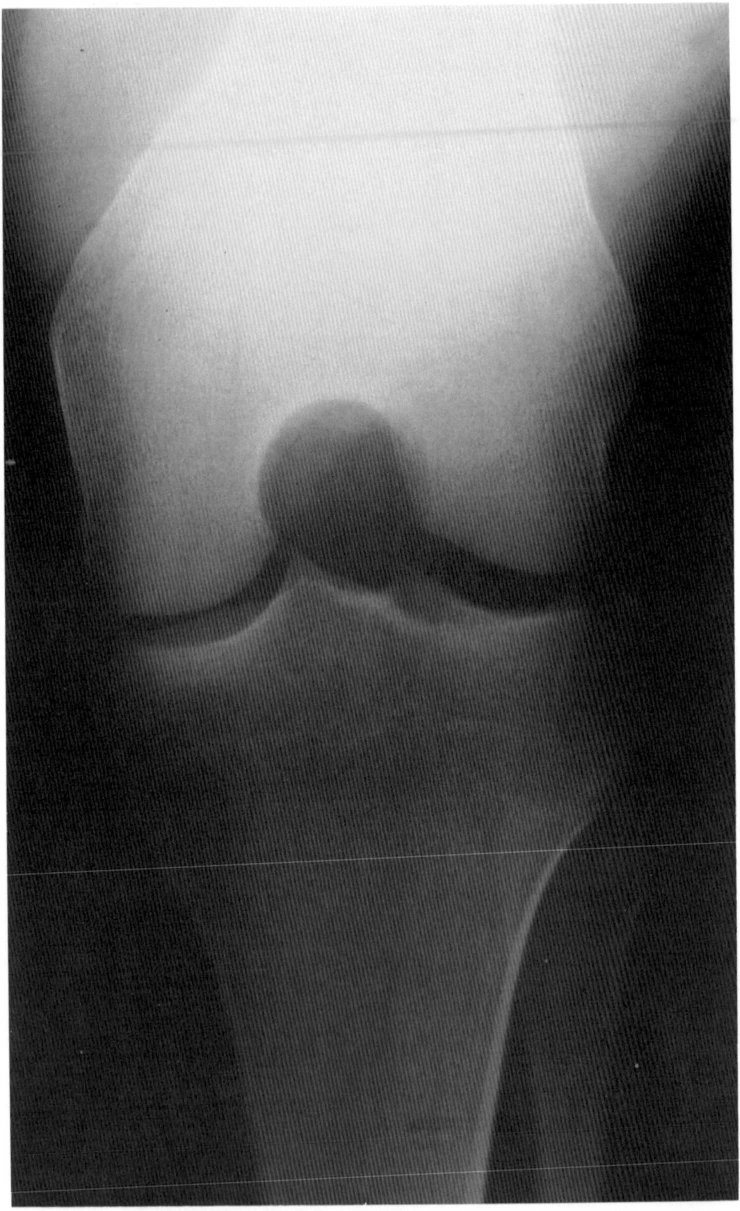

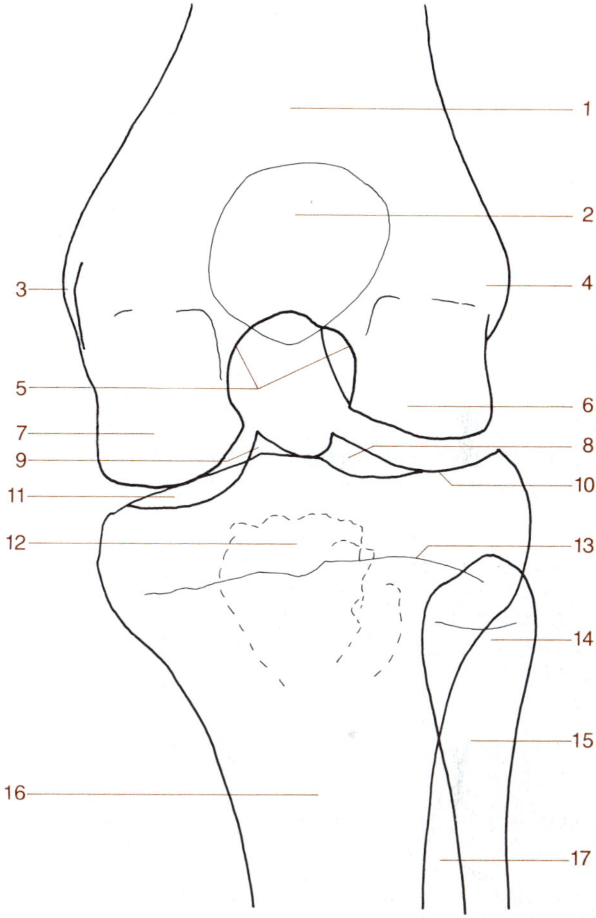

1 Femur
2 Patella (Kniescheibe)
3 Epicondylus medialis femoris
4 Epicondylus lateralis femoris
5 Fossa intercondylaris
6 Condylus lateralis femoris
7 Condylus medialis femoris
8 Eminentia intercondylaris lateralis (lateraler Interkondylenhöcker)
9 Eminentia intercondylaris medialis (medialer Interkondylenhöcker)
10 laterales Tibiaplateau
11 mediales Tibiaplateau
12 Tuberositas tibiae
13 Epiphysenfuge
14 Caput fibulae (Fibulaköpfchen)
15 Collum fibulae
16 Tibia (Schienbein)
17 Membrana interossea cruris

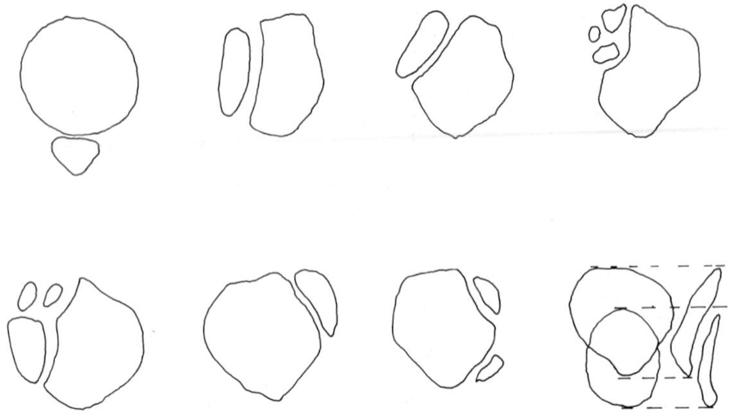

Häufigste Formen der Patella partita (nach Schaer)

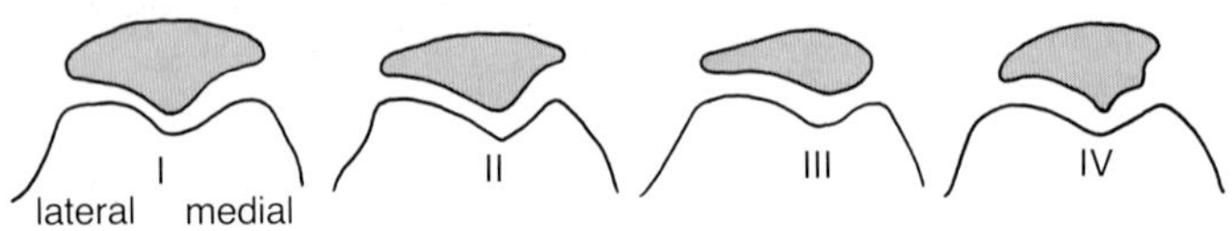

Einteilung der Patella-Formen nach Wiberg (rechtes Knie)

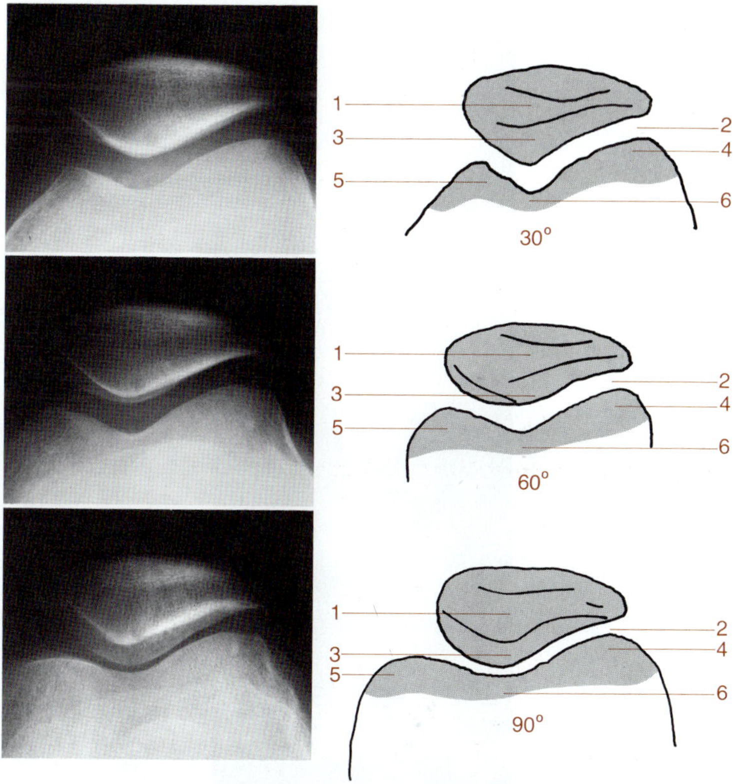

1 Patella (Kniescheibe)
2 Articulatio femoropatellaris (Femoropatellargelenk)
3 Facies articularis (Patellagelenkfläche)
4 Condylus lateralis femoris (lateraler Femurkondylus) (meist größer)
5 Condylus medialis femoris (medialer Femurkondylus)
6 Fossa intercondylaris

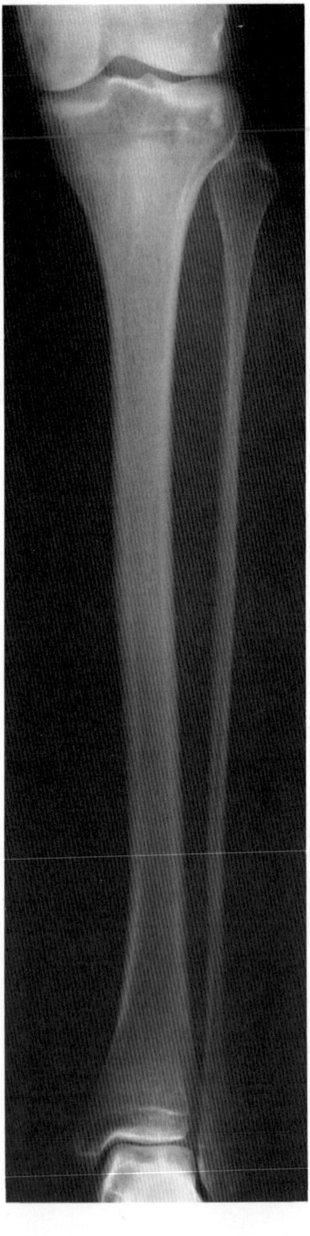

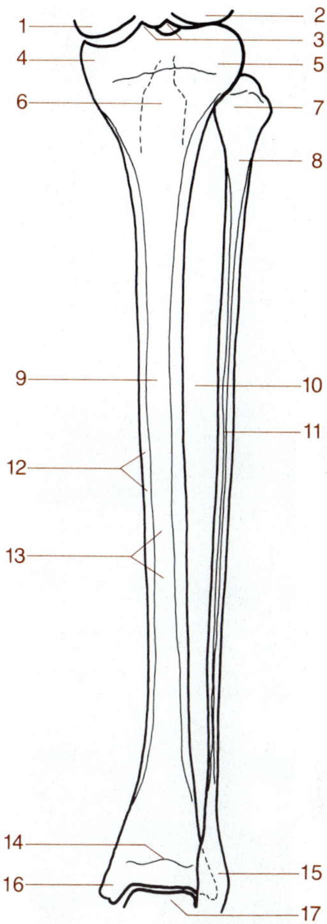

1 Condylus medialis femoris (medialer Femurkondylus)
2 Condylus lateralis femoris (lateraler Femurkondylus)
3 Eminentia intercondylaris medialis und lateralis (Interkondylenhöcker)
4 Condylus medialis tibiae
5 Condylus lateralis tibiae
6 Tuberositas tibiae
7 Caput fibulae
8 Collum fibulae
9 Tibia (Schienbein)
10 Membrana interossea cruris
11 Fibula (Wadenbein)
12 Kortikalis
13 Markraum
14 Epiphysenfuge
15 Malleolus lateralis
16 Malleolus medialis
17 Talus

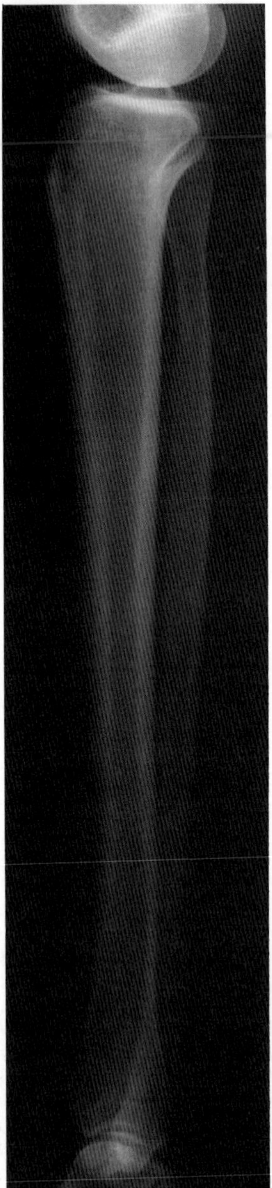

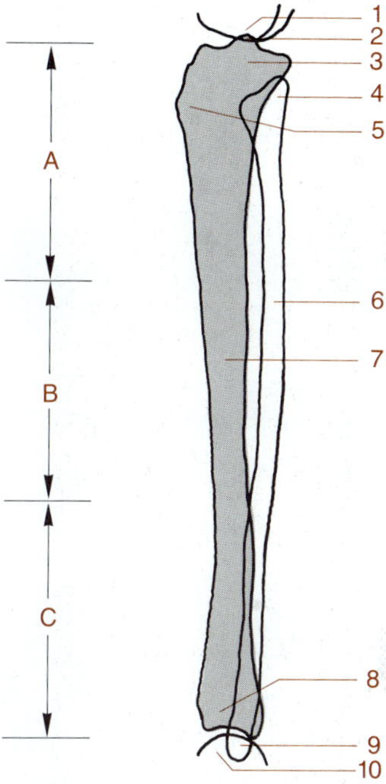

A proximales Unterschenkel-(Tibia/Fibula-)Drittel
B mittleres Unterschenkel-(Tibia/Fibula-)Drittel
C distales Unterschenkel-(Tibia/Fibula-)Drittel

1 Condylus medialis und lateralis femoris (Femurkondylen)
2 Eminentia intercondylaris (Interkondylenhöcker)
3 Condylus medialis und lateralis tibiae (Tibiakopfkonsole)
4 Caput fibulae (Fibulaköpfchen)
5 Tuberositas tibiae (juvenil: Tibiakopfapophyse)
6 Fibula (Wadenbein)
7 Tibia (Schienbein)
8 Malleus medialis (Innenknöchel)
9 Malleus lateralis (Außenknöchel)
10 Trochlea tali (Talusrolle)

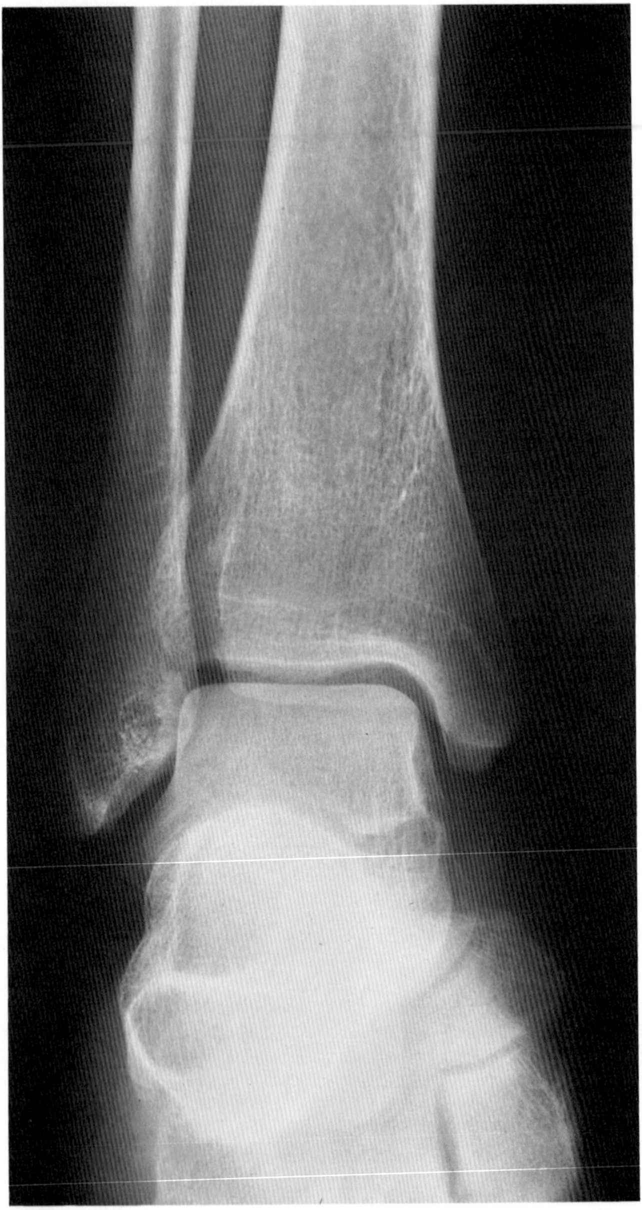

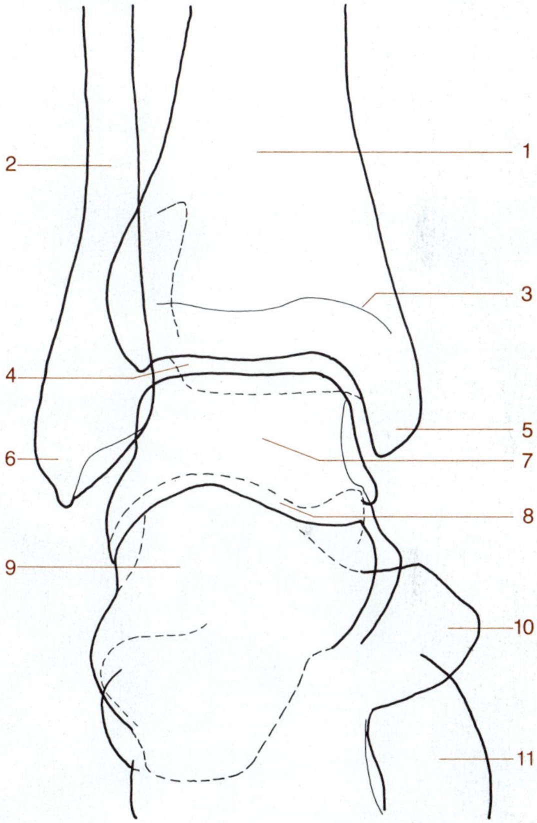

1 Tibia (Schienbein)
2 Fibula (Wadenbein)
3 Epiphysenfuge
4 Articulatio talocruralis (oberes Sprunggelenk)
5 Malleolus medialis
6 Malleolus lateralis
7 Trochlea tali (Talusrolle)
8 Articulatio subtalaris
9 Kalkaneus
10 Os naviculare
11 Os cuneiforme mediale

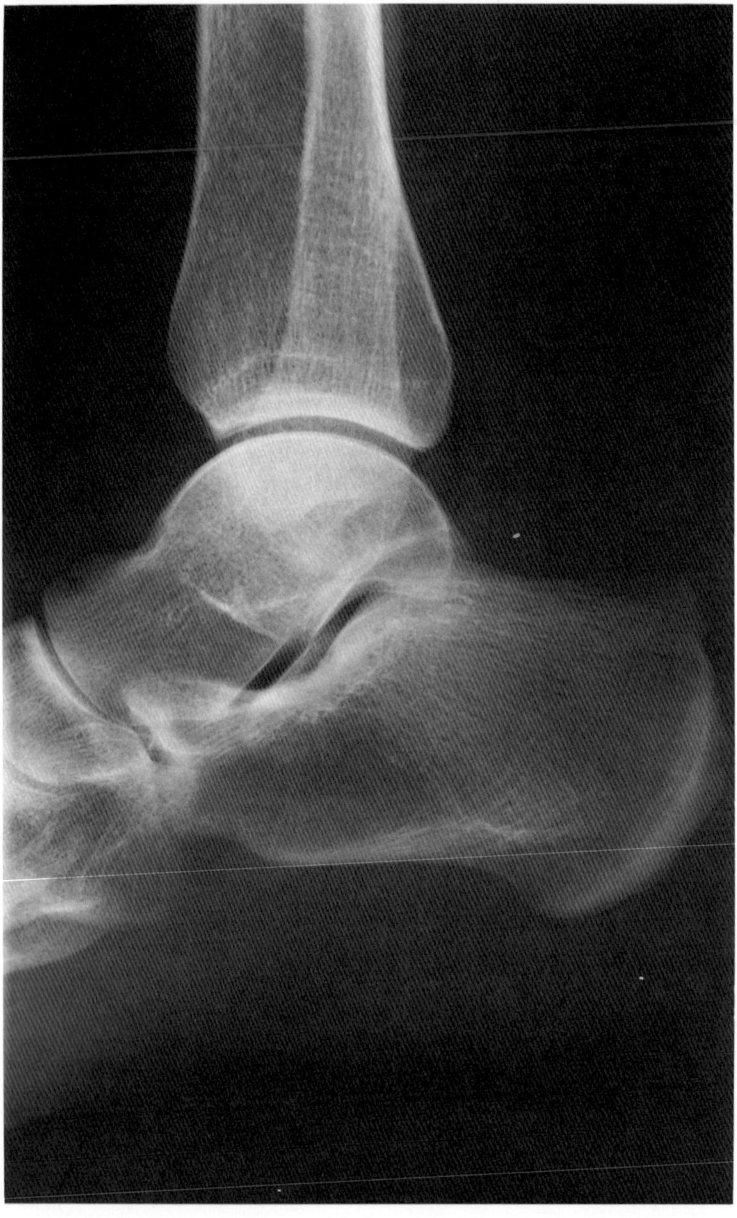

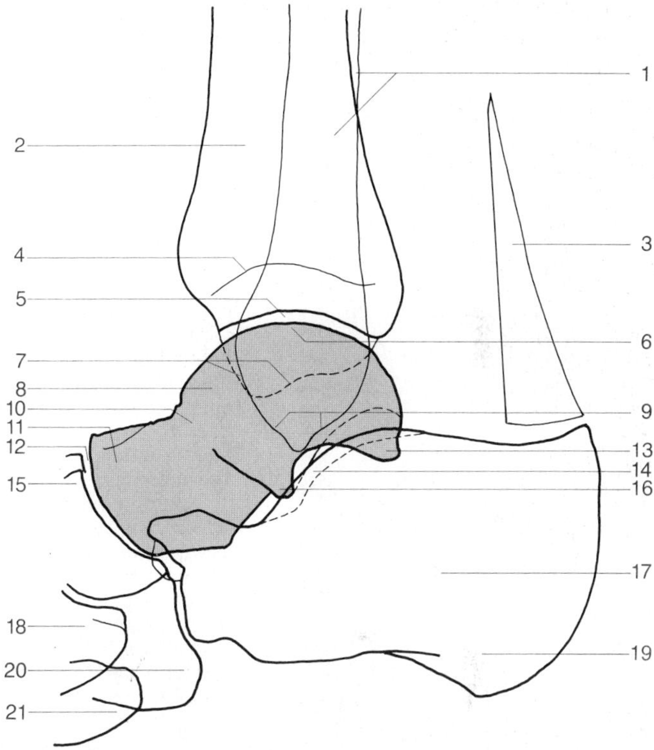

1 Fibula (Wadenbein)
2 Tibia (Schienbein)
3 Achillessehnenschatten
4 Epiphysenfuge
5 Articulatio talocruralis (oberes Sprunggelenk)
6 Trochlea tali (Talusrolle)
7 Malleolus medialis
8 Talus
9 Malleolus lateralis
10 Collum tali
11 Caput tali
12 Articulatio talonavicularis (Talonavikulargelenk)
13 Processus posterior tali
14 Sinus tarsi
15 Os naviculare
16 Processus lateralis tali (lateraler Talusfortsatz)
17 Kalkaneus
18 Os cuneiforme mediale
19 Tuber calcanei
20 Os cuboideum
21 Basis metatarsalis V

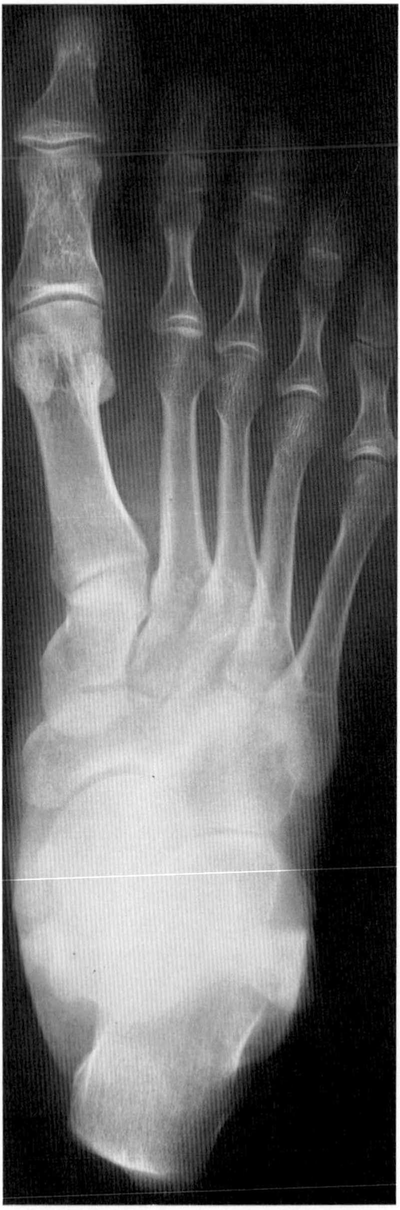

1 Tuberositas phalangis distalis (Nagelkranz)
2 Phalanx distalis hallucis (Großzehenendglied)
3 Articulatio distalis hallucis (Großzehenendgelenk)
4 Articulatio interphalangealis distalis (Zehenendgelenk)
5 Articulatio interphalangealis proximalis (Zehenmittelgelenk)
6 Phalanx distalis (Zehenendglied)
7 Phalanx media (Zehenmittelglied)
8 Caput phalangis proximalis (Zehengrundgliedköpfchen)
9 Phalanx proximalis (Zehengrundglied)
10 Os sesamoidea
11 Zehengrundgliedbasis
12 Articulatio metatarsophalangealis (Zehengrundgelenk)
13 Os metatarsale (Mittelfußknochen)
14 Caput metatarsale (Metatarsaleköpfchen)
15 Os cuneiforme I (mediale)
16 Os cuneiforme II (intermedium)
17 Os cuneiforme III (laterale)
18 Basis metatarsalis/Tuberositas ossis metatarsalis V
19 Os naviculare
20 Caput tali
21 Os cuboideum
22 Malleolus medialis (Innenknöchel)
23 Malleolus lateralis (Außenknöchel)
24 Kalkaneus
25 Articulatio tarsometatarsalis (Lisfranc-Gelenklinie)
26 Articulatio tarsi transversa (Chopart-Gelenklinie)
27 Os intermetatarseum

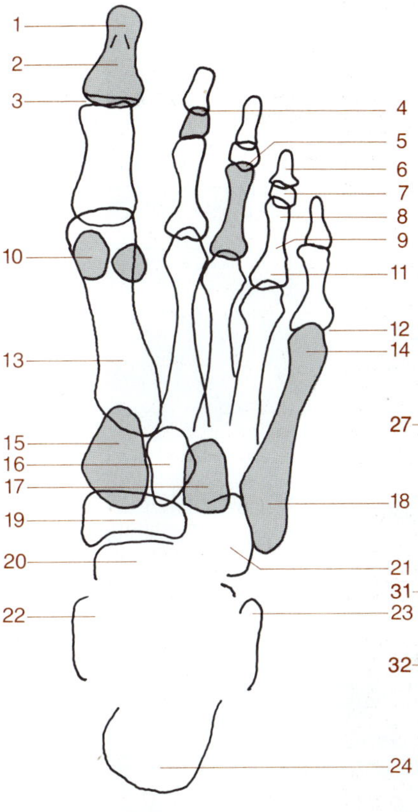

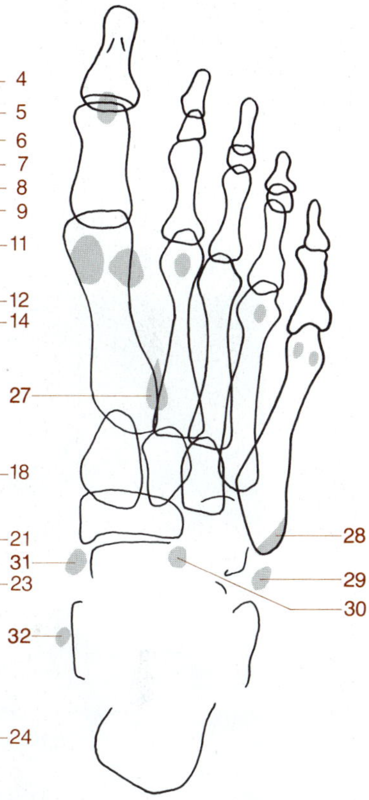

Häufige Sesambeine
und akzessorische
Knochen des Fußes

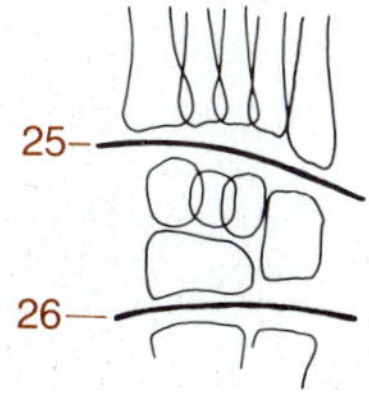

28 persistierende Apophyse der Tuberositas ossis metatarsalis V
29 Os peronaeum
30 Os cuboideum secundarium
31 Os tibiale externum
32 Os supratalare

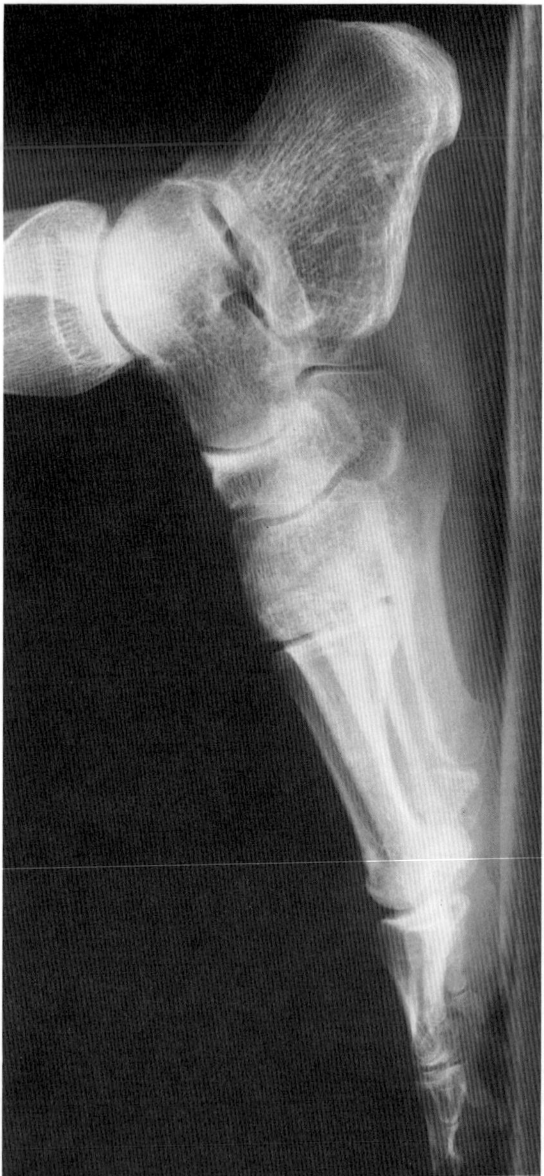

1 Articulatio metatarso-phalangealis
2 Articulatio tarsometatarsalis
3 Os cuneiforme mediale
4 Os cuneiforme intermedium
5 Os cuneiforme laterale
6 Articulatio cuneonavicularis
7 Os naviculare
8 Articulatio talocalcaneo navicularis (unteres Sprung-gelenk, vorderer Anteil)
9 Tibia (Schienbein)
10 Articulatio talocruralis (oberes Sprunggelenk)
11 Fibula (Wadenbein)
12 Talus
13 Processus posterior tali
14 Phalanx distalis (Zehenendglied)
15 Phalanx media (Zehenmittelglied)
16 Phalanx proximalis (Zehengrundglied)
17 Os sesamoideum
18 Ossa metatarsalia
19 Tuberositas ossis metatarsalis V
20 Os cuboideum
21 Articulatio calcaneocuboidea
22 Kalkaneus
23 Tuber calcanei

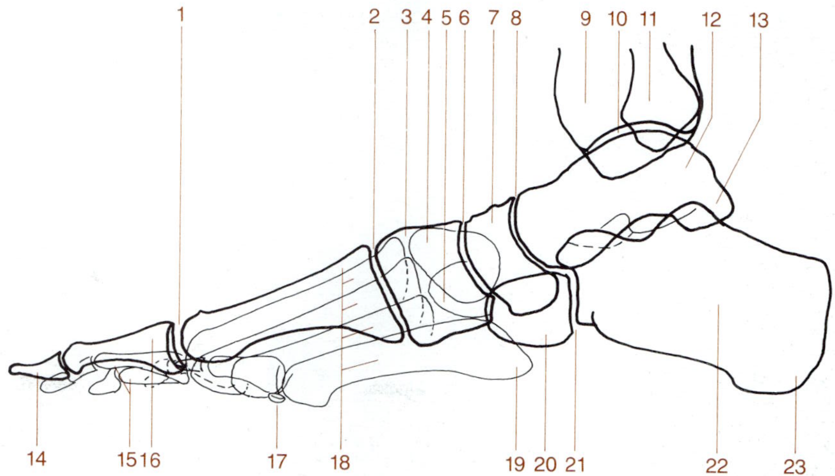

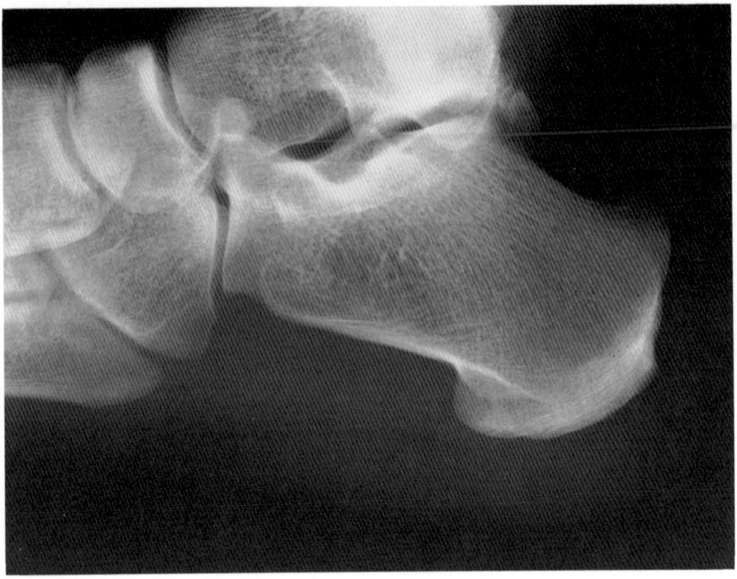

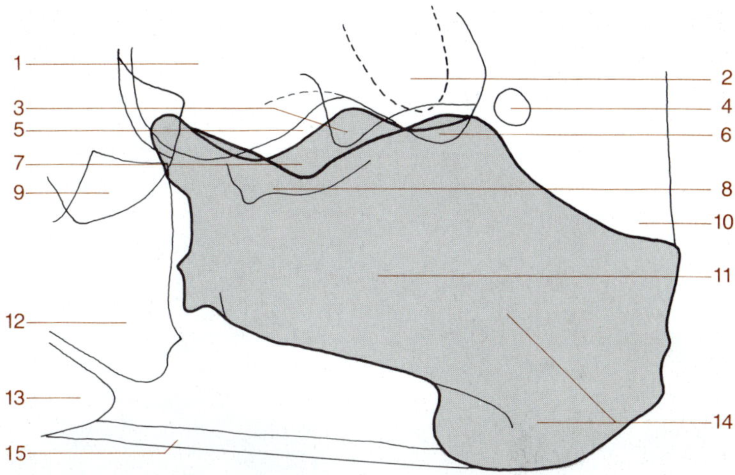

1 Talus
2 Malleolus lateralis
3 Processus lateralis tali (lateraler Talusfortsatz)
4 Os trigonum
5 Articulatio subtalaris (Talokalkanealgelenk; unteres Sprunggelenk, hinterer Anteil)
6 Processus posterior tali
7 Sinus tarsi
8 Sustentaculum tali
9 Os naviculare
10 Tendo calcaneus (Achillessehne)
11 Kalkaneus
12 Os cuboideum
13 Basis metatarsalis V
14 Tuber calcanei
15 Aponeurosis plantaris (Plantaraponeurose)

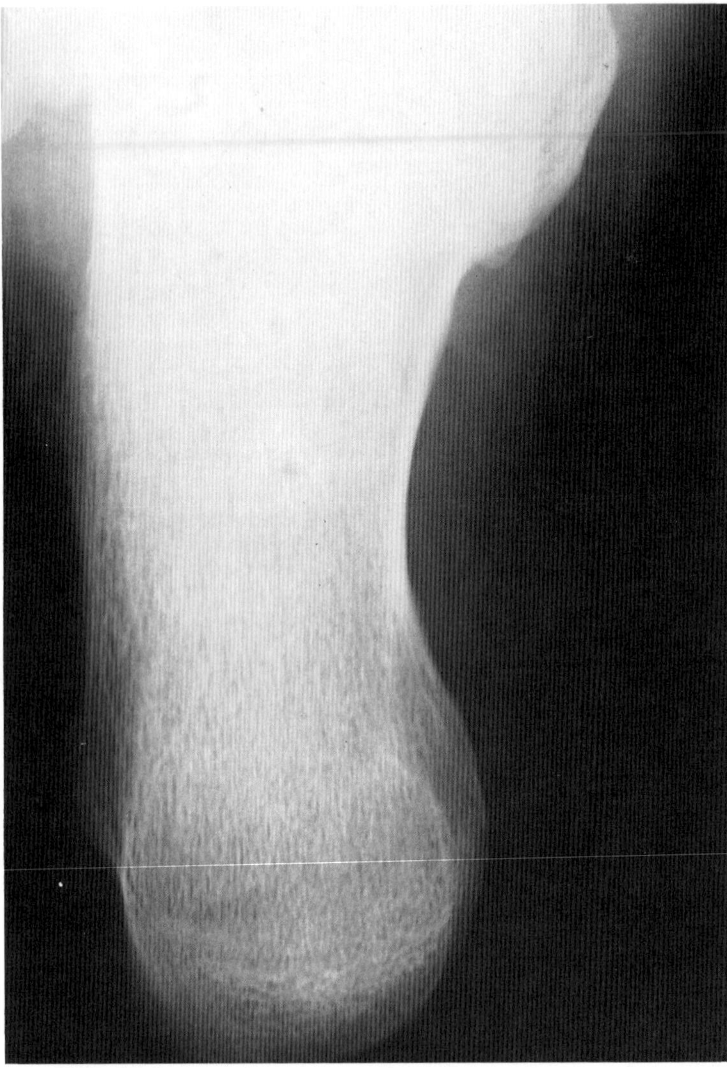

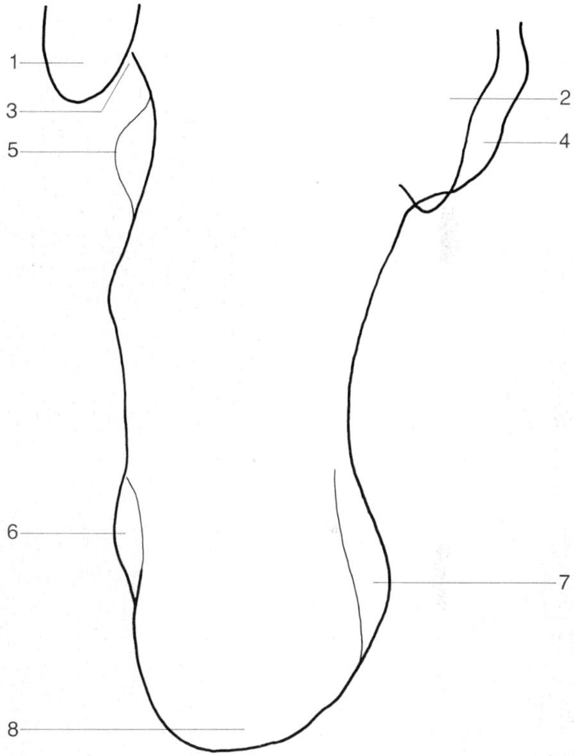

1 Malleolus lateralis
2 Talus
3 Sulcus tendinis m. peronaei longi
4 Sustentaculum tali
5 Trochlea peronaealis
6 Processus lateralis tuberis calcanei
7 Processus medialis tuberis calcanei
8 Tuber calcanei

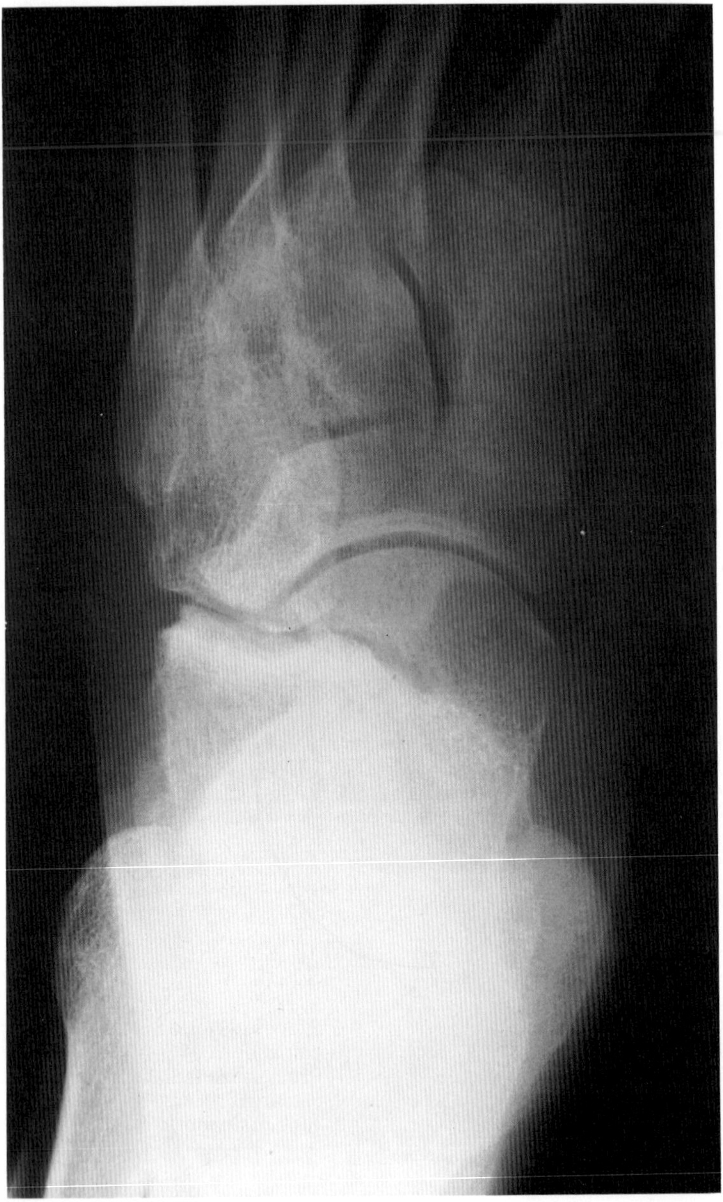

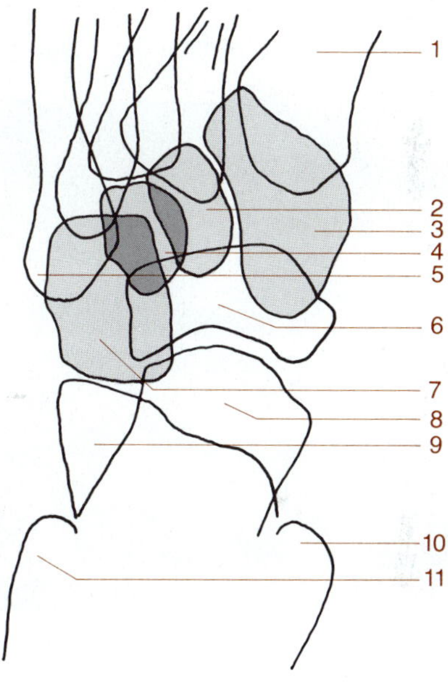

1 Os metatarsale (Mittelfußknochen)
2 Os cuneiforme intermedium
3 Os cuneiforme mediale
4 Os cuneiforme laterale
5 Tuberositas ossis metatarsalis V
6 Os naviculare
7 Os cuboideum
8 Caput tali
9 Kalkaneus
10 Malleolus medialis (Innenknöchel)
11 Malleolus lateralis (Außenknöchel)

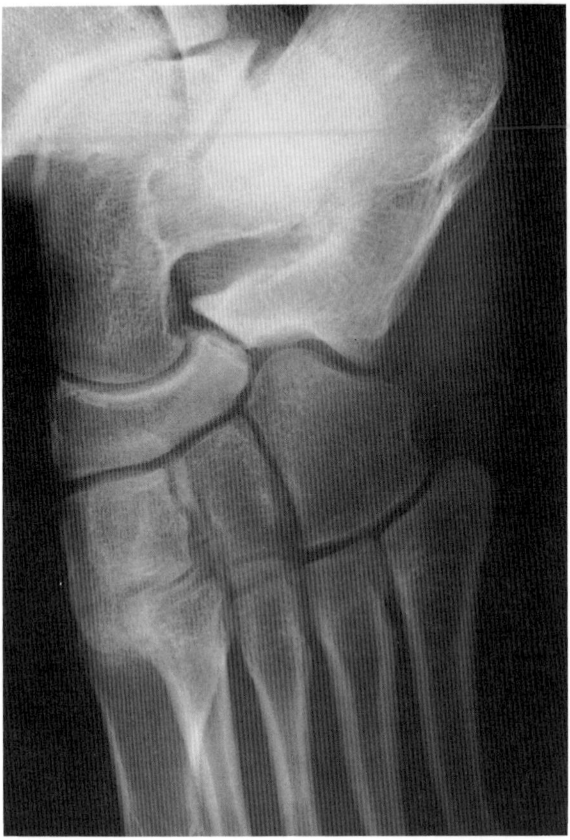

1 Ossa metatarsalia
2 Articulatio tarsometatarsalis (Tarsometatarsalgelenk)
3 Os cuneiforme mediale
4 Os cuneiforme intermedium
5 Os cuneiforme laterale
6 Articulatio cuneonavicularis
7 Os naviculare
8 Articulatio talocalcaneo navicularis
9 Talus
10 Malleolusschatten
11 Tuberositas ossis metatarsalis V
12 Os cuboideum
13 Sinus tarsi
14 Kalkaneus
15 Articulatio subtalaris (und Articulatio talocalcaneonavicularis = unteres Sprunggelenk)

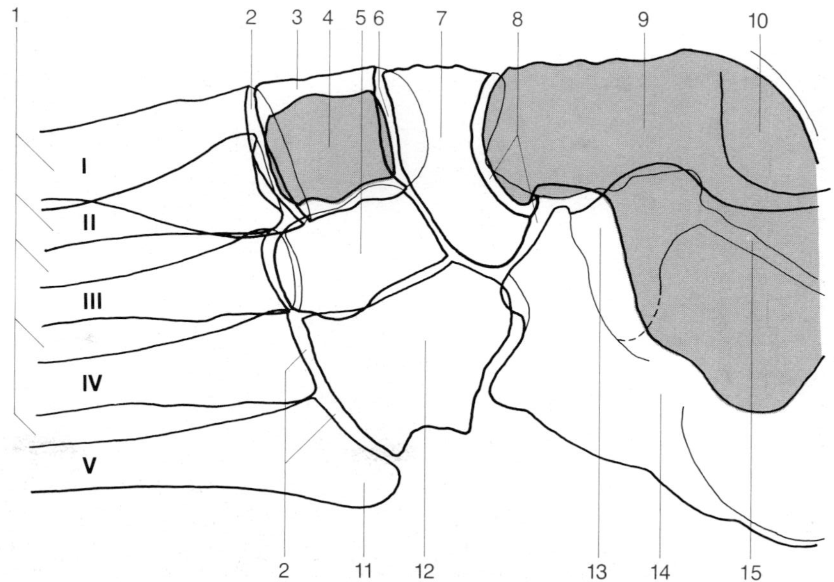

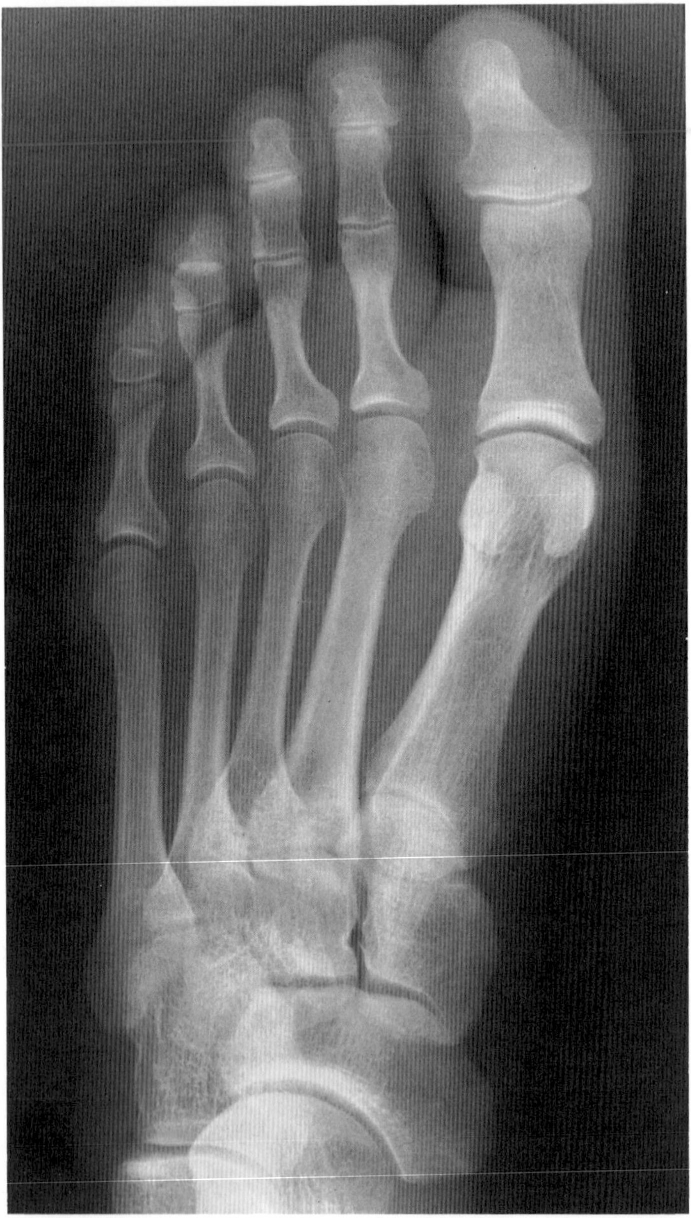

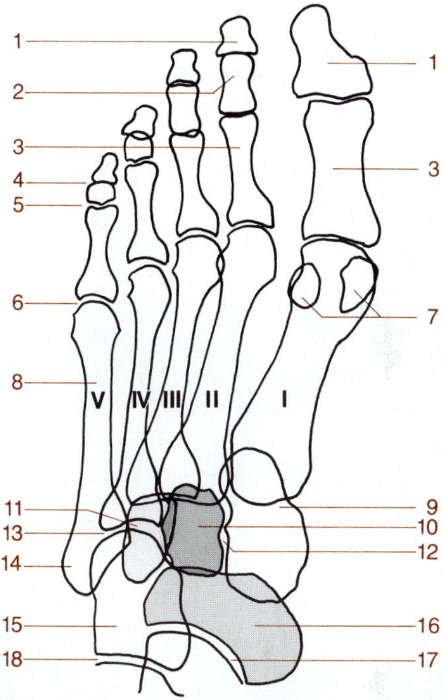

1 Phalanx distalis (Zehenendglied)
2 Phalanx media (Zehenmittelglied)
3 Phalanx proximalis (Zehengrundglied)
4 distales Interphalangealgelenk (Zehenendgelenk)
5 proximales Interphalangealgelenk (Zehenmittelgelenk)
6 Articulatio metatarsophalangealis (Metatarsophalangealgelenk)
7 Ossa sesamoidea (Sesambeine)
8 Ossa metatarsalia (I–V)
9 Os cuneiforme mediale
10 Os cuneiforme intermedium
11 Os cuneiforme laterale
12 Articulatio intertarsea (Intertarsalgelenk)
13 Articulatio metatarsophalangealis (Metatarsophalangealgelenk)
14 Tuberositas ossis metatarsalis V
15 Os cuboideum
16 Os naviculare
17 Articulatio talocalcaneonavicularis (Talonavikulargelenk)
18 Articulatio calcaneocuboidea (Kalkaneokuboidgelenk)

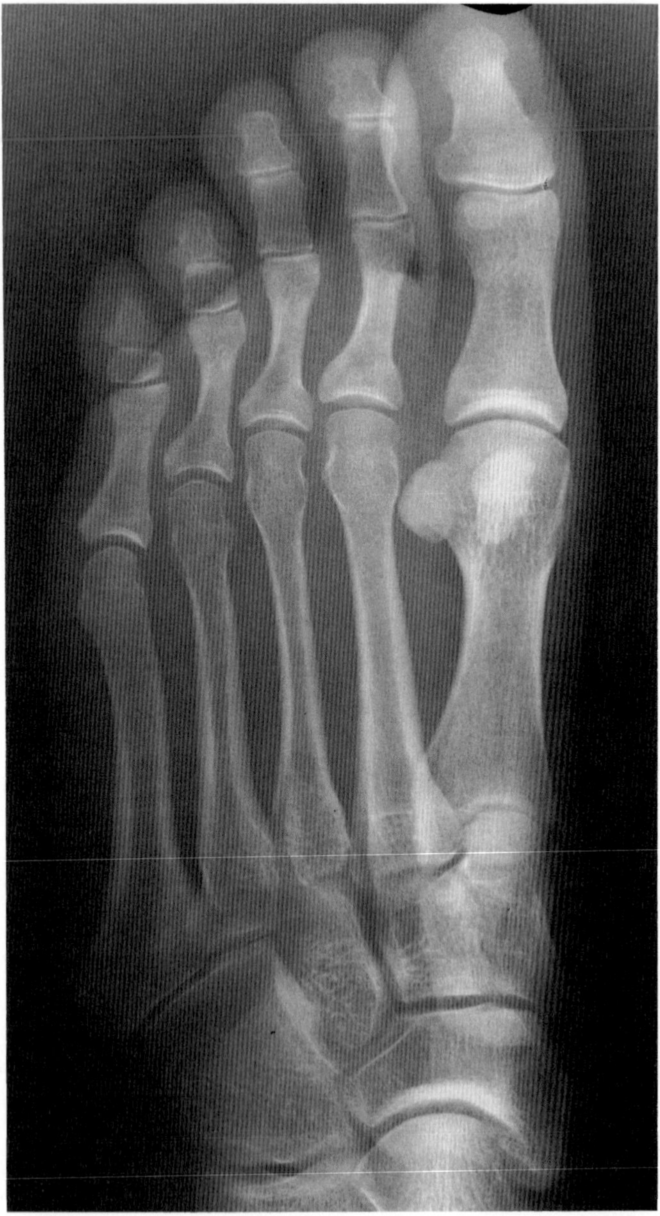

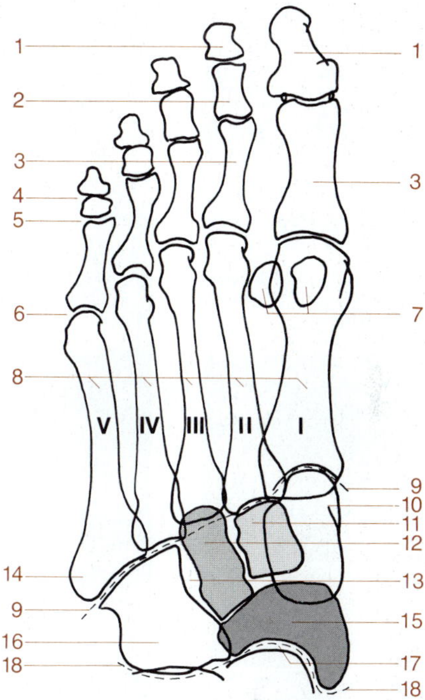

1 Phalanx distalis (Zehenendglied)
2 Phalanx media (Zehenmittelglied)
3 Phalanx proximalis (Zehengrundgelenk)
4 distales Interphangealgelenk (DIP, Zehenendgelenk)
5 proximales Interphangealgelenk (PIP, Zehenmittelgelenk)
6 Articulatio metatarsophalangealis (Metatarsophalangealgelenk)
7 Ossa sesamoidea (Sesambeine)
8 Ossa metatarsalia
9 Articulatio tarsometatarsalis (Tarsometatarsalgelenk, Lisfranc-Gelenklinie)
10 Os cuneiforme mediale
11 Os cuneiforme intermedium
12 Os cuneiforme laterale
13 Articulatio intertarsea (Intertarsalgelenk)
14 Tuberositas ossis metatarsalis V
15 Os naviculare
16 Os cuboideum
17 Articulatio talocalcaneonavicularis (Talonavikulargelenk)
18 Articulatio tarsi transversa (Chopart-Gelenklinie, zwischen Talus, Kalkaneus, Os naviculare und Os cuboideum)

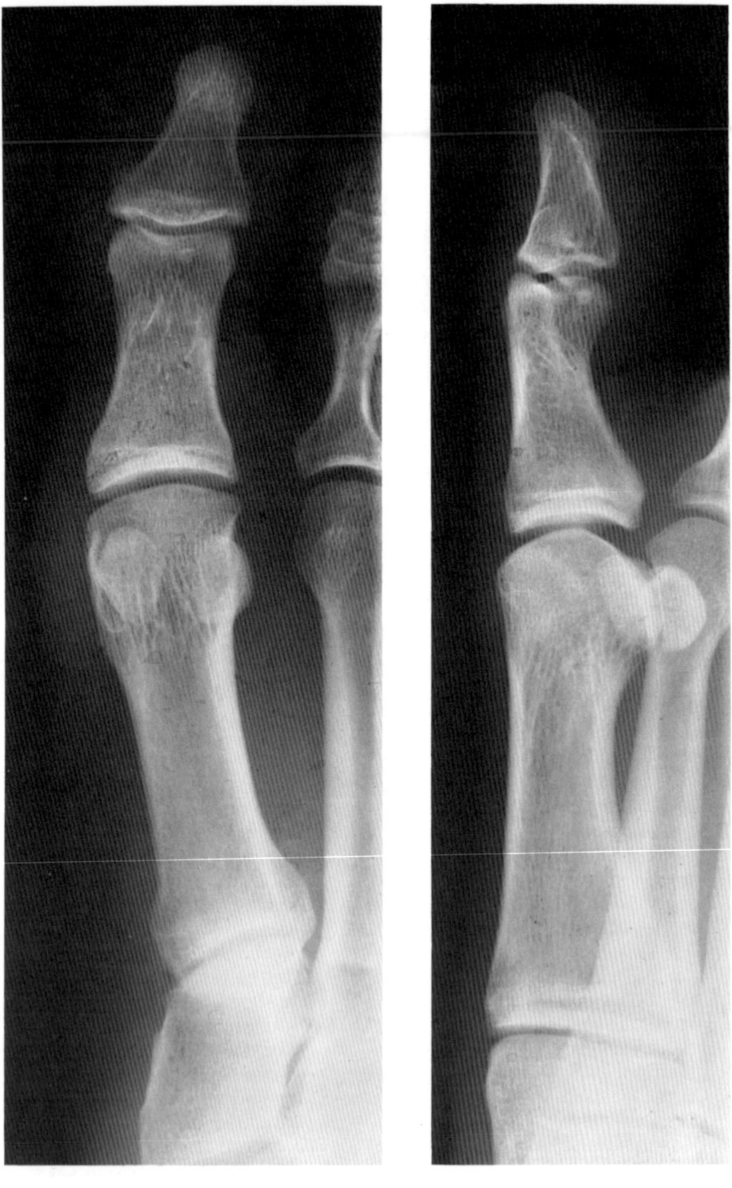

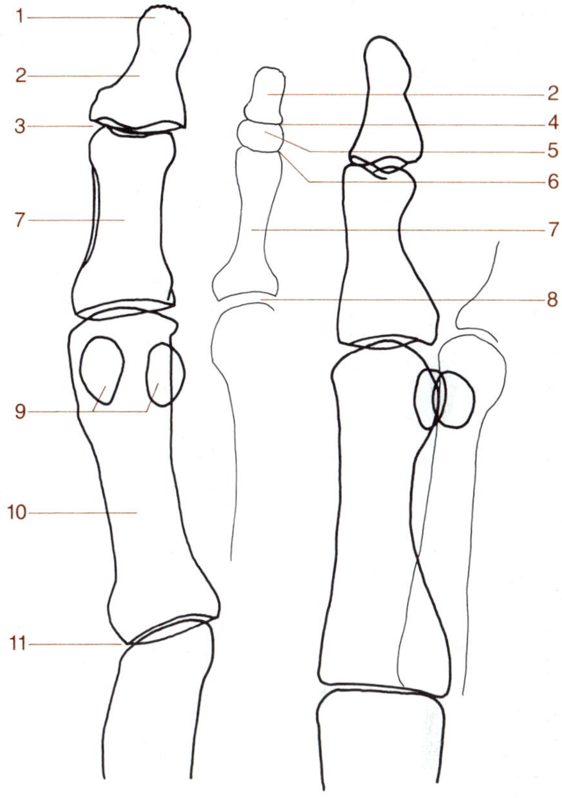

1 Tuberositas phalangis distalis (Nagelkranz)
2 Phalanx distalis (Zehenendglied)
3 Articulatio interphalangealis I (Interphalangealgelenk I)
4 Articulatio interphalangealis distalis (distales Interphalangealgelenk, Zehenendgelenk)
5 Phalanx media (Zehenmittelglied)
6 Articulatio interphalangealis proximalis (proximales Interphalangealgelenk, Zehenmittelgelenk)
7 Phalanx proximalis (Zehengrundglied)
8 Articulatio metatarsophalangealis (Metatarsophalangealgelenk)
9 Ossa sesamoidea (Sesambeine)
10 Os metatarsale I
11 Articulatio tarsometatarsalis (Tarsometatarsalgelenk)

Übrige Nativdiagnostik

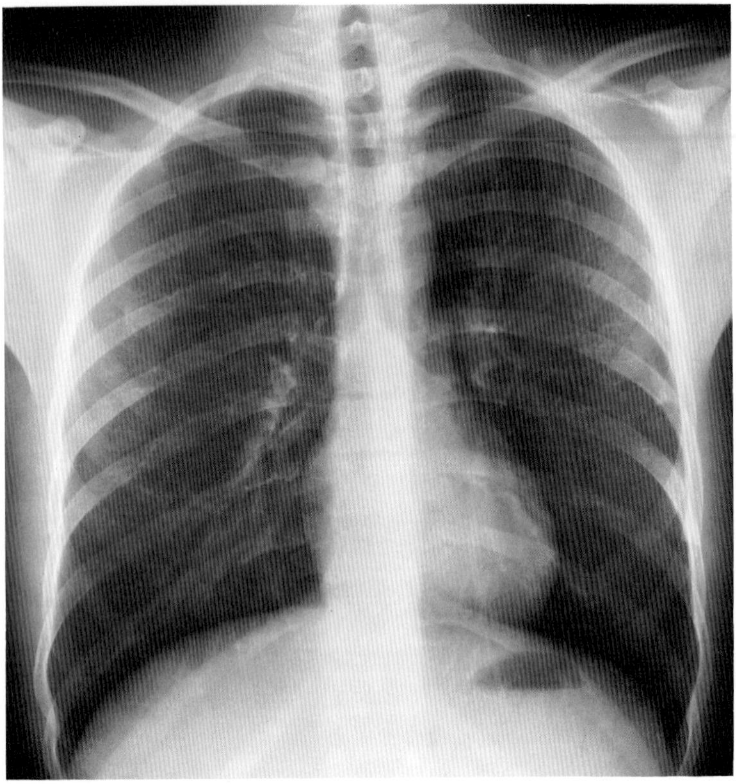

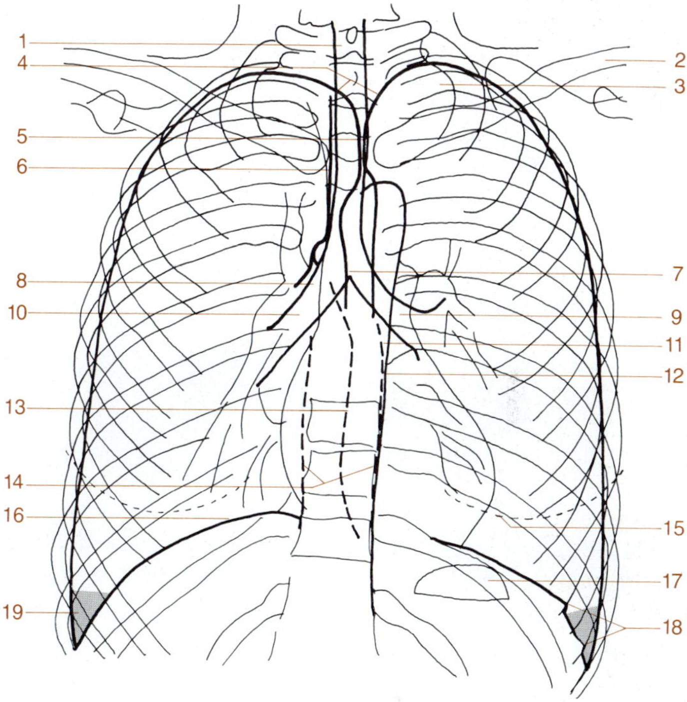

1 Trachea
2 Klavikula
3 Apex pulmonis (Lungenspitze)
4 Apex-Arkus-Bogen
5 hintere Grenzlinie zwischen rechter und linker Lunge
6 rechter paratrachealer Streifen
7 Carina tracheae (Trachealbifurkation)
8 Bronchus principalis dexter (rechter Hauptbronchus)
9 Bronchus principalis sinister (linker Hauptbronchus)
10 Bronchus intermedius
11 paraaortaler Streifen
12 Pars descendens aortae
13 azygoösophagealer Streifen
14 paraspinaler Streifen
15 Mammaschatten
16 Zwerchfellkuppel
17 Magenblase
18 Zwerchfellinsertionen
19 Recessus costodiaphragmaticus (Zwerchfell-Rippen-Winkel)

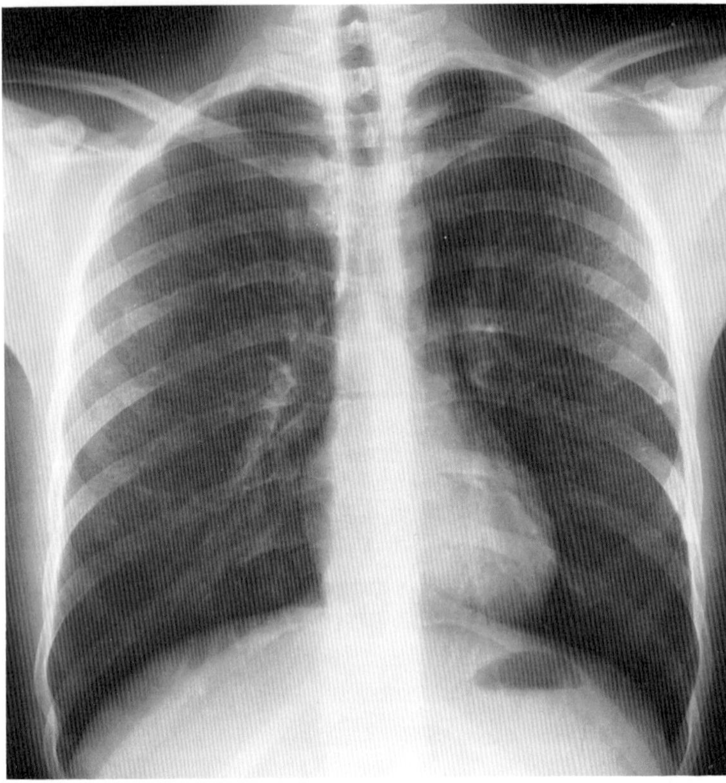

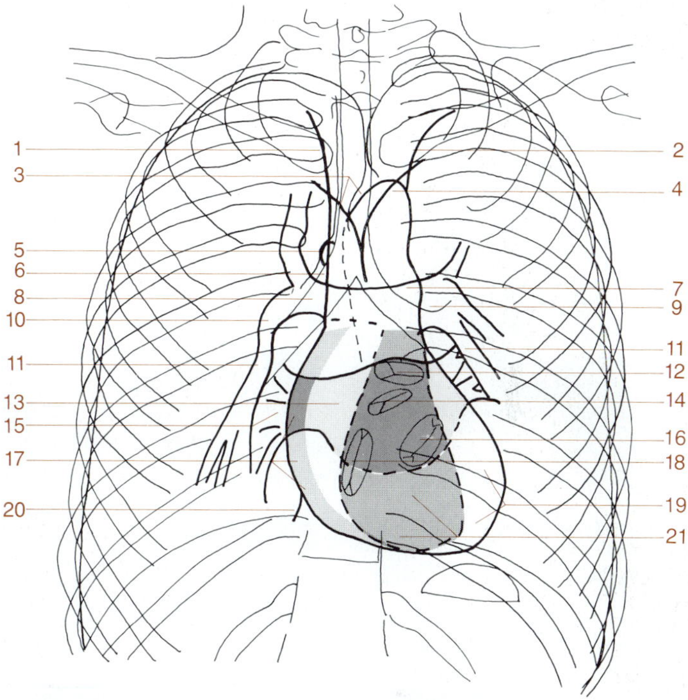

1 Kontur der V. brachiocephalica
2 Kontur der V. subclavia (bzw. brachiocephalica)
3 Subklavia-Herz-Bogen
4 Arcus aortae (Aortenbogen)
5 V. azygos
6 V. cava superior
7 pulmonale Ausflußbahn
8 A. pulmonalis dextra (rechte Pulmonalarterie)
9 A. pulmonalis sinistra (linke Pulmonalarterie)
10 A. pulmonalis dextra, Pars intermedia
11 Unterlappenarterie
12 Valva trunci pulmonalis (Pulmonalklappe)
13 Atrium sinistrum (linker Vorhof)
14 Valva aortae (Aortenklappe)
15 Venentrichter
16 Valva atrioventricularis sinistra (Mitralklappe)
17 Atrium dextrum (rechter Vorhof)
18 Valva atrioventricularis dextra (Trikuspidalklappe)
19 Ventriculus sinister (linker Ventrikel)
20 V. cava inferior
21 Ventriculus dexter (rechter Vorhof)

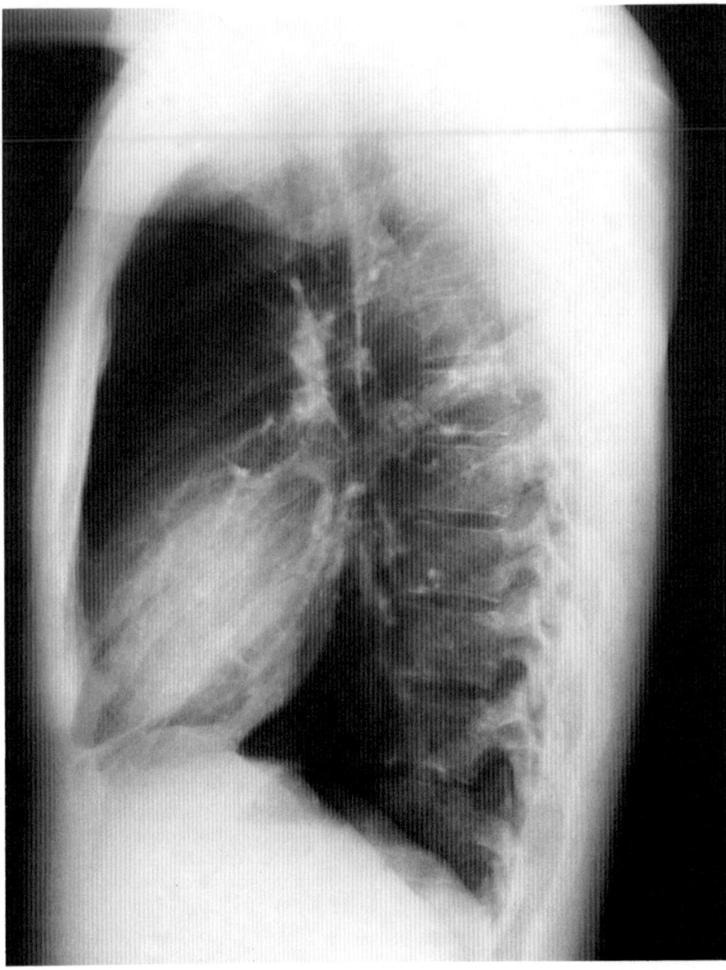

1 Schulterweichteile
2 Trachea
3 Skapula
4 Angulus sterni
5 Arcus aortae (Aortenbogen)
6 Corpus sterni
7 aortopulmonales Fenster
8 Pars ascendens aortae
9 rechter Oberlappenbronchus
10 Retrosternalraum (vorderes unteres Mediastinum)
11 linker Oberlappenbronchus
12 pulmonale Ausflußbahn
13 Pars descendens aortae
14 Valva trunci pulmonalis (Pulmonalklappe)

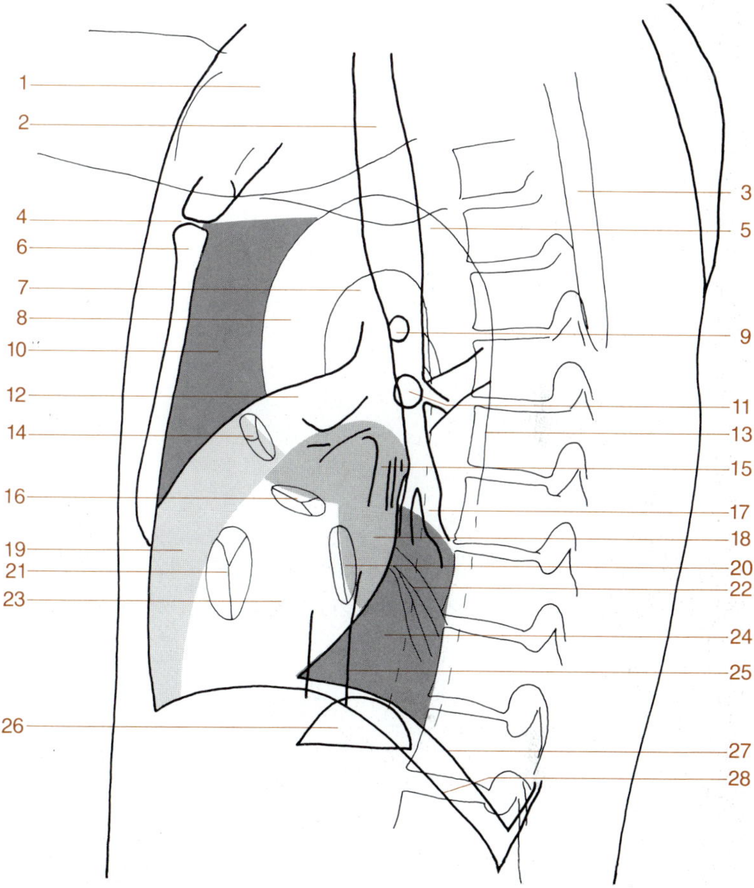

15 A. pulmonalis (Lungenarterie)
16 Valva aortae (Aortenklappe)
17 Bronchus lobaris (Lobärbronchus, Unterlappen)
18 Atrium sinistrum (linker Vorhof)
19 Ventriculus dexter (rechte Herzkammer)
20 Valva atrioventricularis sinistra (Mitralklappe)
21 Valva atrioventricularis dextra (Trikuspidalklappe)
22 Venentrichter
23 Ventriculus sinister (linke Herzkammer)
24 Retrokardialraum
25 V. cava inferior
26 Magenblase
27 linke Zwerchfellhälfte (Magenblase, endet im Herzschatten)
28 rechte Zwerchfellhälfte

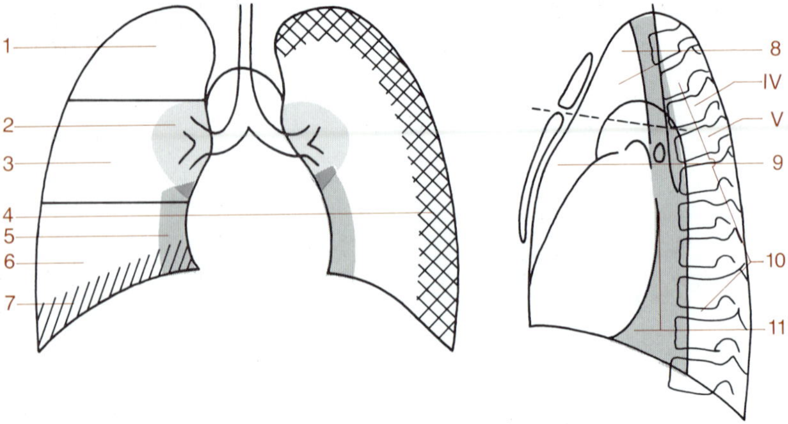

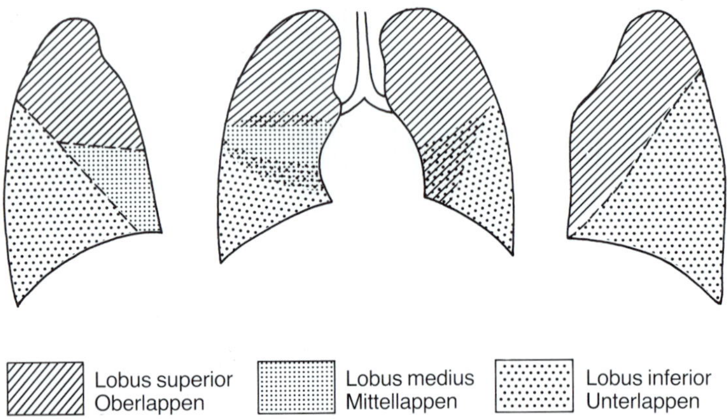

1 Oberfeld
2 perihiläre Region
3 Mittelfeld
4 Thoraxmantel
5 perikardiale Region
6 Unterfeld
7 supradiaphragmale Region
8 oberes vorderes Mediastinum
9 unteres vorderes Mediastinum
10 hinteres Mediastinum
11 mittleres Mediastinum
IV und V Brustwirbelkörper

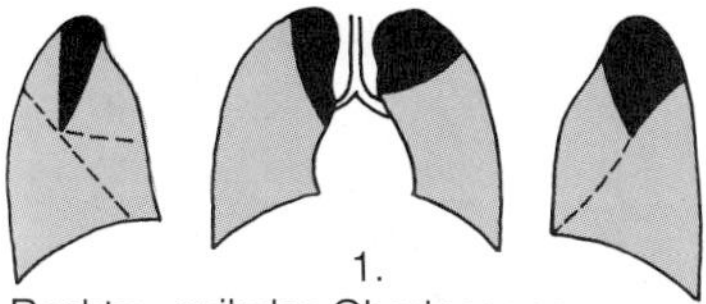

1.
Rechts: apikales Oberlappensegment
Links: apikales und posteriores Oberlappensegment

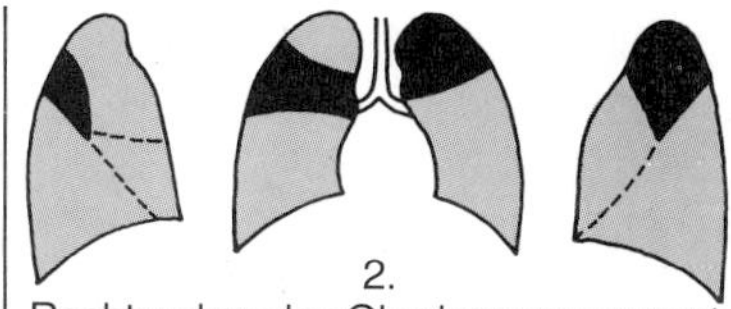

2.
Rechts: dorsales Oberlappensegment
Links: apikales und posteriores Oberlappensegment

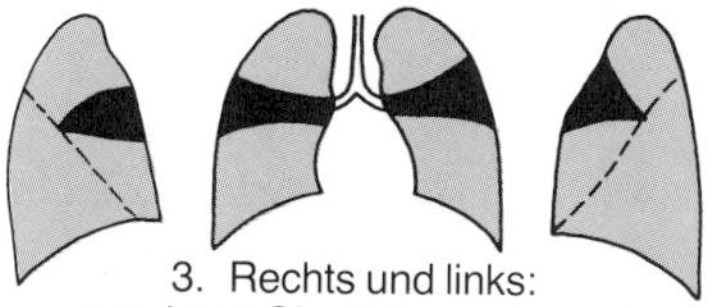

3. Rechts und links:
anteriores Oberlappensegment

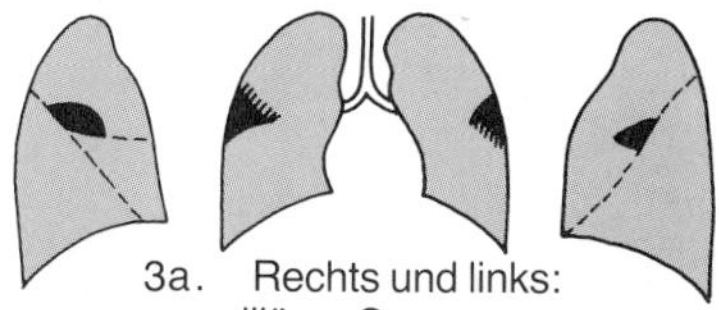

3a. Rechts und links:
axilläres Segment

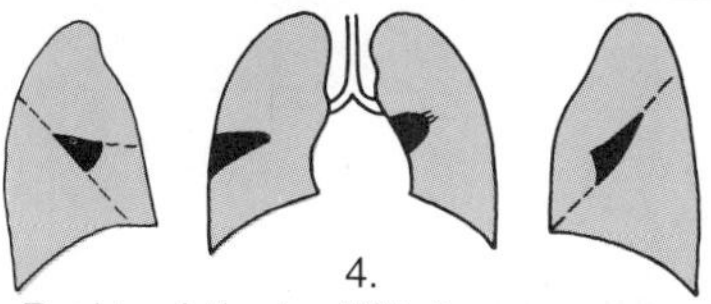

4.
Rechts: laterales Mittellappensegment
Links: oberes Lingulasegment

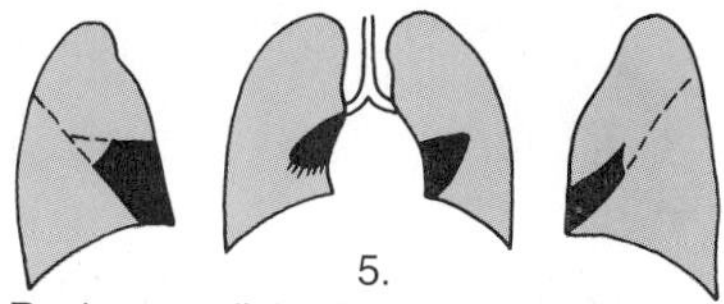

5.
Rechts: mediales Mittellappensegment
Links: unteres Lingulasegment

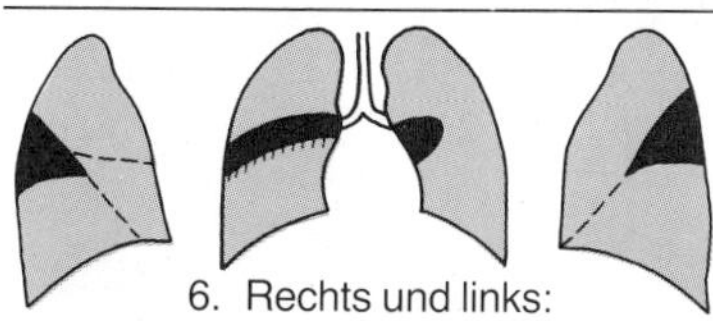

6. Rechts und links:
apikales Unterlappensegment

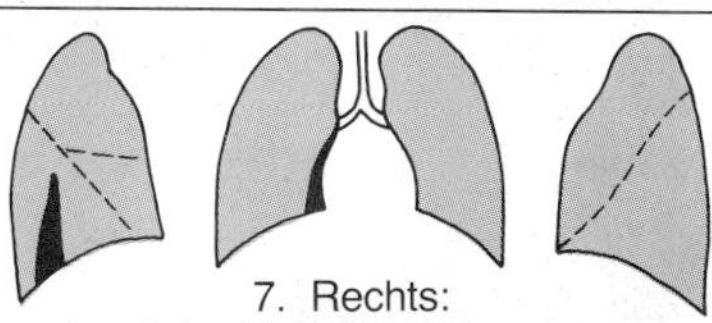

7. Rechts:
kardiales Unterlappensegment

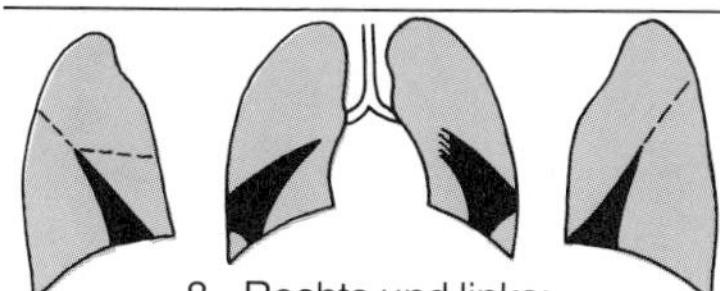

8. Rechts und links:
anterobasales Unterlappensegment

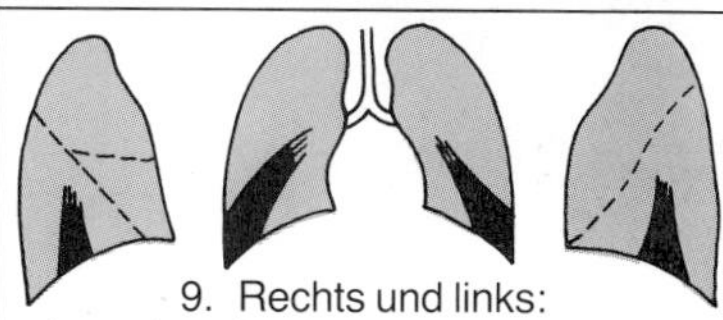

9. Rechts und links:
laterobasales Unterlappensegment

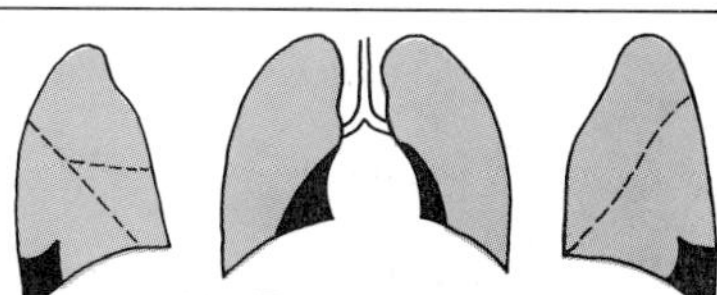

10. Rechts und links:
posterobasales Unterlappensegment

Lungensegmente

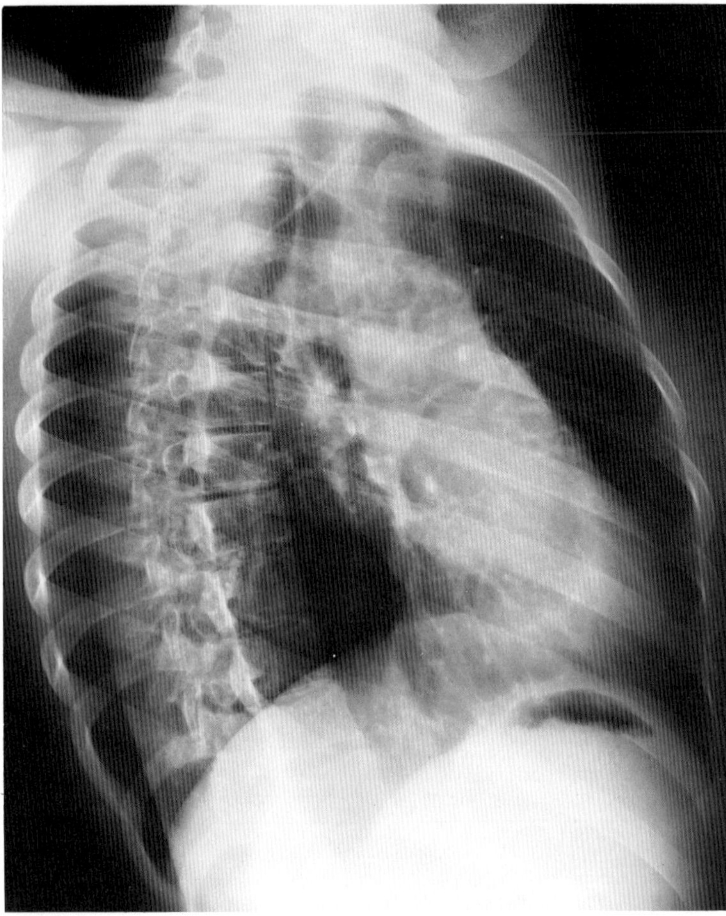

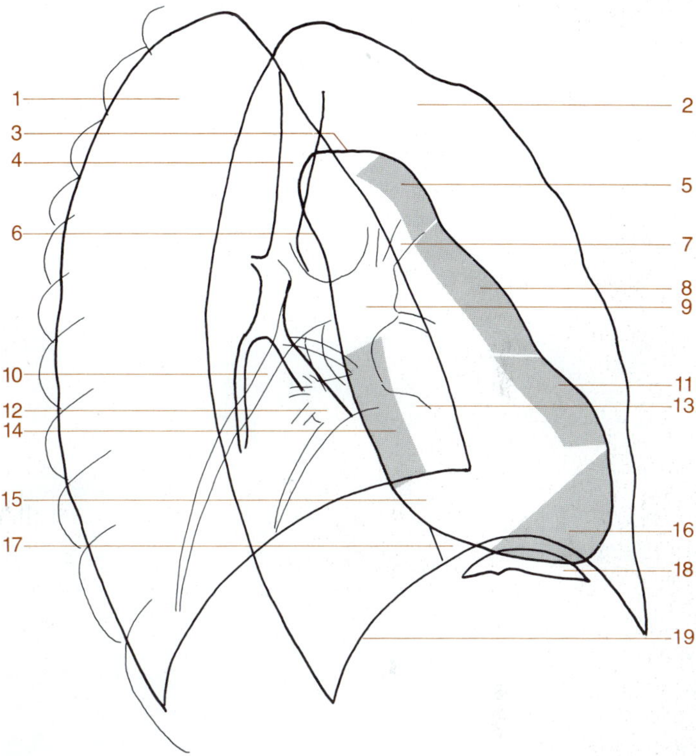

1 Pulmo dexter (rechte Lunge)
2 Pulmo sinister (linke Lunge)
3 Arcus aortae (Aortenbogen)
4 Trachea
5 Pars ascendens aortae
6 Pars descendens aortae
7 Oberlappenvene, -arterie und -bronchus links
8 pulmonale Ausflußbahn
9 A. pulmonalis sinistra (linke Pulmonalarterie)
10 rechte Unterlappenarterie
11 Conus arteriosus (Infundibulum)
12 V. pulmonalis dextra inferior (Unterlappenvene rechts)
13 V. pulmonalis sinistra inferior (Unterlappenvene links)
14 Atrium sinistrum (linker Vorhof)
15 Atrium dextrum (rechter Vorhof)
16 Ventriculus sinister (linker Ventrikel)
17 V. cava inferior
18 Magenblase
19 Diaphragma (Zwerchfell)

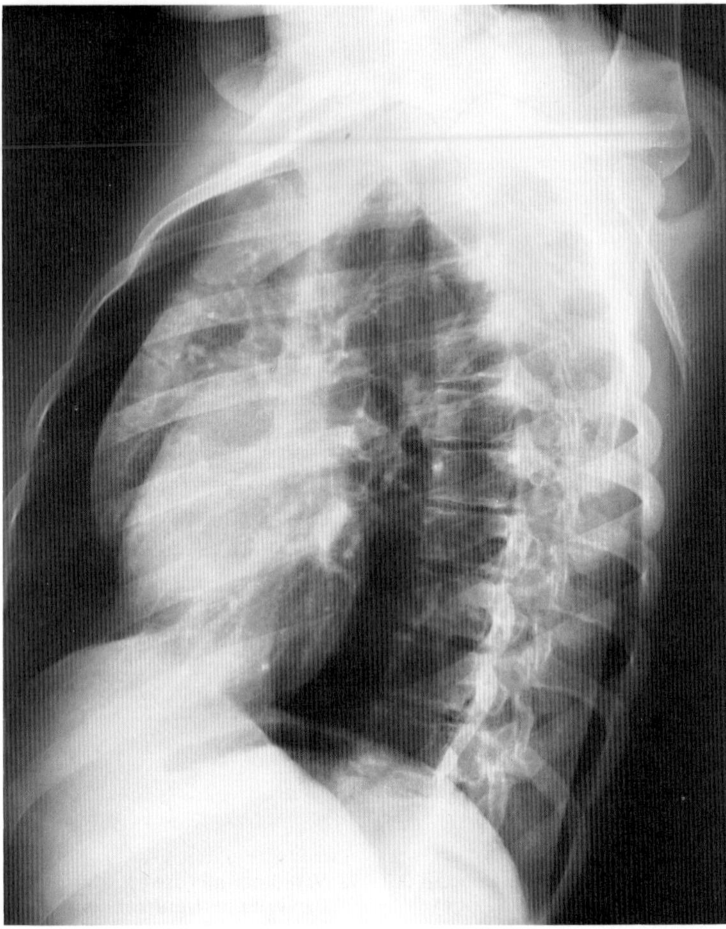

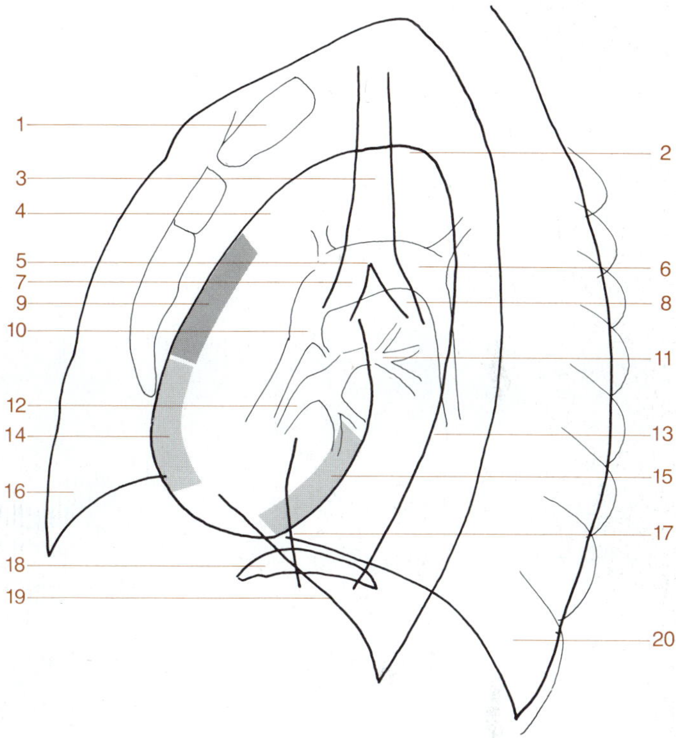

1 Sternum
2 Arcus aortae (Aortenbogen)
3 Trachea
4 Pars ascendens aortae
5 Karina
6 A. pulmonalis sinistra (linke Pulmonalarterie)
7 Bronchus principalis dexter (rechter Hauptbronchus)
8 Bronchus principalis sinister (linker Hauptbronchus)
9 Atrium dextrum (rechter Vorhof)
10 A. pulmonalis dextra (rechte Pulmonalarterie)
11 V. pulmonalis sinistra (Lungenvene links)
12 V. pulmonalis dextra (Lungenvene rechts)
13 Pars descendens aortae
14 Ventriculus dexter (rechter Ventrikel)
15 Ventriculus sinister (linker Ventrikel)
16 Pulmo dexter (rechte Lunge)
17 V. cava inferior
18 Magenblase (linke Zwerchfellhälfte)
19 rechte Zwerchfellhälfte
20 Pulmo sinister (linke Lunge)

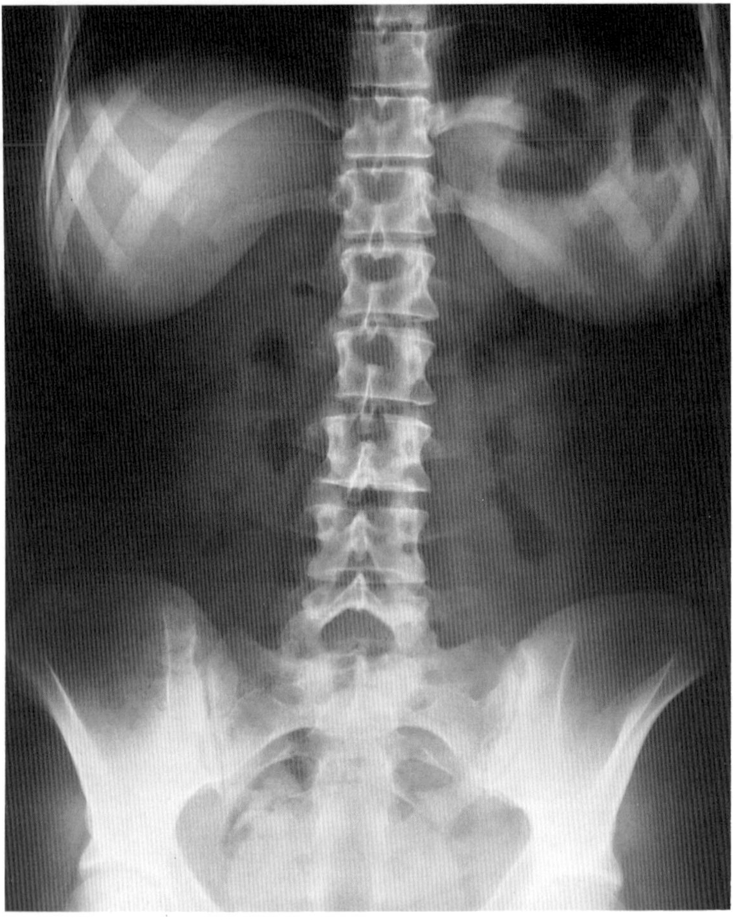

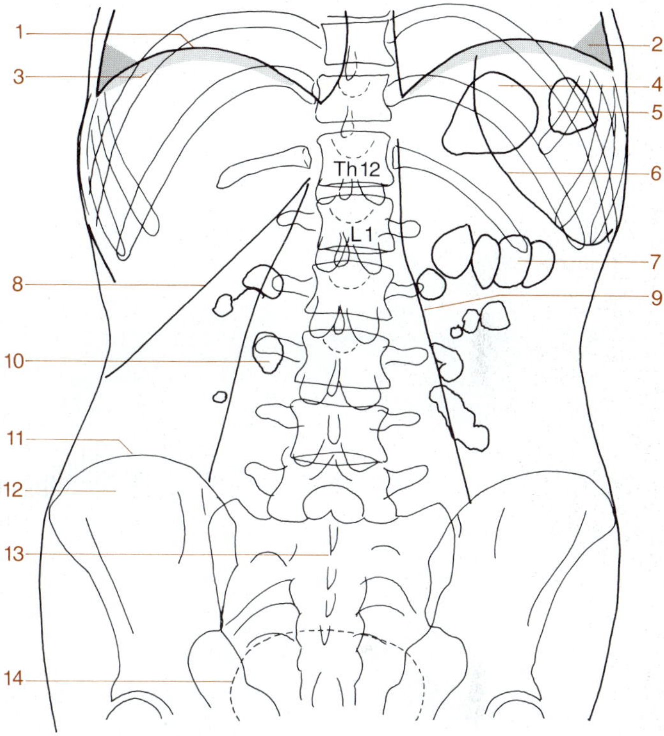

1 Zwerchfellkuppe
2 Recessus costodiaphragmaticus (Zwerchfell-Rippen-Winkel)
3 subphrenischer Raum
4 Magenblase
5 Luft in der linken Kolonflexur
6 unterer Milzrand
7 Luft im Querkolon
8 unterer Leberrand
9 Rand des M. psoas
10 Dünndarmluft
11 Crista iliaca (Beckenkamm)
12 Os ilii (Beckenschaufel)
13 Os sacrum (Kreuzbein)
14 Vesica urinaria (Harnblasenschatten)

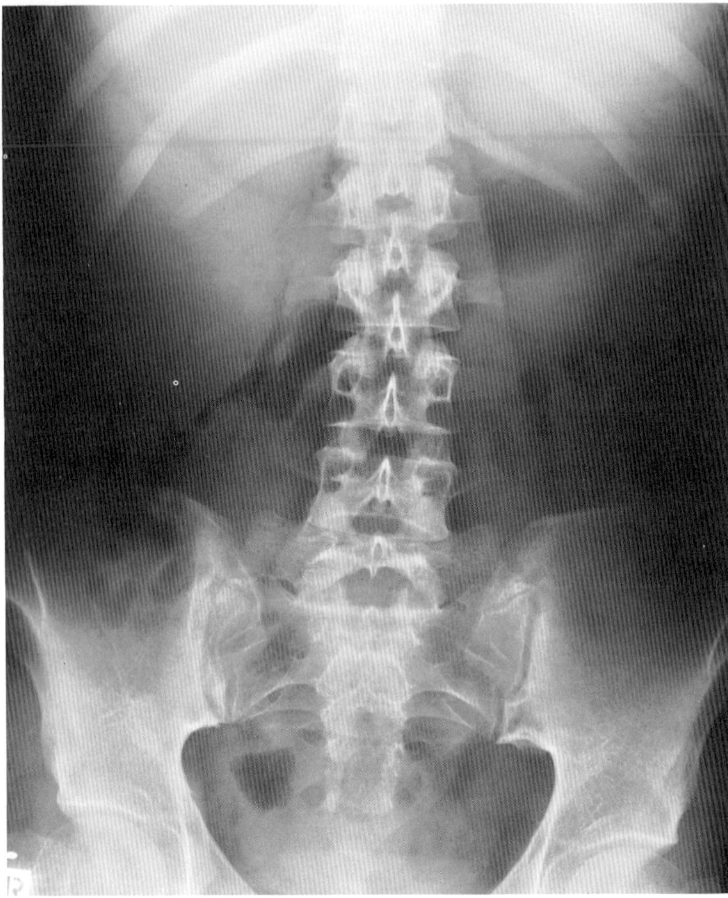

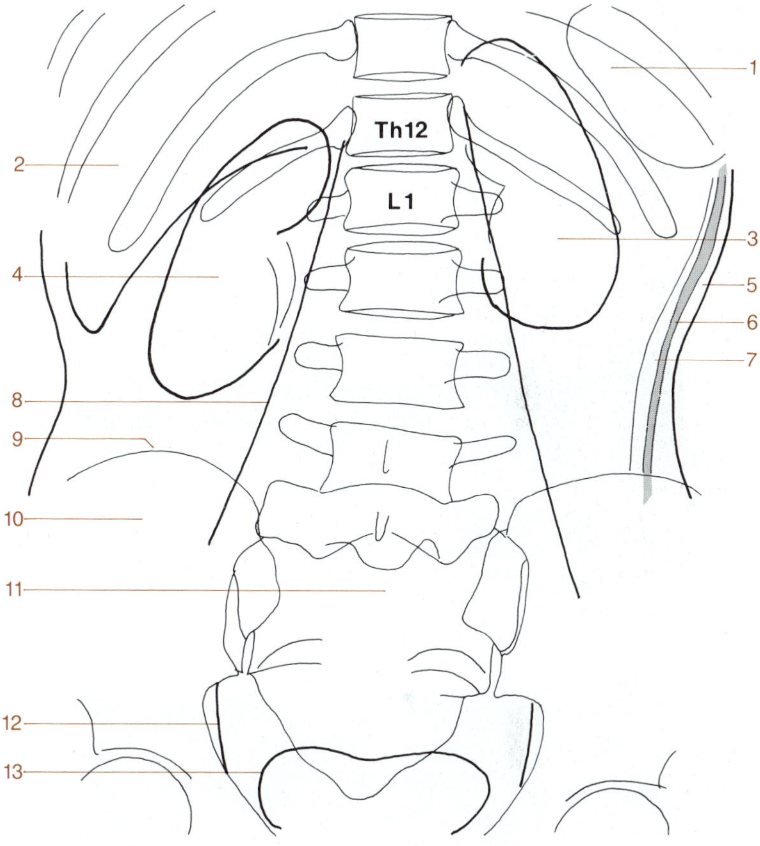

1 Milzschatten
2 Leberschatten
3 Ren sinister (linke Niere)
4 Ren dexter (rechte Niere)
5 subkutanes Fettgewebe
6 Abdomenmuskulatur
7 präperitoneales Fett
8 M. psoas
9 Crista iliaca (Beckenkamm)
10 Os ilii (Beckenschaufel)
11 Os sacrum (Kreuzbein)
12 M. obturator internus
13 Vesica urinaria (Harnblase)

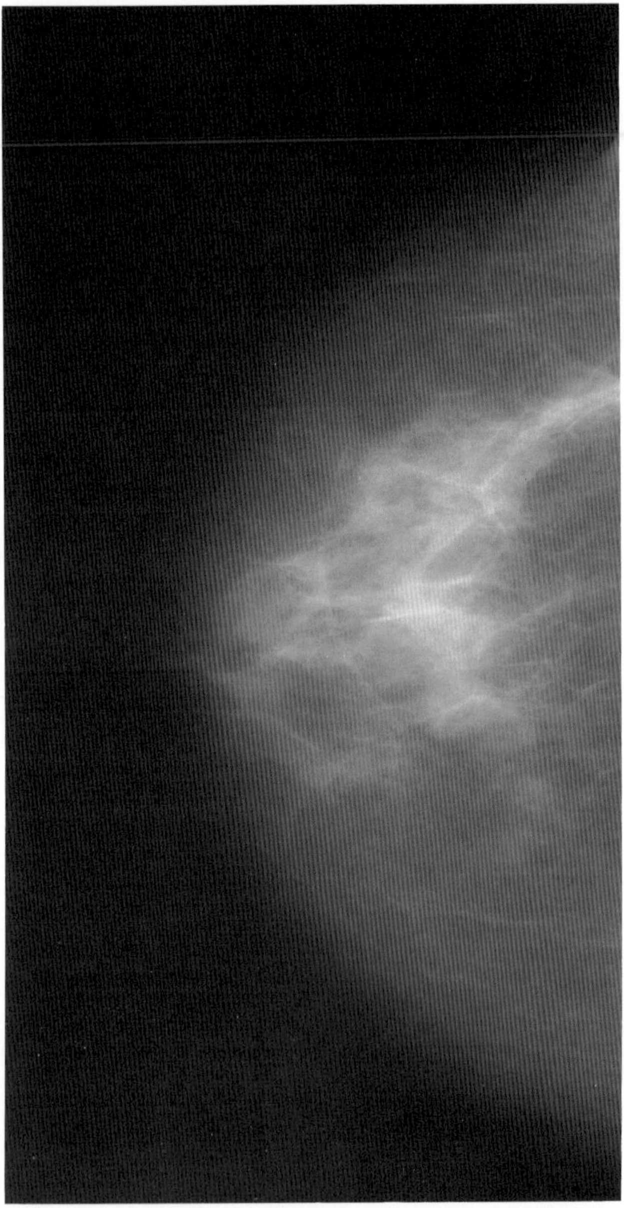

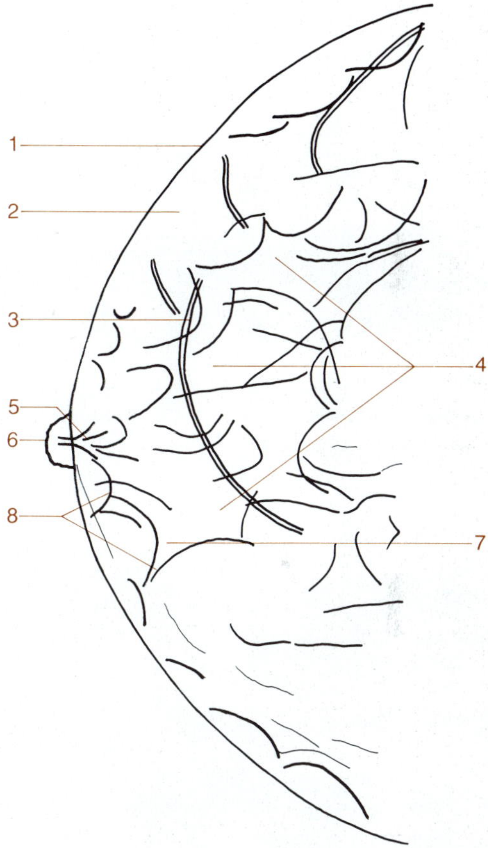

1 Kutis
2 subkutanes Fettgewebe
3 Venen
4 Drüsenkörper
5 Retromamillärraum mit Ductus lactiferi
6 Papilla mammaria (Mamille)
7 Kuppe eines Drüsenlappens
8 Ligg. suspensoria mammaria (Cooper-Ligamente)

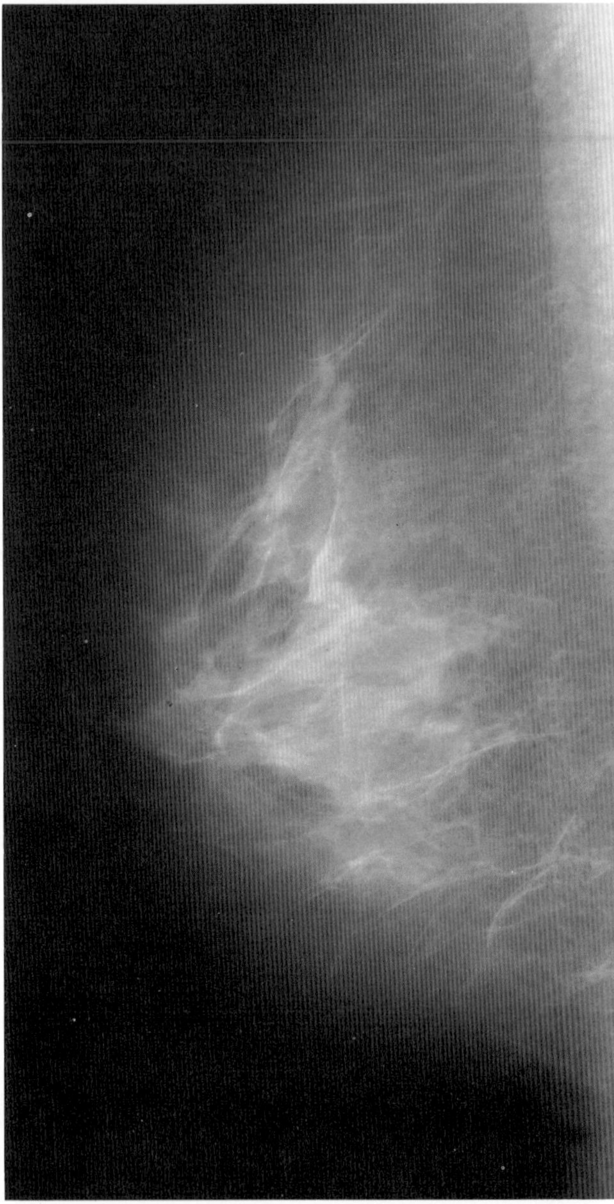

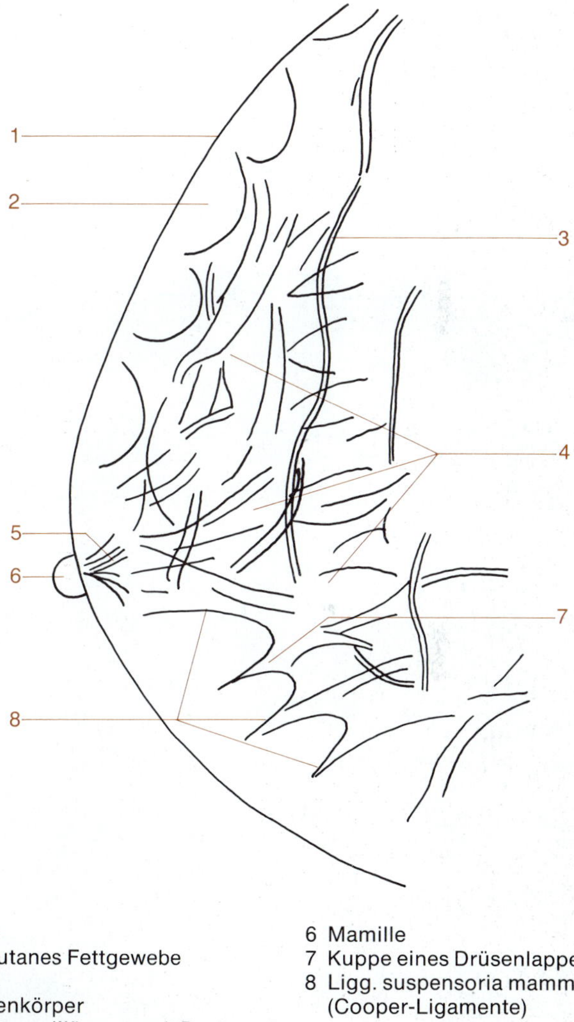

1 Kutis
2 subkutanes Fettgewebe
3 Vene
4 Drüsenkörper
5 Retromamillärraum mit Ductus lactiferi
6 Mamille
7 Kuppe eines Drüsenlappens
8 Ligg. suspensoria mammaria (Cooper-Ligamente)

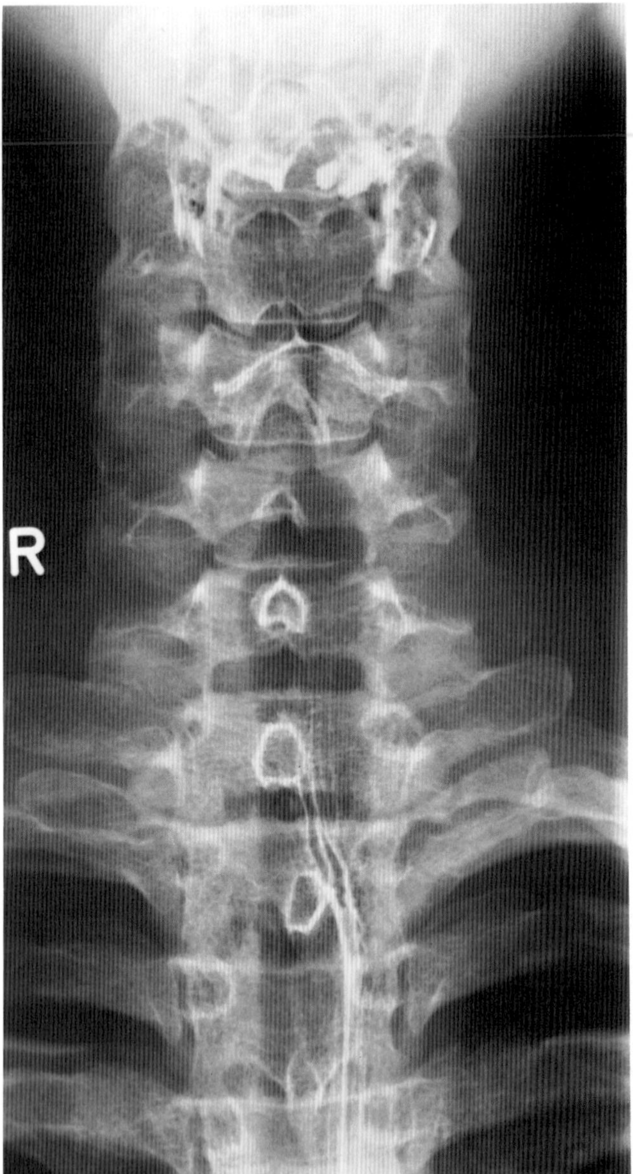
R

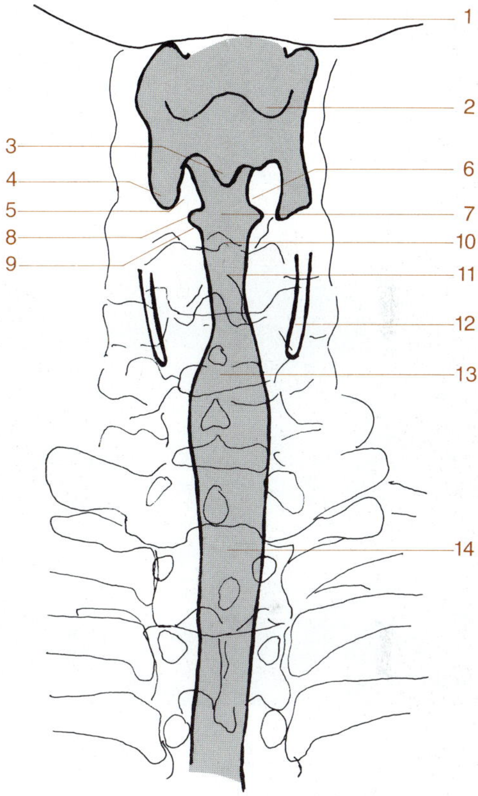

1 Mandibula
2 Boden der Vallecula epiglottica
3 Incisura interarytaenoidea (Spalt zwischen den Stellknorpelspitzen)
4 Recessus (Sinus) piriformis
5 Lage der Cartilago arytaenoidea
6 Plica vestibularis (falsches Stimmband)
7 Vestibulum laryngis
8 Ventriculus laryngis (Morgagni)
9 Lig. vocale (echtes Stimmband)
10 Rima glottidis
11 subglottischer Raum
12 Cartilago thyroidea (Schildknorpel)
13 Tracheaeingang
14 Trachea

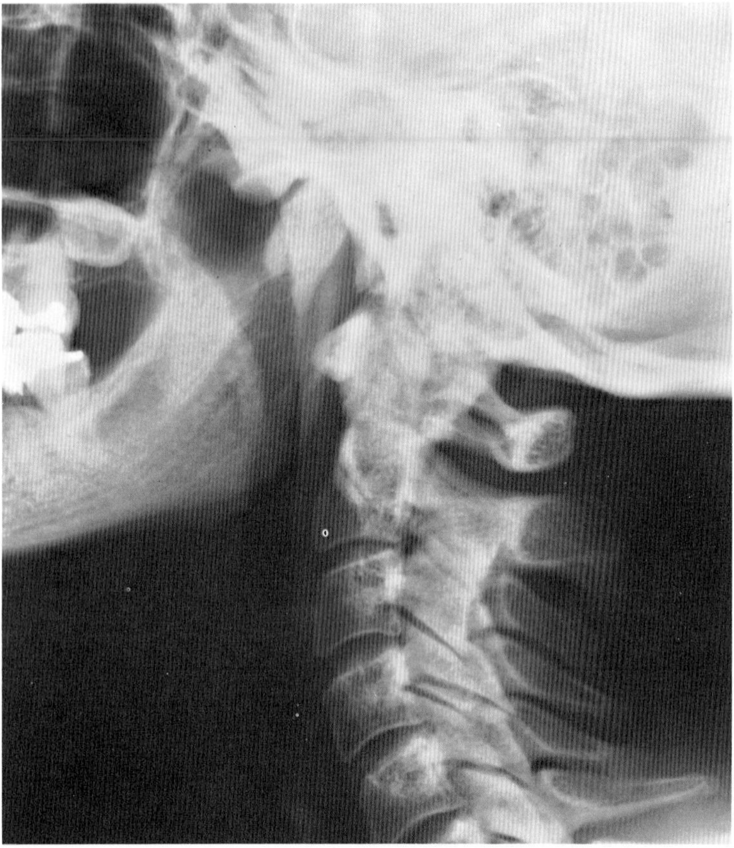

1 Cavitas oris
2 Basis cranii (Schädelbasis)
3 hinterer Nasopharyngealraum
4 Dens axis
5 Mandibula (Unterkiefer)
6 Epiglottis (Kehldeckel)

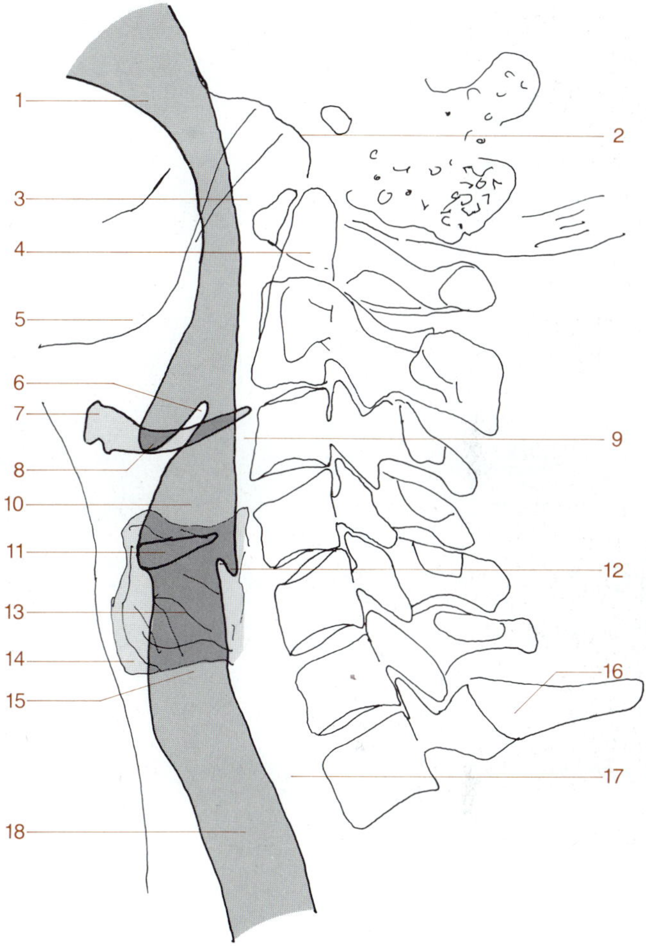

7 Os hyoideum (Zungenbein)
8 Boden der Vallecula epiglottica
9 Spatium retropharyngeum (retropharyngealer Raum)
10 Vestibulum laryngis
11 Ventriculus laryngis (Morgagni)
12 untere hintere Begrenzung des Recessus (Sinus) piriformis
13 subglottischer Raum
14 Cartilago thyroidea (Schildknorpel)
15 Tracheaeingang
16 Vertebra prominens (C VII)
17 retrotrachealer Raum (Ösophagus)
18 Trachea

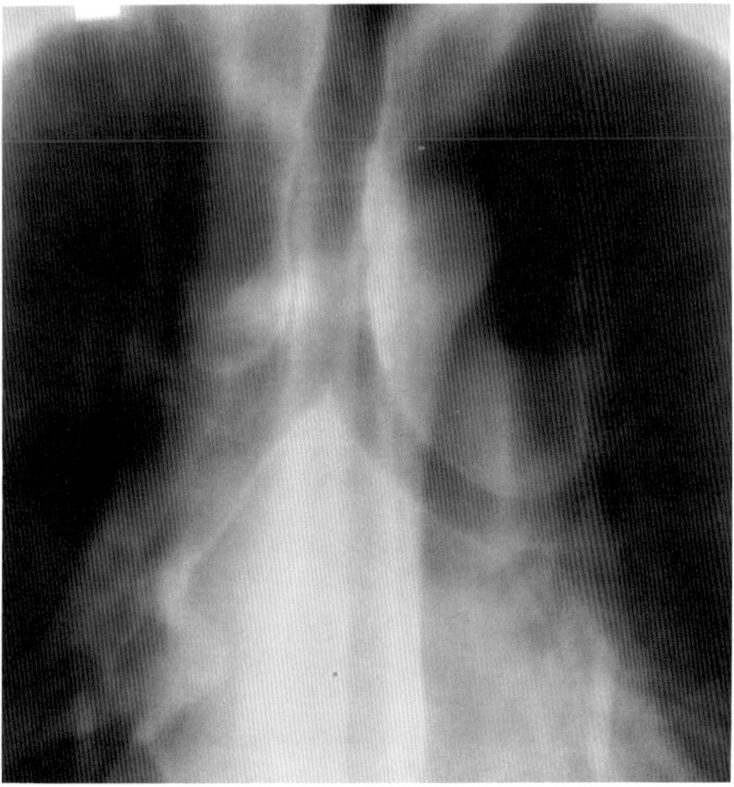

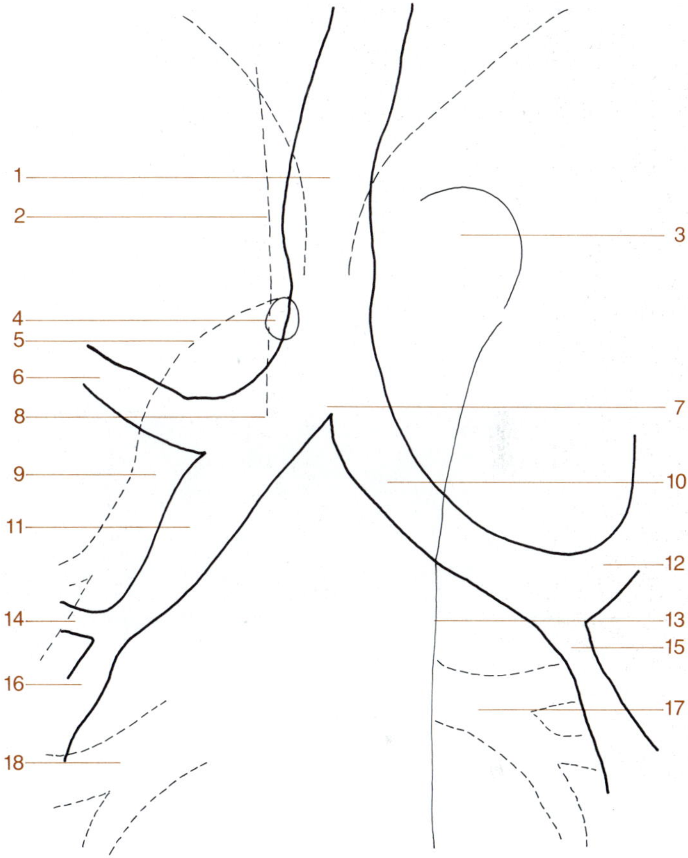

1 Trachea
2 V. cava superior
3 Arcus aortae (Aortenbogen)
4 V. azygos
5 A. pulmonalis dextra
6 rechter Oberlappenbronchus
7 Bifurcatio tracheae (Trachealbifurkation)
8 rechter Hauptbronchus
9 Unterlappenarterie
10 linker Hauptbronchus
11 Bronchus intermedius
12 linker Oberlappenbronchus
13 Pars descendens aortae
14 Mittellappenbronchus
15 linker Unterlappenbronchus
16 rechter Unterlappenbronchus
17 Vv. pulmonales
18 Venentrichter

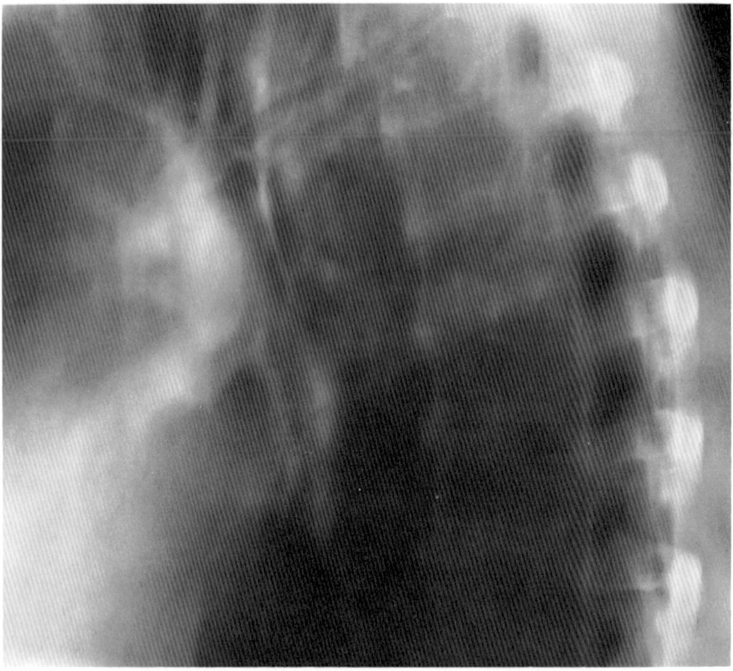

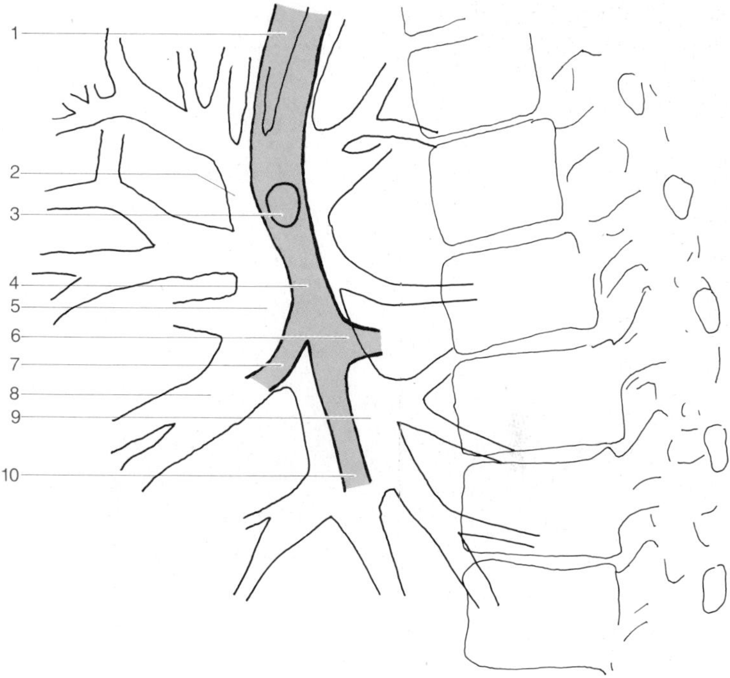

1 Trachea
2 R. lobi superioris (a. pulmonalis) (Oberlappenarterie)
3 Abgang des Oberlappenbronchus
4 Bronchus intermedius
5 A. pulmonalis dextra
6 apikaler Unterlappensegmentbronchus
7 Mittellappenbronchus
8 R. lobi medii (a. pulmonalis) (Mittellappenarterie)
9 Pars basalis (a. pulmonalis) (Unterlappenarterie)
10 Unterlappenbronchus

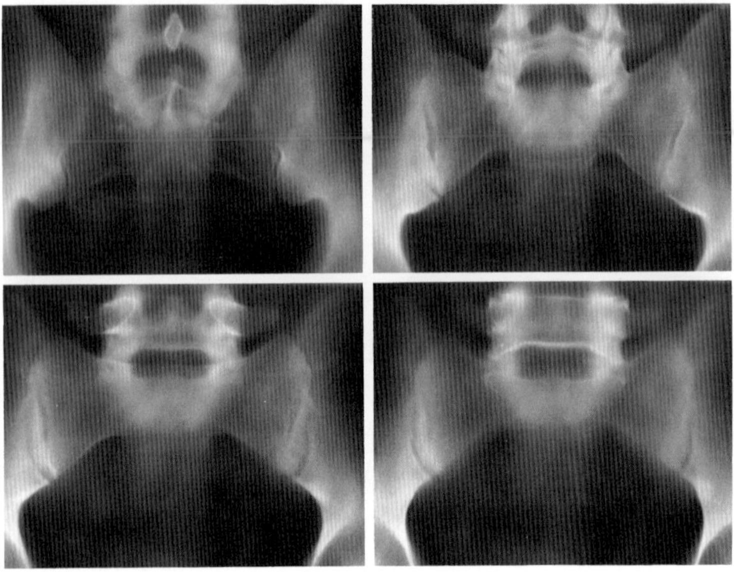

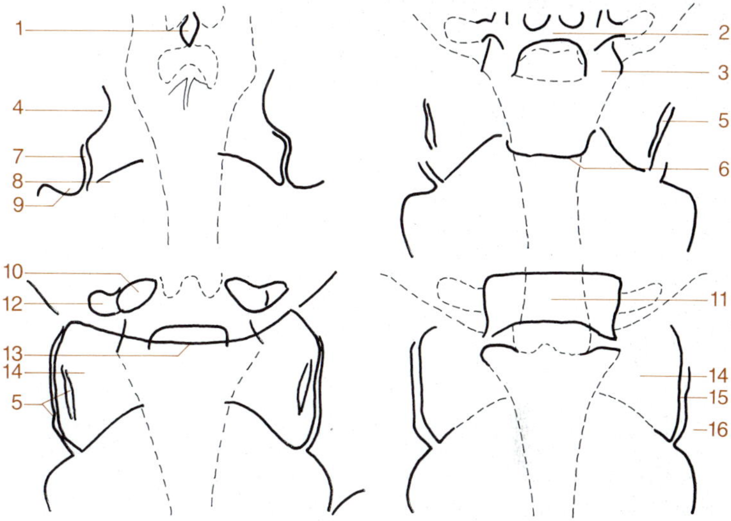

1 Processus spinosus
2 Lamina arcus vertebrae
3 Processus articularis inferior
4 Spina iliaca posterior superior
5 mittlere Iliosakralgelenkanteile
6 Os sacrum (Vorderfläche)
7 hinterer, unterer Iliosakralgelenkanteil
8 Foramina sacralia
9 Spina iliaca posterior inferior
10 Pediculus arcus vertebrae
11 L V
12 Processus transversus (Querfortsatz)
13 Promontorium
14 Ala sacralis
15 vorderer Iliosakralgelenkanteil
16 Os ilii (Beckenschaufel)

Kontrastuntersuchungen

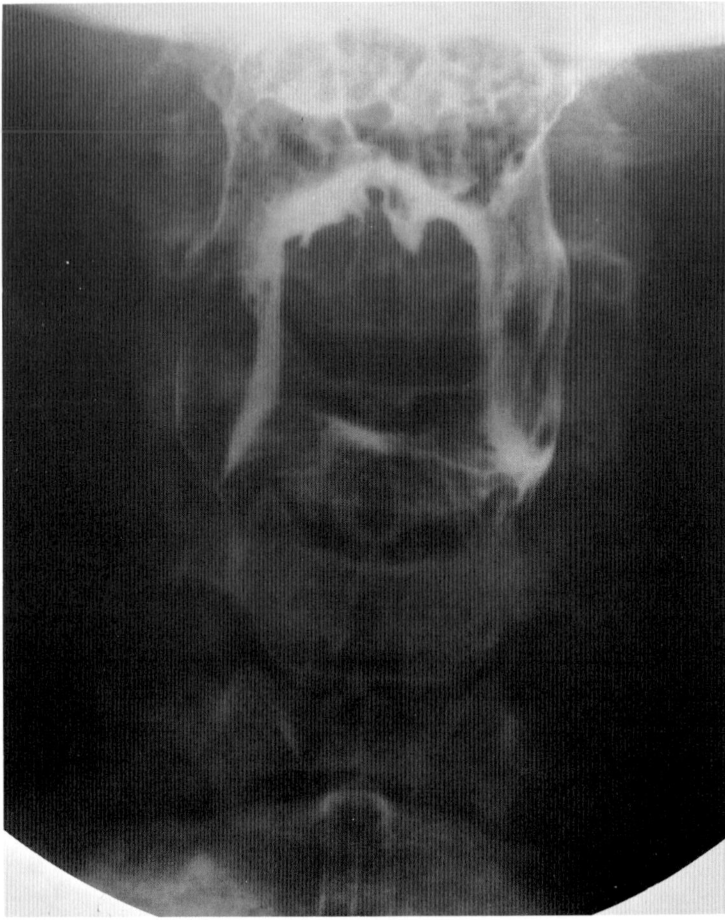

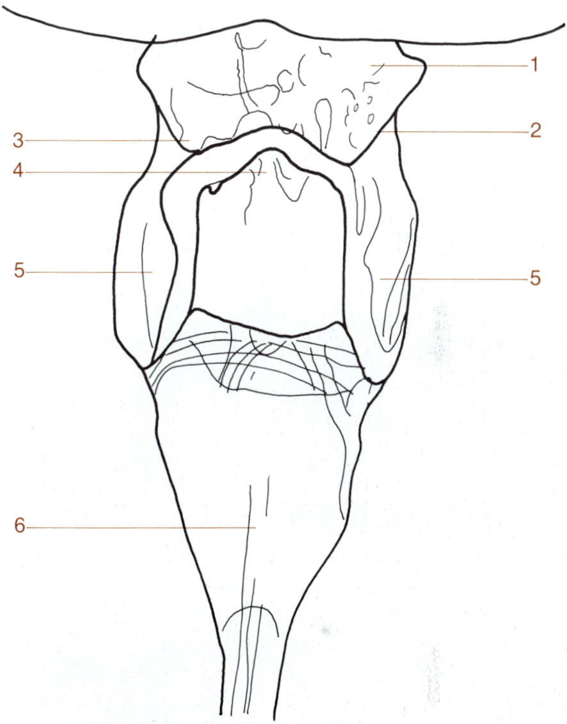

1 Pharynx
2 Plica glossoepiglottica lateralis
3 Vallecula epiglottica
4 Epiglottis
5 Recessus piriformis
6 Ösophagus

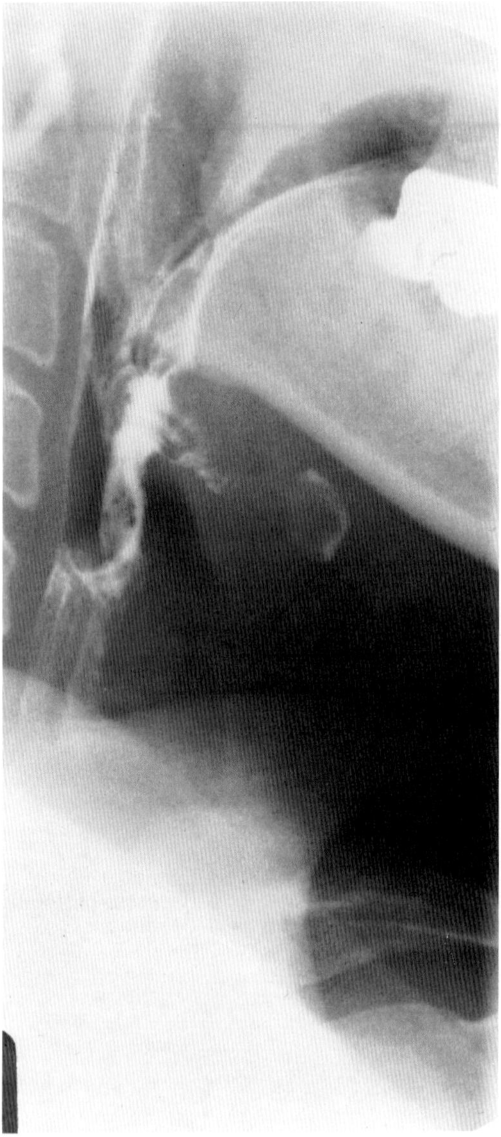

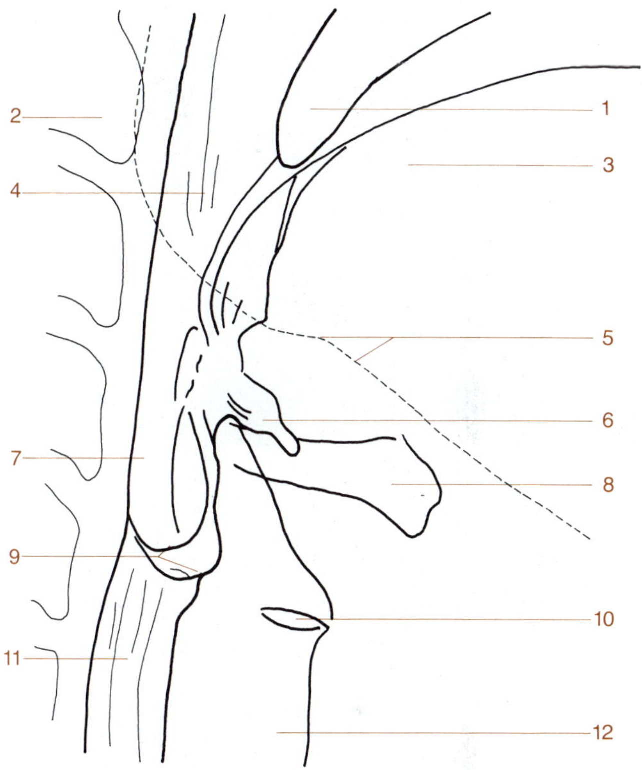

1 Uvula palatina
2 HWS (Axis)
3 Lingua (Zunge)
4 Oropharynx
5 Mandibula (Unterkiefer)
6 Vallecula epiglottica
7 Larynx
8 Os hyoideum (Zungenbein)
9 Recessus piriformis
10 Ventriculus laryngis
11 Ösophagus
12 Trachea

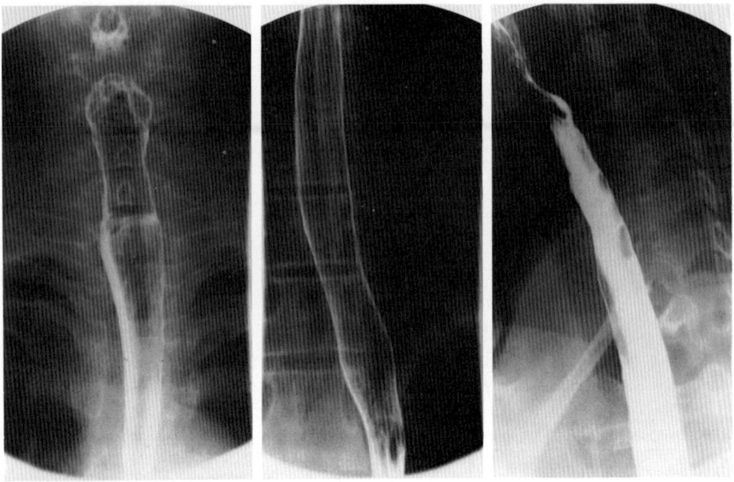

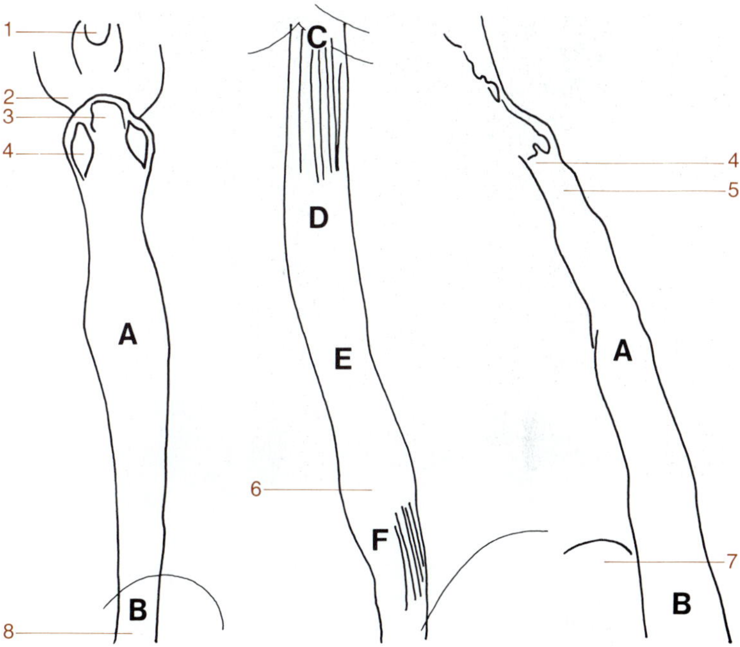

1 Uvula palatina
2 Plica glossoepiglottica lateralis
3 Epiglottis
4 Recessus piriformis
5 Ösophagusmund
6 Ösophagusampulle
7 Arcus aortae (Aortenbogen)
8 interaortikobronchiales Segment

A paratracheales Segment
B aortales Segment
C bronchiales Segment
D interbronchiales Segment
E retrokardiales Segment
F epiphrenisches Segment

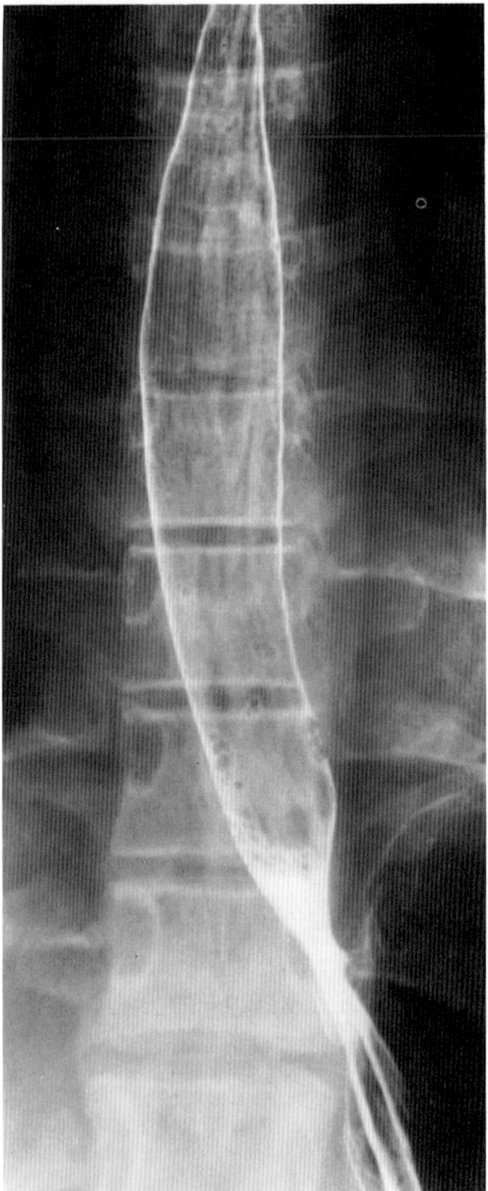

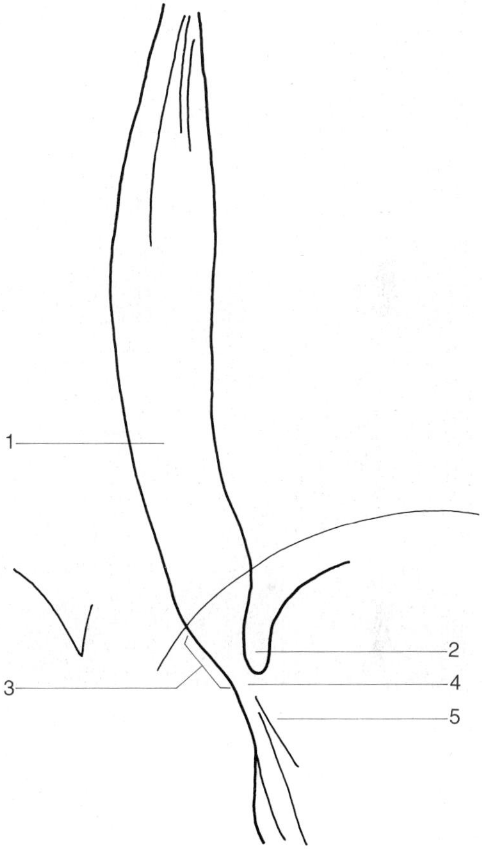

1 distaler Ösophagus (retrokardial gelegen)
2 ösophagogastrischer Winkel
3 Vestibulum (subdiaphragmatischer Ösophagusanteil)
4 Hiatus oesophageus
5 Kardia

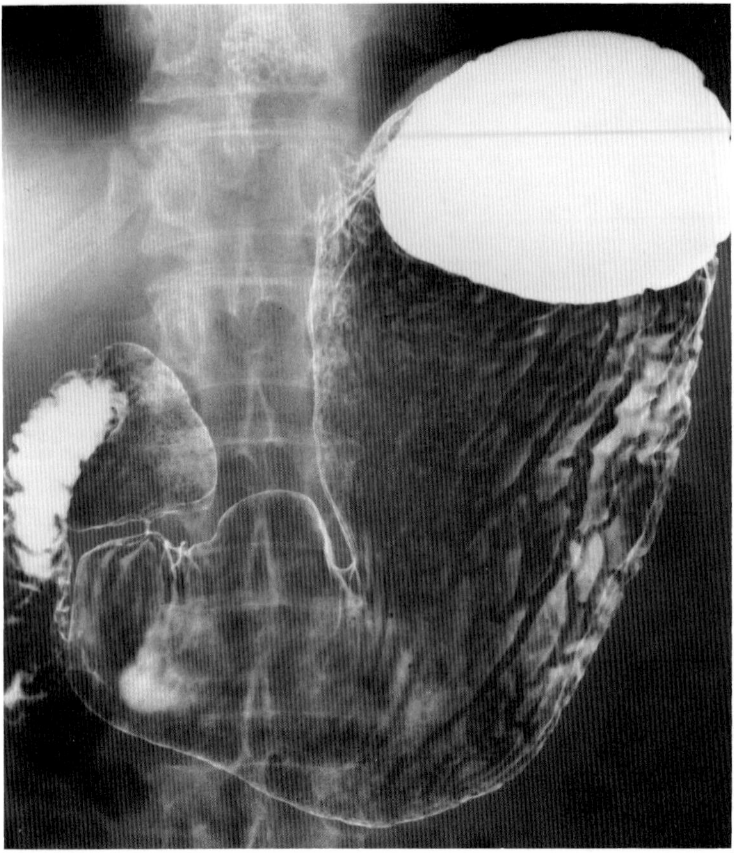

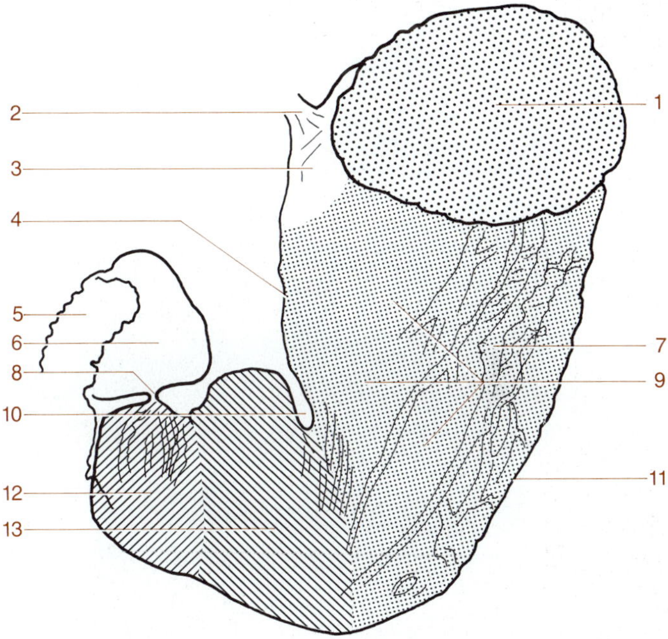

1 Fundus gastricus
2 Hiatus oesophageus
3 Kardia
4 Curvatura gastrica minor (kleine Kurvatur)
5 Duodenum
6 Ampulla (Bulbus duodeni)
7 Magenfaltenrelief (Hinterwandfalte)
8 Pylorus
9 Corpus gastricum
10 Incisura angularis
11 Curvatura gastrica major (große Kurvatur)
12 präpylorisches Antrum
12 + 13 Antrum pyloricum

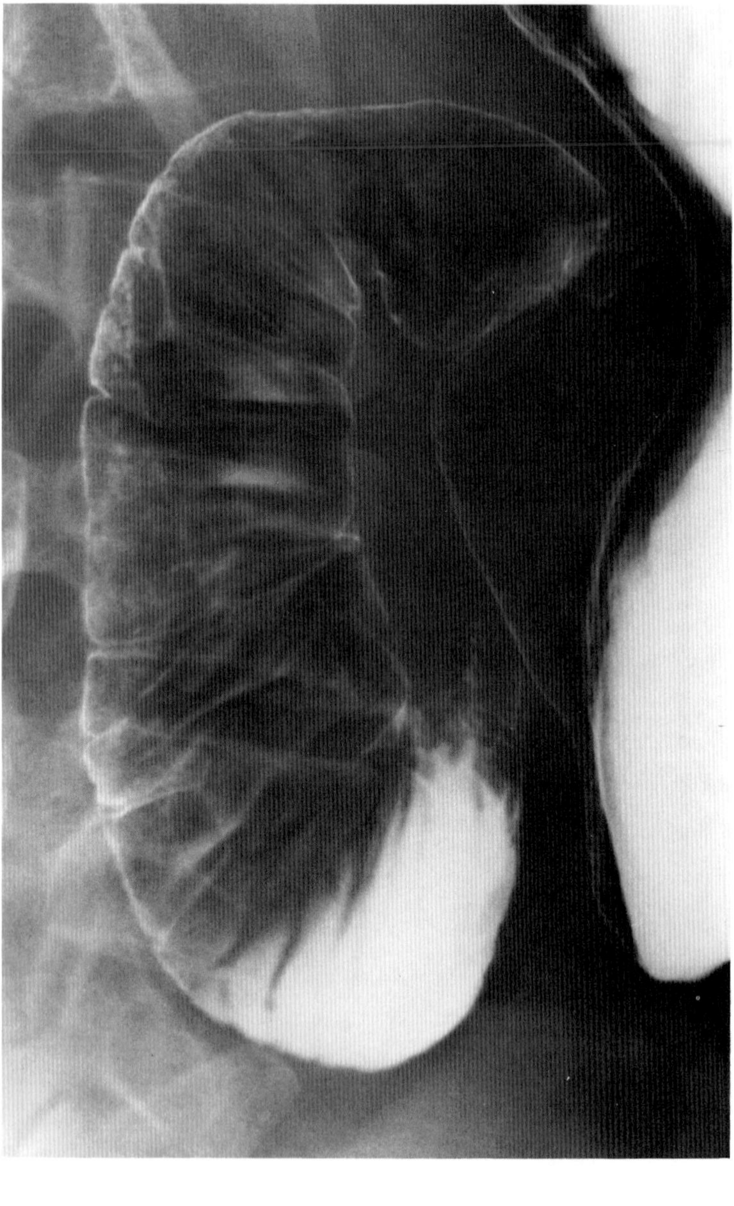

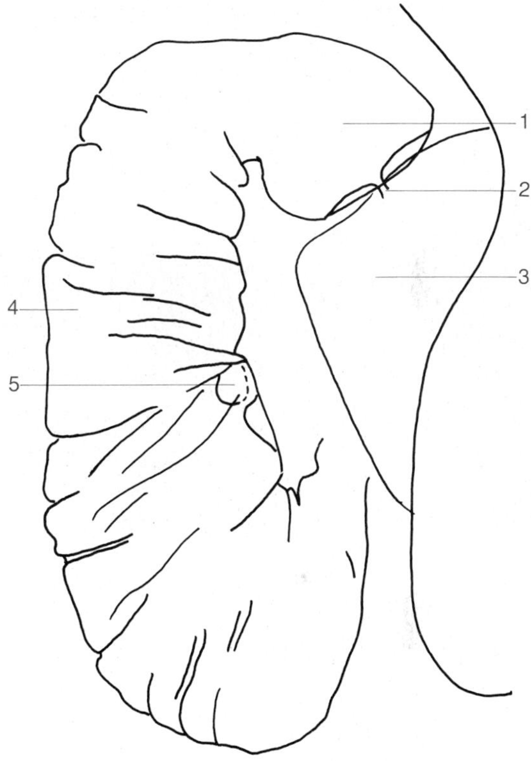

1 Ampulla (Bulbus duodeni)
2 Pylorus
3 Antrum pyloricum
4 Pars descendens duodeni (duodenales C)
5 Papilla duodeni major (Vateri)

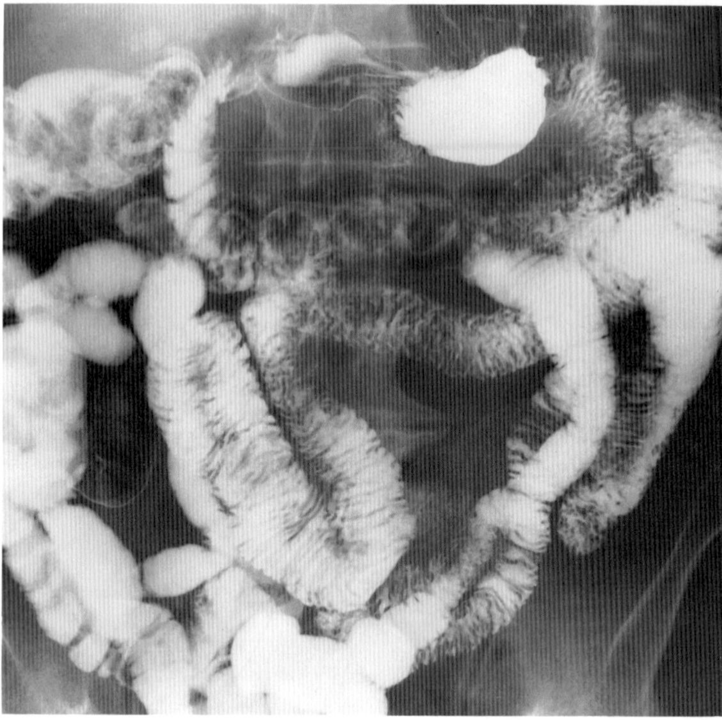

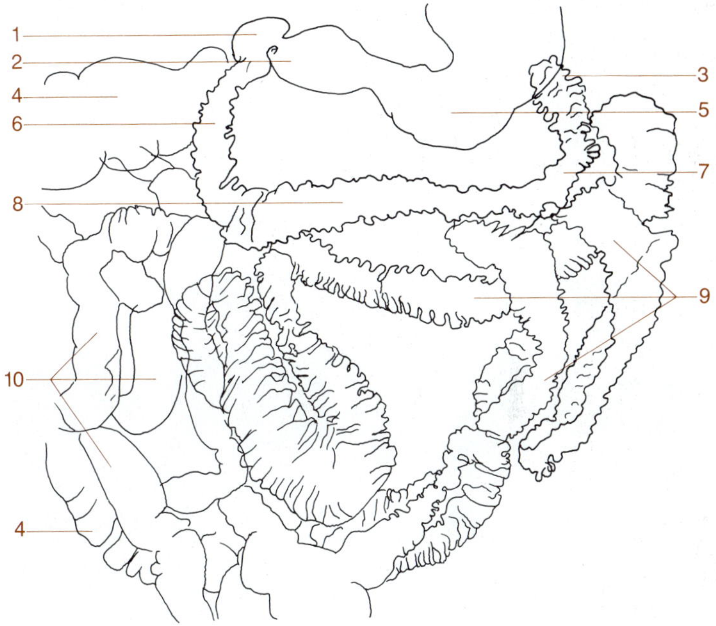

1 Ampulla (Bulbus duodeni)
2 Antrum pyloricum
3 Flexura duodenojujenalis
4 Kolon
5 Corpus ventriculi (Magenkorpus)
6 Pars descendens duodeni (duodenales C)
7 Pars ascendens duodeni
8 Pars horizontalis duodeni
9 Jejunum
10 Ileum

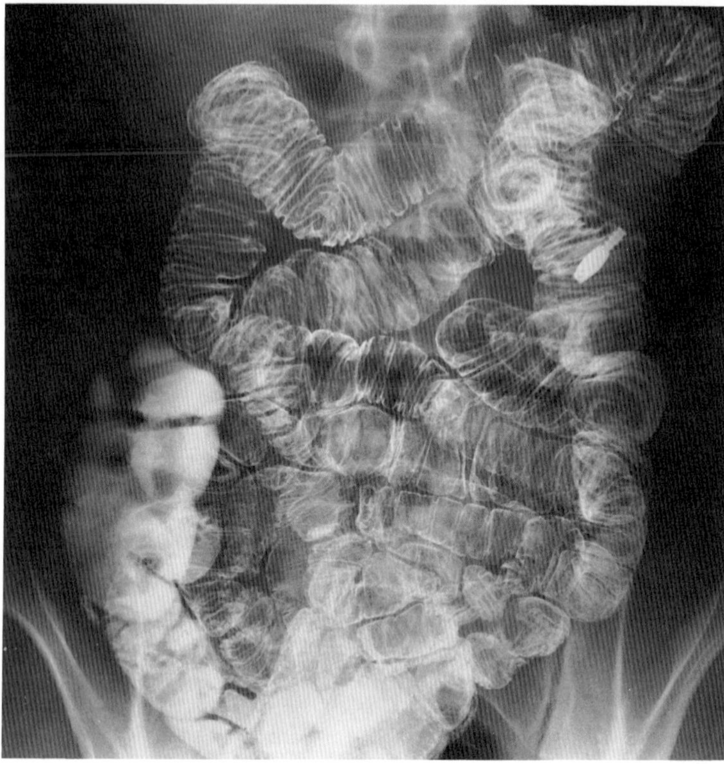

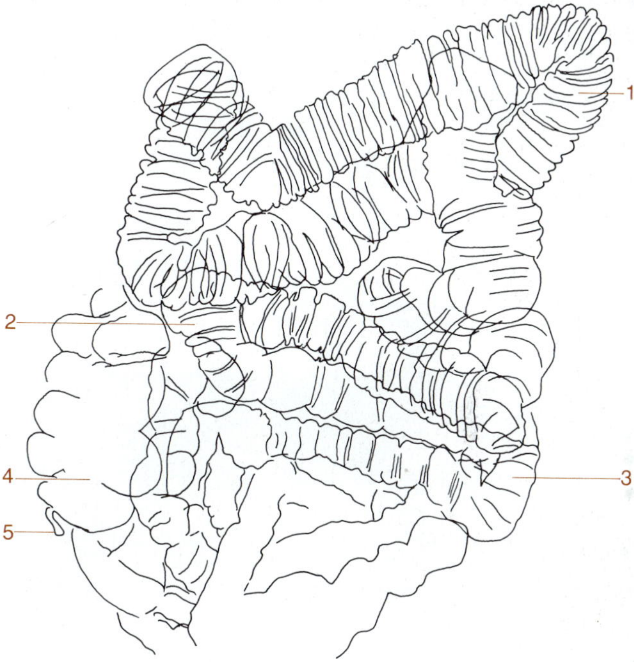

1 Jejunum
2 ileojejunaler Übergang
3 Ileum
4 Zäkum
5 Appendix

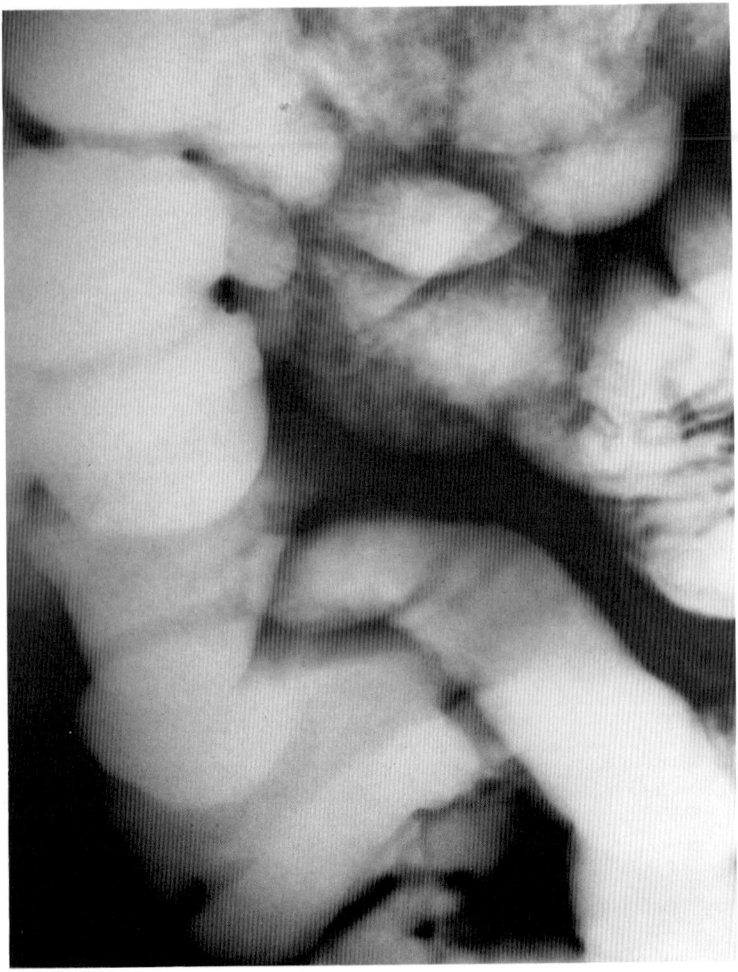

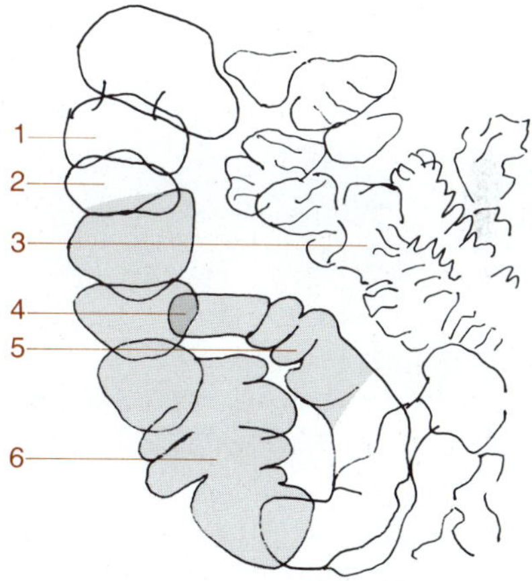

1 Haustra coli
2 Colon ascendens
3 Ileum
4 Valva ileocaecalis (Bauhin-Klappe)
5 terminales Ileum
6 Zäkum

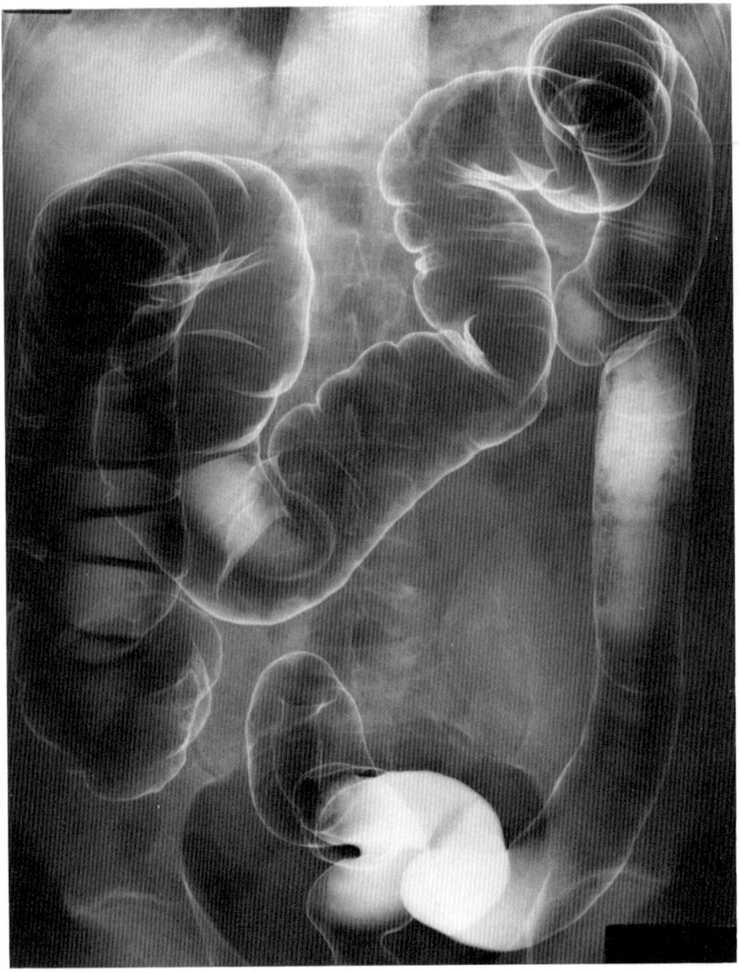

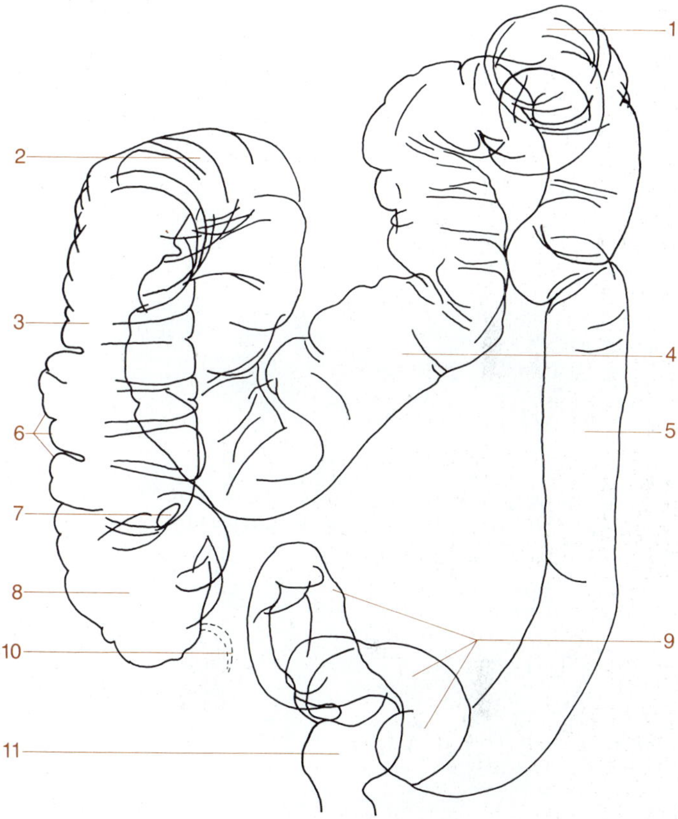

1 Flexura coli sinistra (linke Kolonflexur)
2 Flexura coli dextra (rechte Kolonflexur)
3 Colon ascendens
4 Colon transversum
5 Colon descendens
6 Haustren
7 Valva ileocaecalis (Bauhin-Klappe)
8 Zäkum
9 Colon sigmoideum
10 Appendix vermiformis
11 Rektum

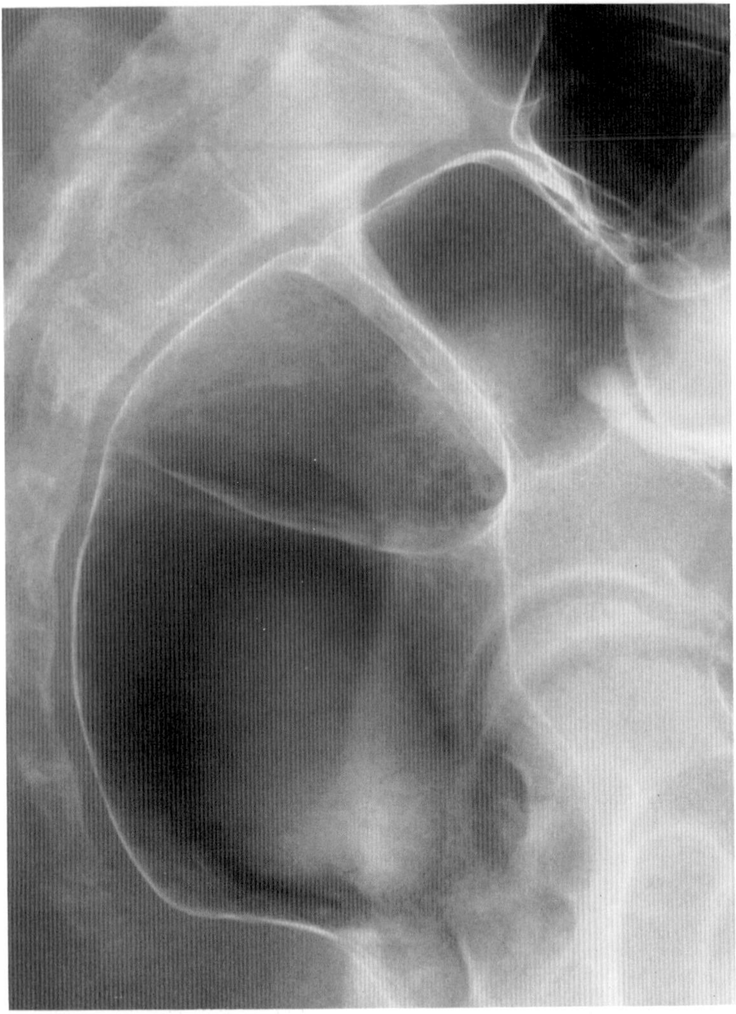

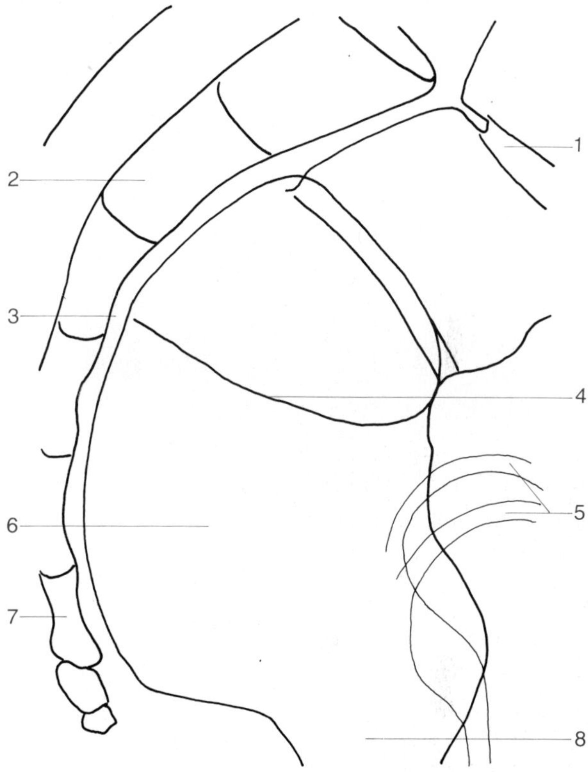

1 rektosigmoidaler Übergang
2 Os sacrum
3 Retrorektalrum
4 Plica transversa recti
5 Caput femoris (Hüftkopf)
6 Ampulla recti (Rektumampulle)
7 Os coccygis
8 anorektaler Übergang

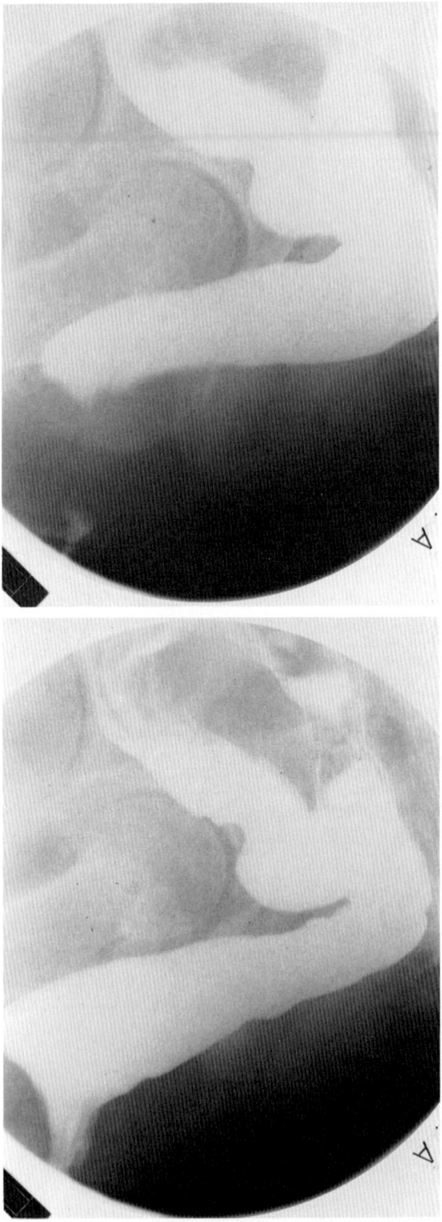

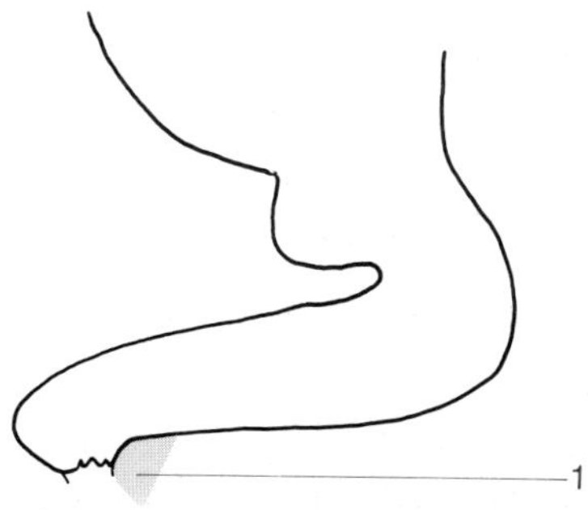

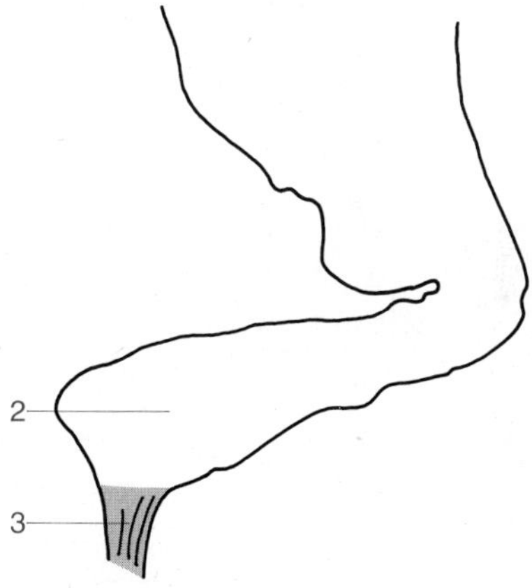

1 Impression durch M. puborectalis

2 Ampulla recti (Rektumampulle)
3 Canalis analis (Analkanal)

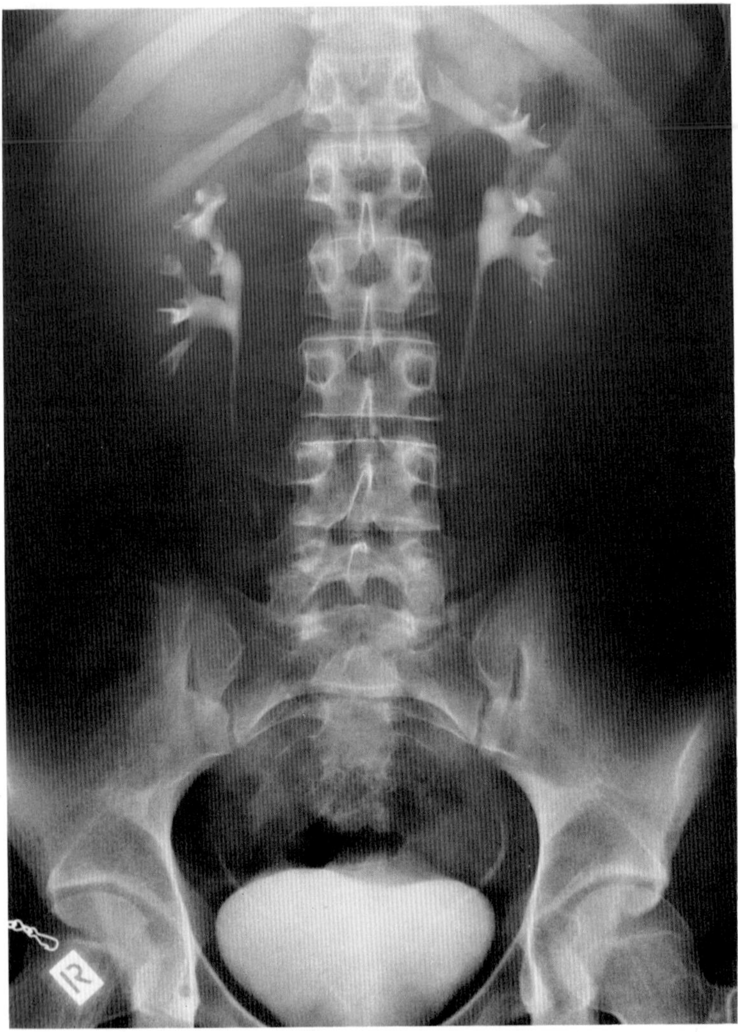
R

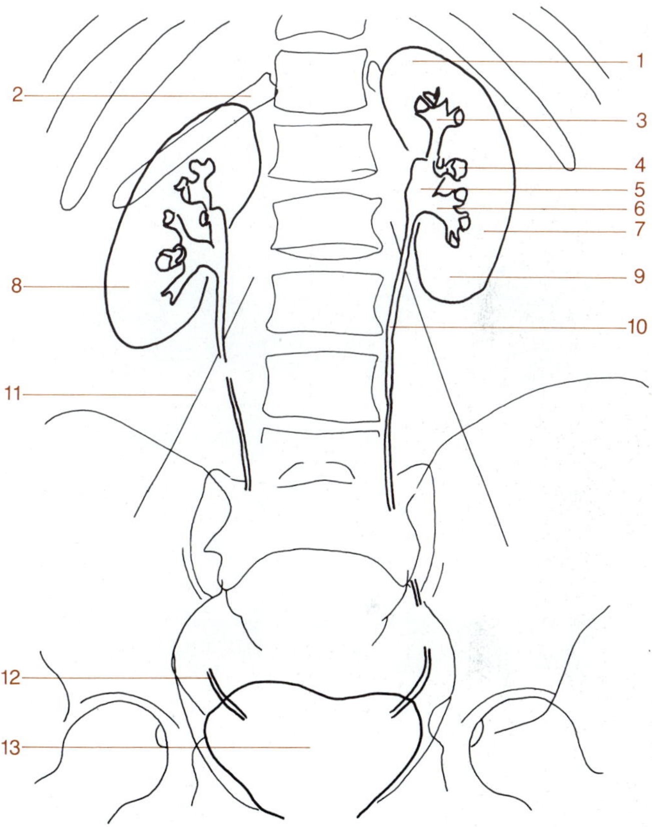

1 oberer Nierenpol
2 Costa XII (12. Rippe)
3 obere Kelchgruppe
4 mittlere Kelchgruppe
5 Pelvis renalis (Nierenbecken)
6 untere Kelchgruppe
7 Ren sinister (linke Niere) (Parenchym)
8 Ren dexter (rechte Niere) (Parenchym)
9 unterer Nierenpol
10 Ureter (Harnleiter)
11 Rand des M. psoas
12 distaler Ureter
13 Vesica urinaria (Harnblase)

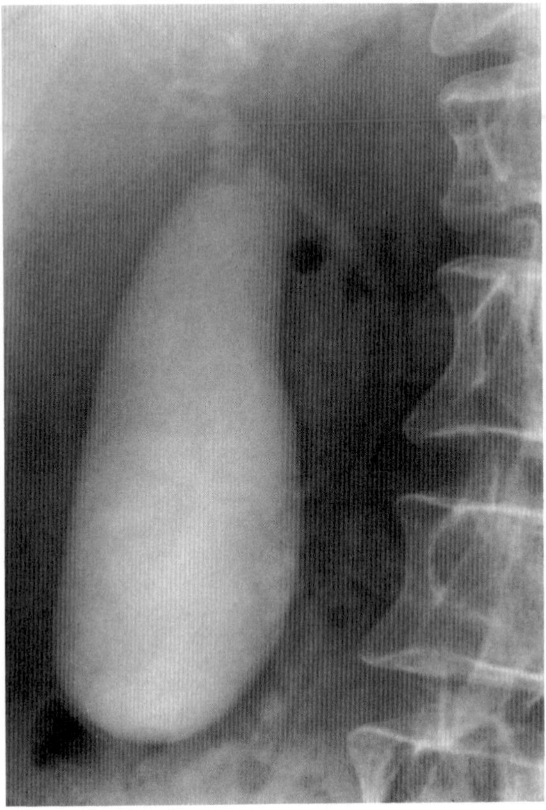

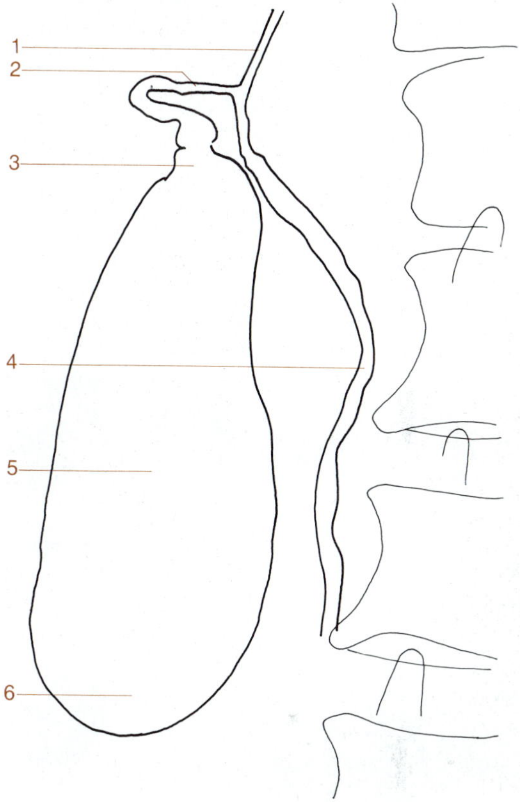

1 Ductus hepaticus communis
2 Ductus cysticus
3 Collum vesicae biliaris
4 Ductus choledochus
5 Corpus vesicae biliaris
6 Fundus vesicae biliaris

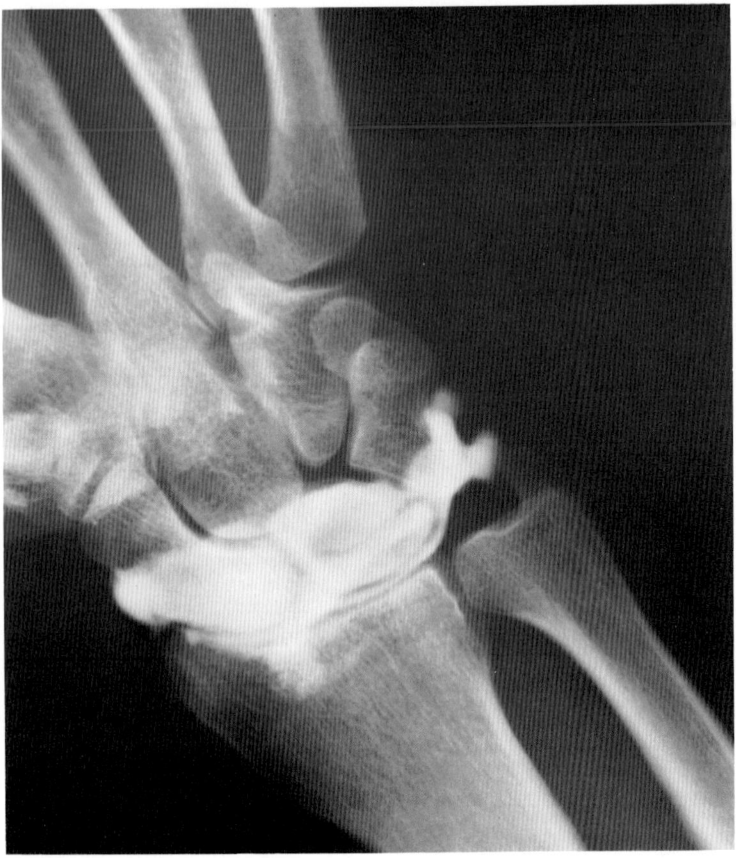

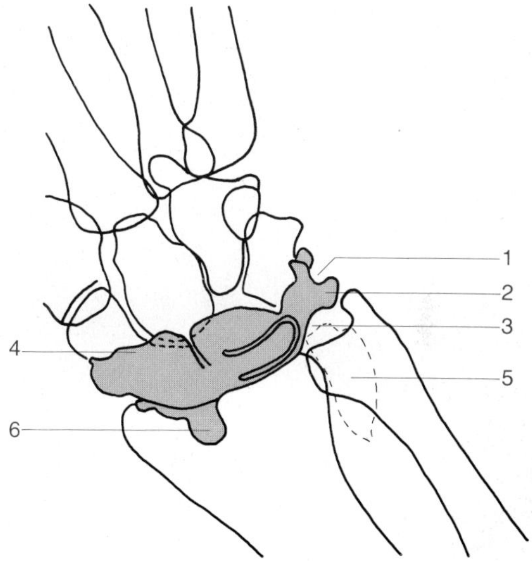

1 Aussparung durch Meniskus
2 Recessus praestyloideus
3 Aussparung durch den Discus articularis
4 Recessus dorsalis
5 Recessus sacciformis
6 Recessus palmaris

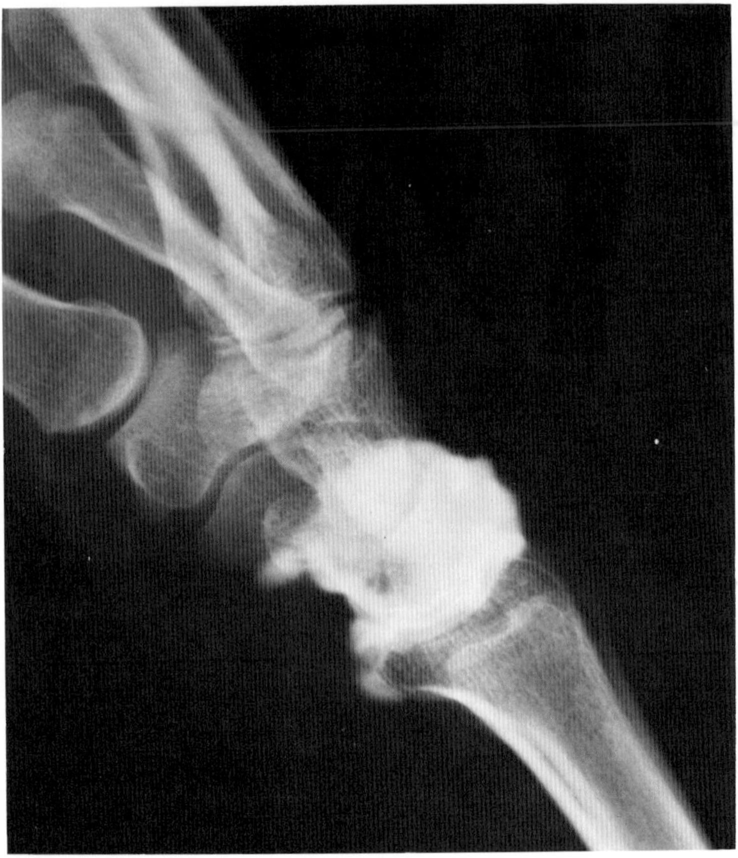

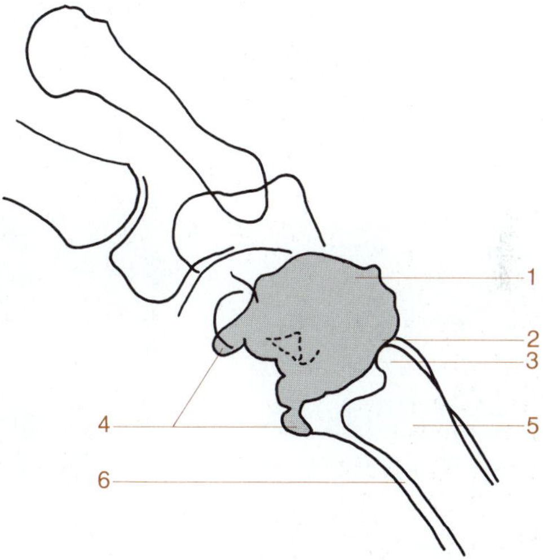

1 Recessus dorsalis
2 Recessus praestyloideus
3 Processus styloideus ulnae
4 Recessus volares
5 Ulna
6 Radius

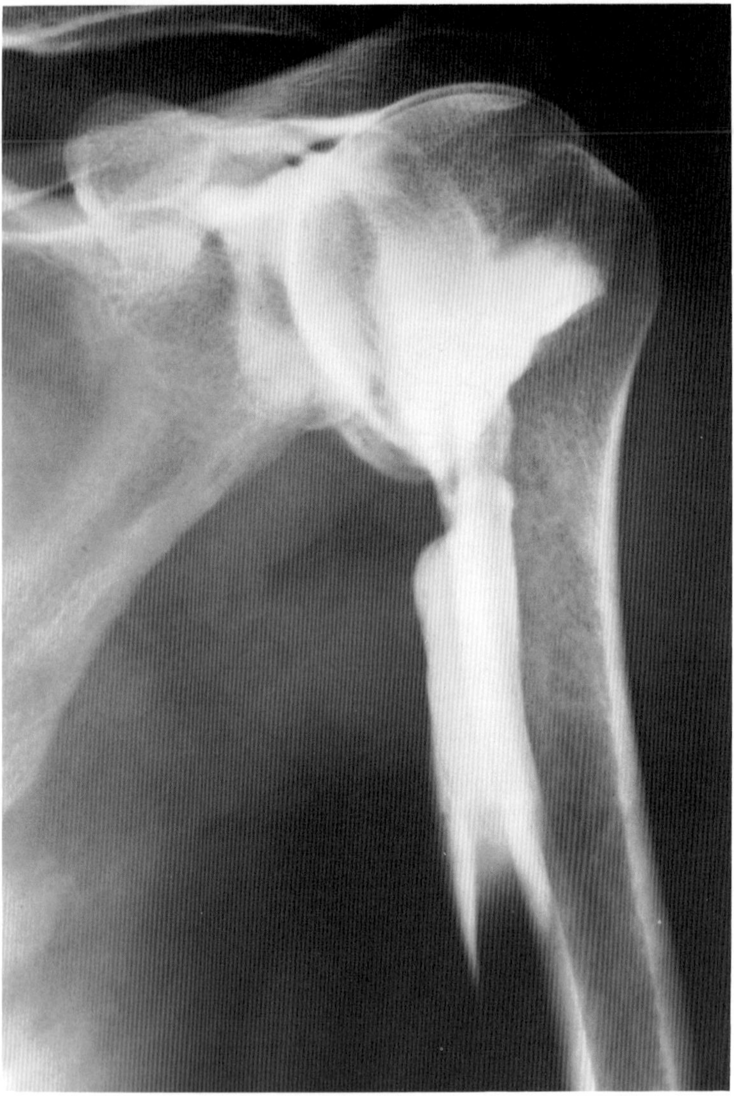

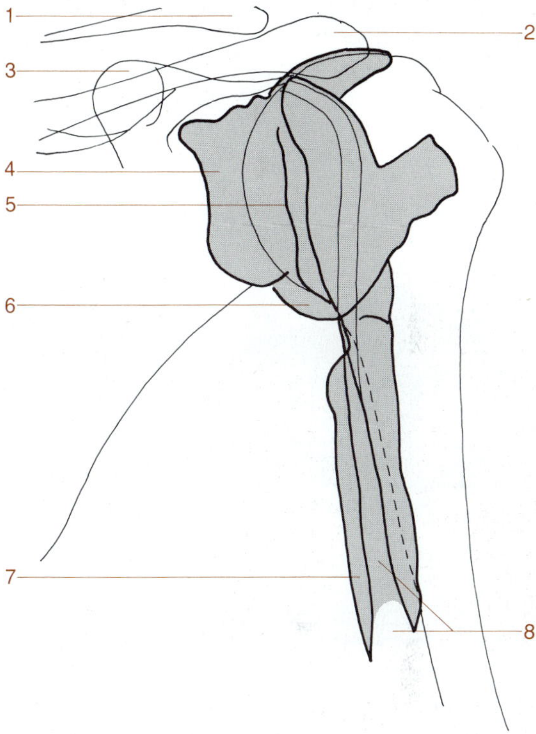

1 Klavikula
2 Akromion
3 Processus coracoideus
4 Bursa subscapularis (subcoracoidea)
5 Labrum glenoidale
6 Recessus axillaris
7 Vagina mucosa intertubercularis
8 Sehnenscheide des Caput longum bicipitis brachii

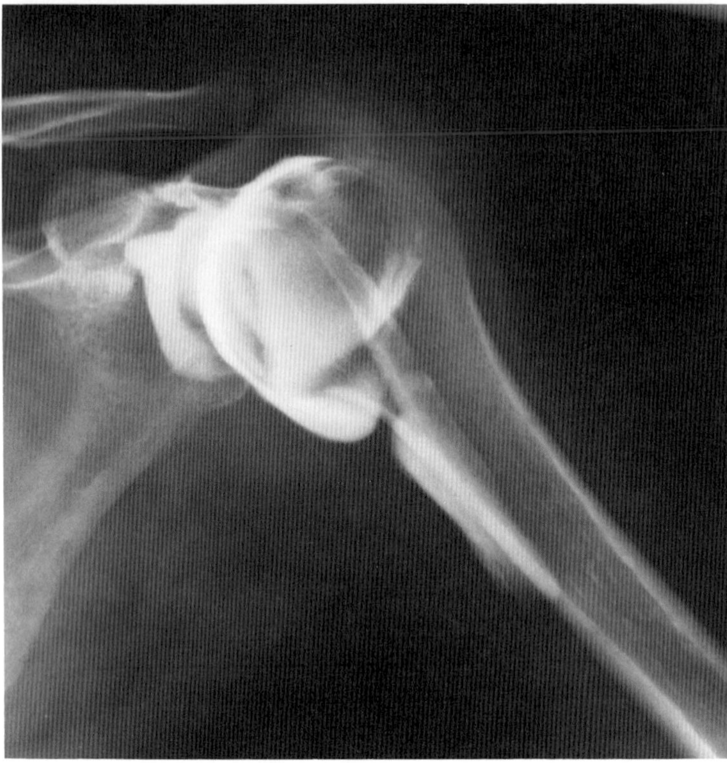

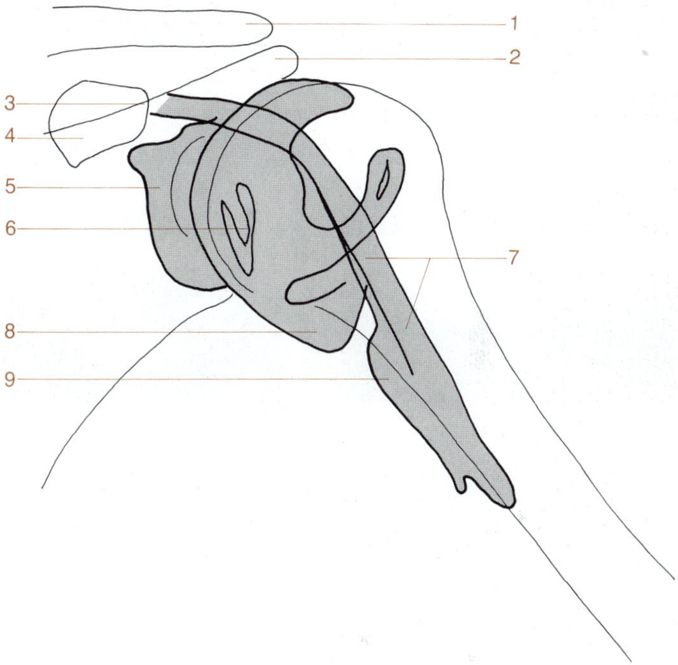

1 Klavikula
2 Akromion
3 Ansatz der Sehne des M. biceps brachii
4 Processus coracoideus
5 Bursa subscapularis
6 Labrum glenoidale
7 Sehnenscheide des Caput longum bicipitis brachii
8 Recessus axillaris
9 Vagina mucosa intertubercularis

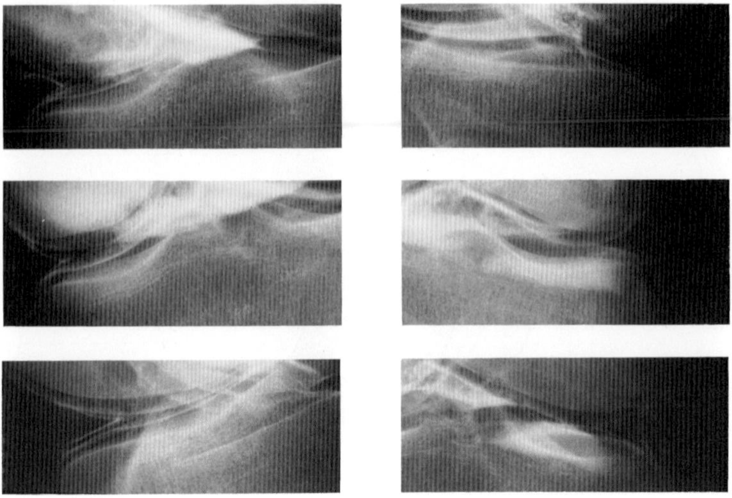

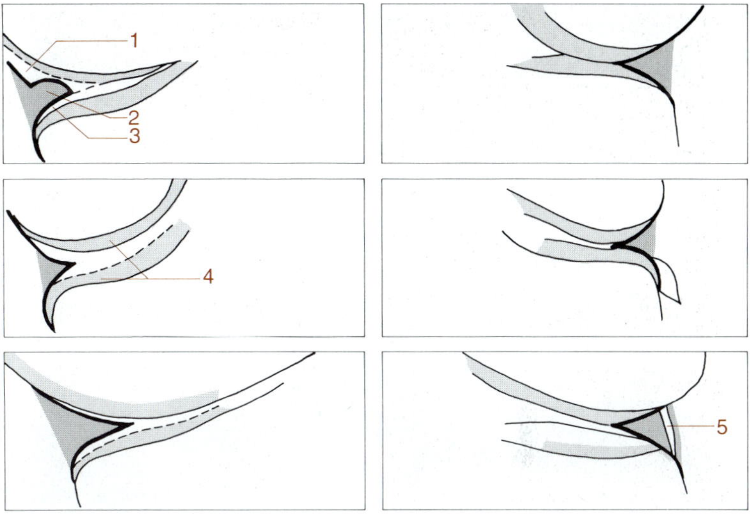

1 oberer Kapselraum
2 Meniskus
3 unterer Kapselraum
4 Knorpel
5 Bursa m. poplitei

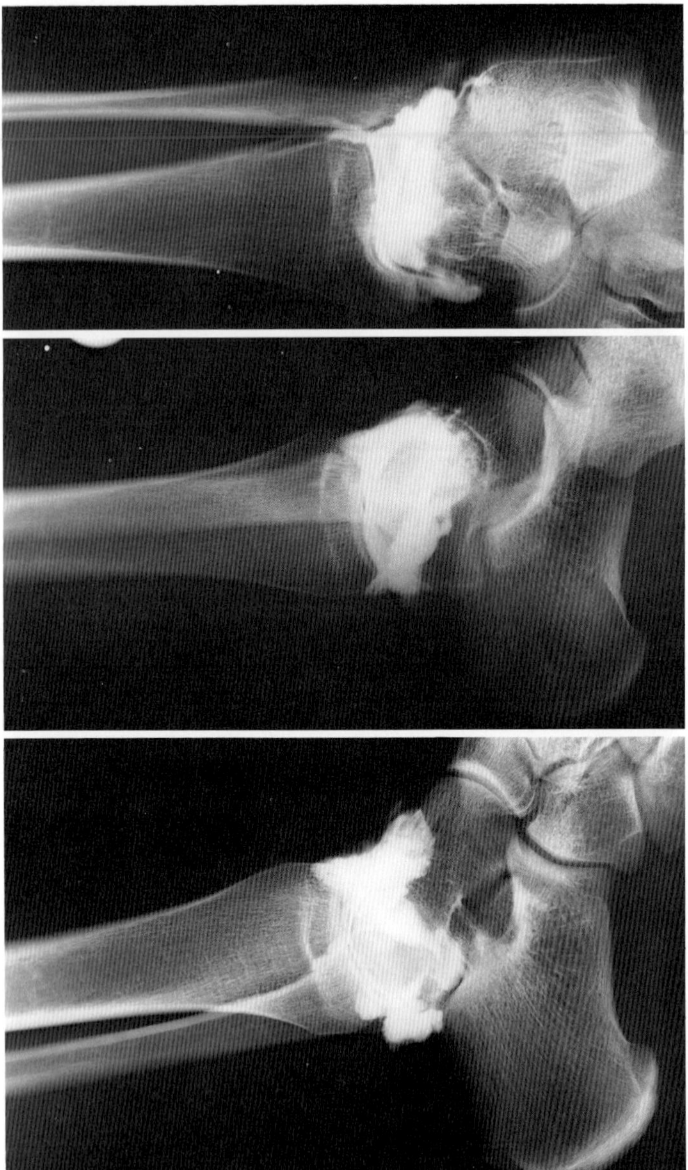

1 Tibia (Schienbein)
2 Fibula (Wadenbein)
3 Articulatio tibiofibularis (tibiofibularer Gelenkraum) (gelegentlich durch Plica interarticularis tibiofibularis scheinbar gedoppelt)
4 Gelenkspalt
5 dorsaler Rezessus
6 ventraler Rezessus
7 variable Ausbuchtungen durch Sehnen
8 Talus
9 suprakalkanearer Rezessus
10 Kalkaneus (Fersenbein)
11 Malleolus medialis (Innenknöchel)
12 Malleolus lateralis (Außenknöchel)

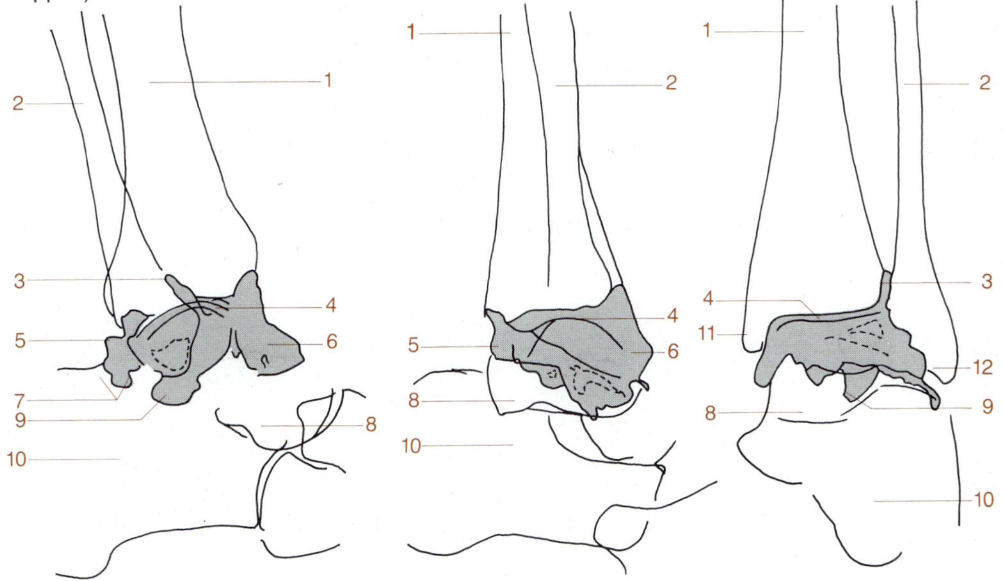

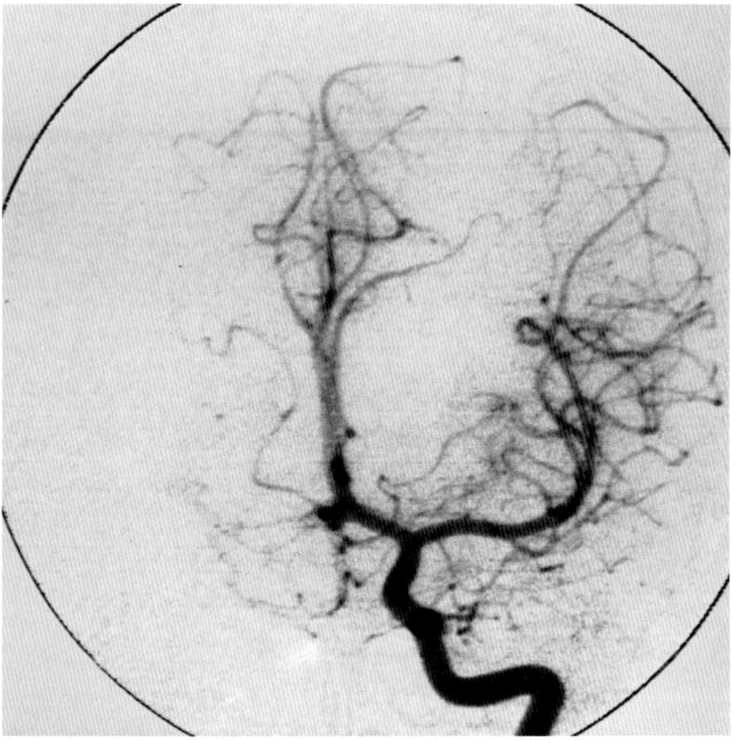

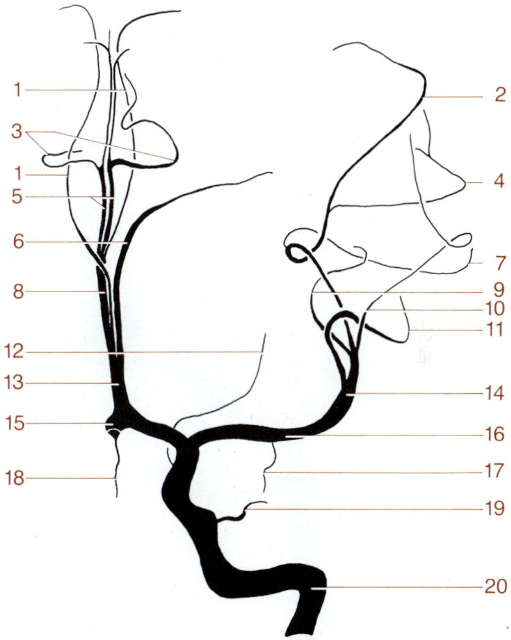

1 A. callosomarginalis
2 A. parietalis anterior
3 Schnurrbart der A. pericallosa (im Sulcus cinguli)
4 A. parietalis posterior
5 A. pericallosa (Segment 4 der A. cerebri anterior, suprakallös)
6 A. frontopolaris
7 A. praerolandica
8 Segment 3 der A. cerebri anterior bzw. A. pericallosa (distaler Anteil = präkallöses Segment)
9 A. gyri angularis
10 A. temporalis posterior
11 Aa. praefrontales
12 A. choroidea anterior
13 Segment 2 der A. cerebri anterior (Pars postcommunalis, ab hier als A. pericallosa bezeichnet)
14 Segment 2 der A. cerebri media (Pars insularis)
15 A. communicans anterior (durch Gefäßschleife verdeckt)
16 Segment 1 der A. cerebri media (Pars sphenoidalis)
17 A. temporopolaris
18 A. frontoorbitalis
19 A. ophthalmica
20 A. carotis interna

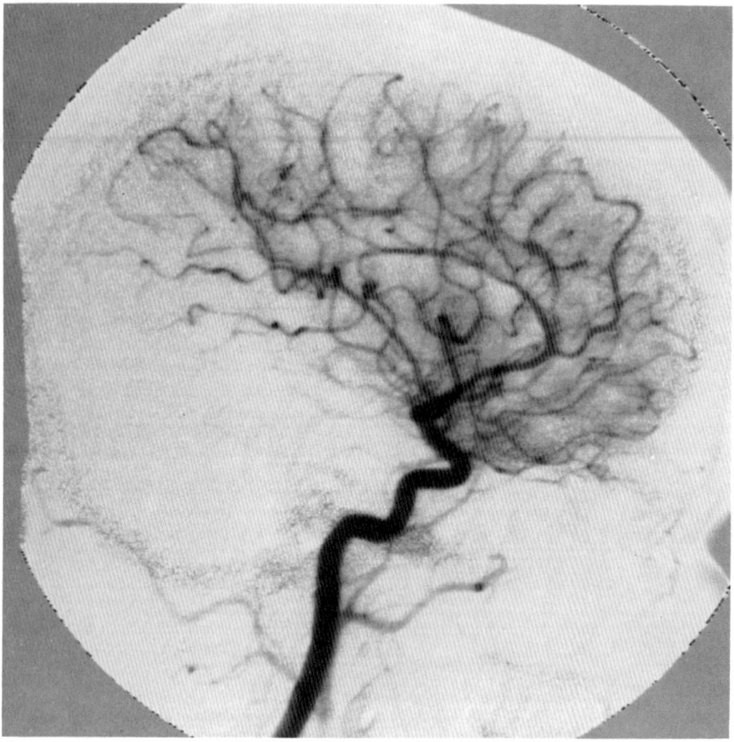

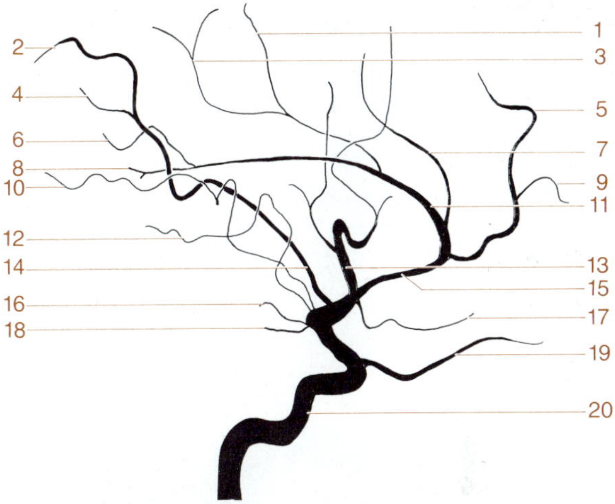

Variante (40%)

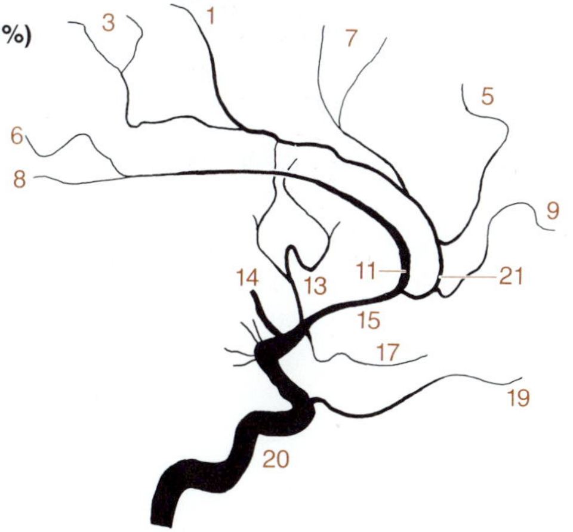

1 A. frontalis interna posterior
2 A. parietalis anterior
3 A. paracentralis
4 A. parietalis posterior
5 A. frontalis interna anterior
6 A. parietalis interna superior
7 A. frontalis interna media
8 A. parietalis interna inferior
9 A. frontopolaris
10 A. gyri angularis
11 A. pericallosa
12 A. temporalis posterior
13 Aa. praefrontales
14 Segment 2 der A. cerebri media
15 Segment 2 der A. cerebri anterior
16 A. choroidea anterior
17 A. frontoorbitalis
18 A. communicans posterior
19 A. ophthalmica
20 A. carotis interna
21 A. callosomarginalis

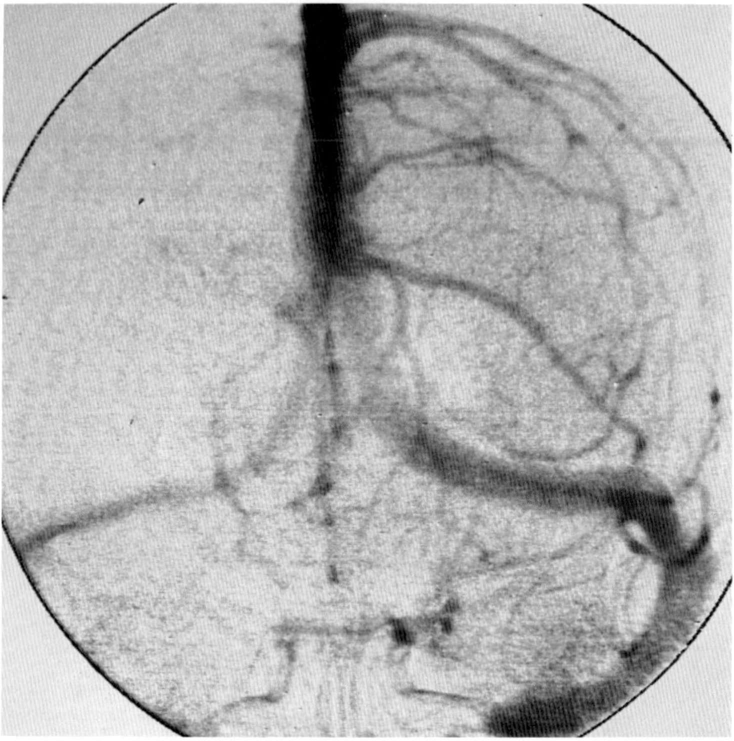

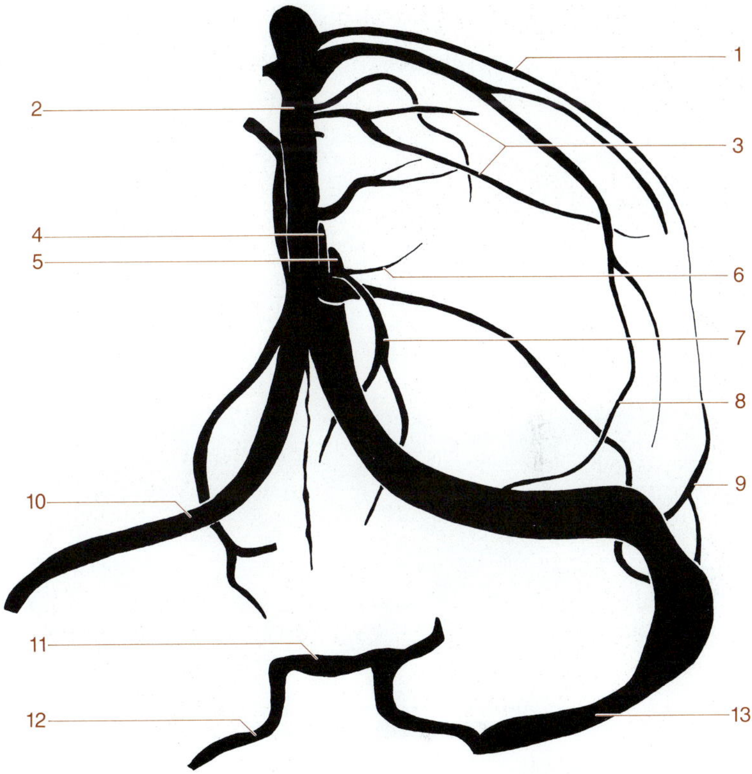

1 V. parietalis (Rolandi-Vene)
2 Sinus sagittalis superior
3 V. anastomotica superior (Trolard-Vene)
4 V. cerebri magna
5 V. cerebri interna
6 V. thalamostriata superior
7 V. basalis (Rosenthal-Vene)
8 Vv. sulci lateralis cerebri (fossae Sylvii)
9 Sinus sphenoparietalis
10 Sinus transversus
11 Sinus intercavernosi
12 Sinus petrosus inferior
13 Sinus sigmoideus

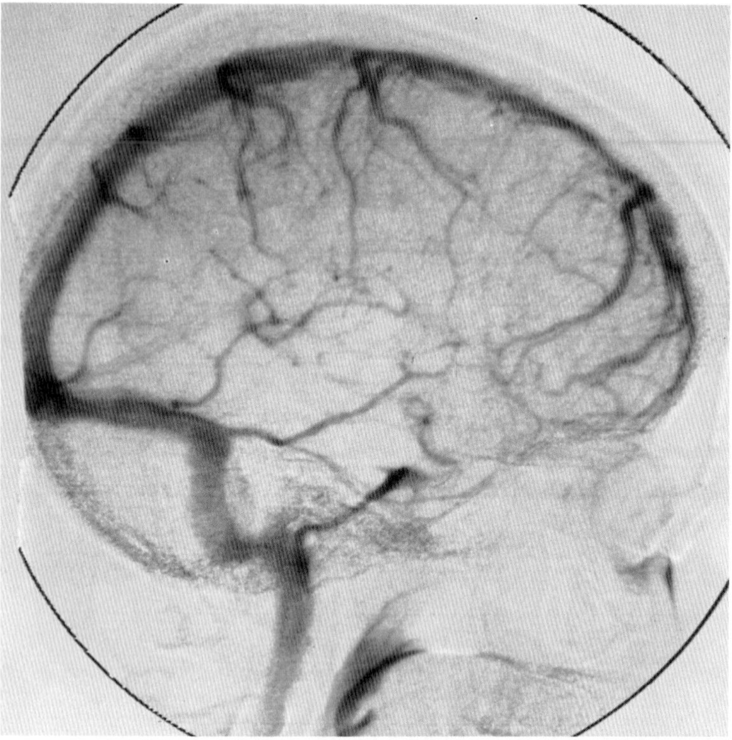

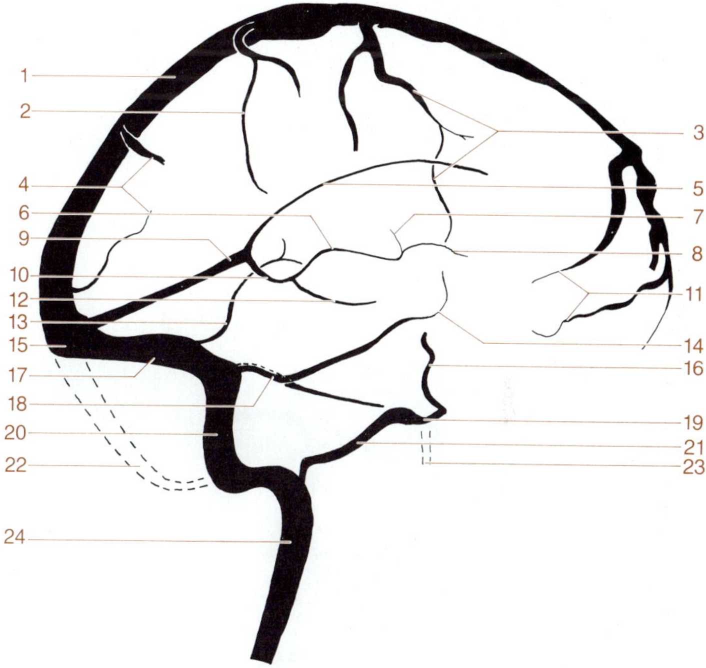

1 Sinus sagittalis superior
2 V. parietalis (Rolandi-Vene)
3 V. anastomotica superior (Trolard-Vene)
4 Vv. occipitales
5 Sinus sagittalis inferior
6 V. cerebri interna
7 Vv. thalamostritae superiores
8 V. septi pellucidi
9 Sinus rectus
10 V. cerebri magna (Galeni)
11 Vv. frontales ascendentes
12 V. basalis
13 V. anastomatica inferior (Labbé-Vene)
14 Vv. sulci lateralis cerebri (fossae Sylvii)
15 Confluens sinuum
16 Sinus cavernosus (vorderer Zufluß)
17 Sinus transversus
18 Sinus petrosus superior
19 Sinus cavernosus (hinterer Zufluß)
20 Sinus sigmoideus
21 Sinus petrosus inferior
22 Sinus occipitalis
23 Plexus pterygoideus
24 V. jugularis interna

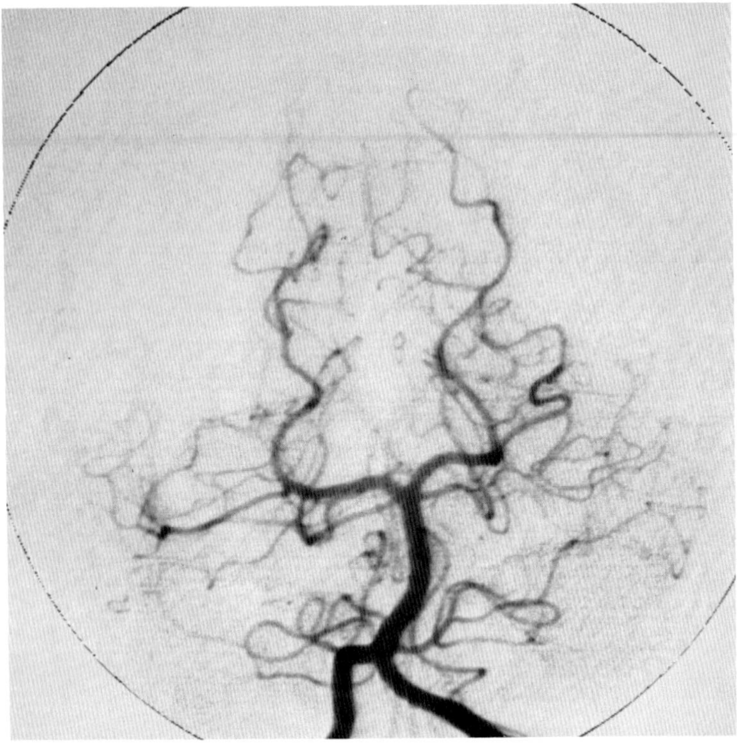

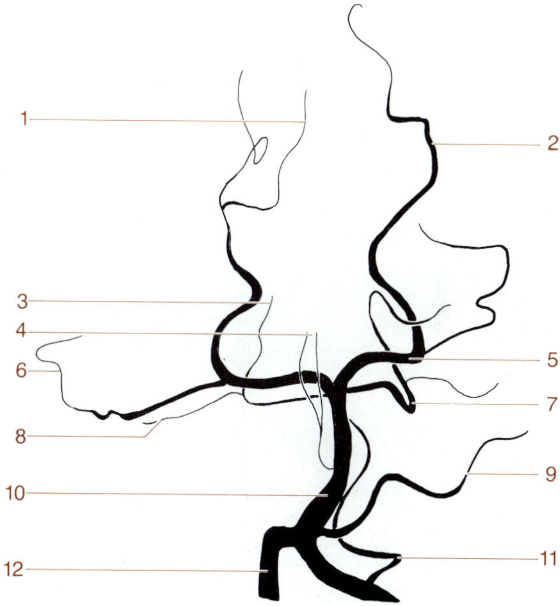

1 A. calcarina
2 A. parietooccipitalis
3 R. cranialis vermis
4 Aa. thalamoperforantes
5 A. cerebri posterior
6 A. temporooccipitalis
7 A. cerebelli superior
8 A. marginalis
9 A. cerebelli inferior anterior
10 A. basilaris
11 A. cerebelli inferior posterior
12 A. vertebralis

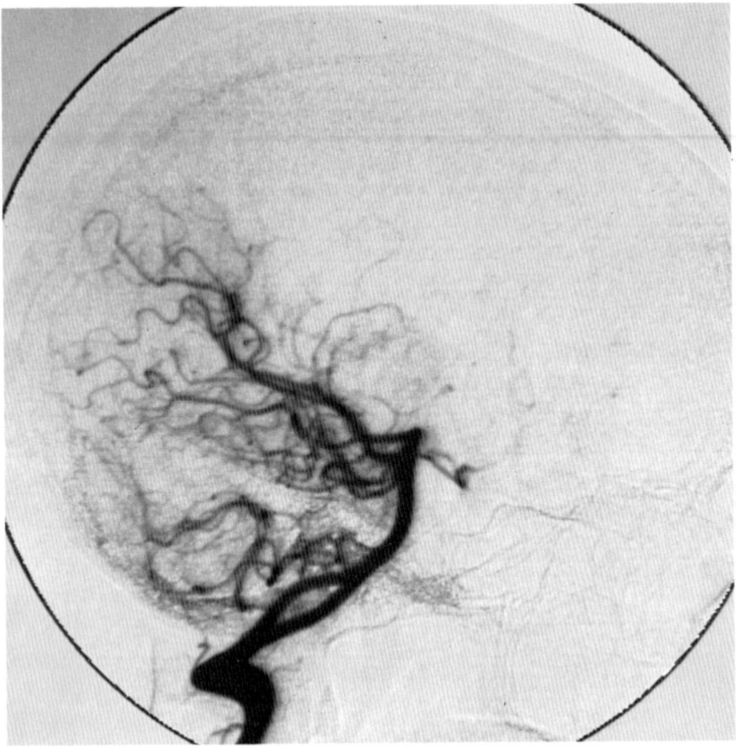

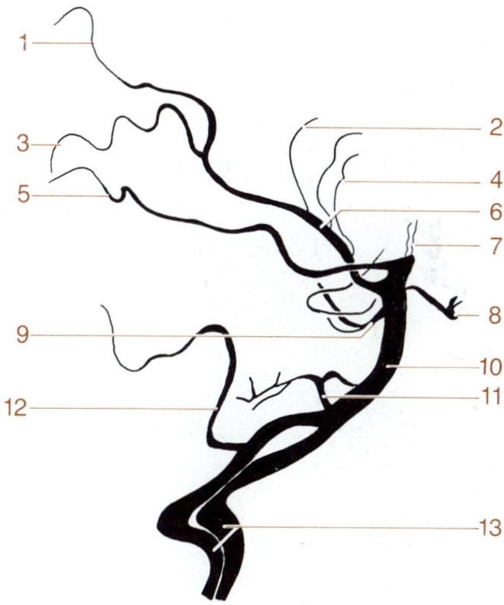

1 A. parietooccipitalis
2 R. corporis callosi dorsalis
3 A. calcarina
4 Aa. choroideae (posteriores, mediales und laterales)
5 A. temporooccipitalis
6 A. cerebri posterior
7 Rr. thalamici
8 A. communicans posterior
9 A. cerebelli superior
10 A. basilaris
11 A. cerebelli inferior anterior (AICA)
12 A. cerebelli inferior posterior (PICA)
13 Aa. vertebrales

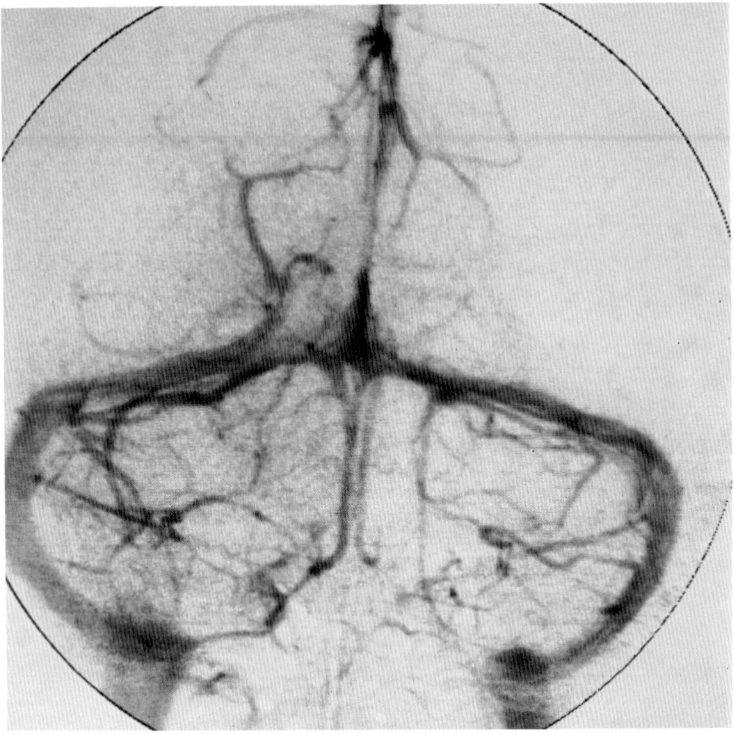

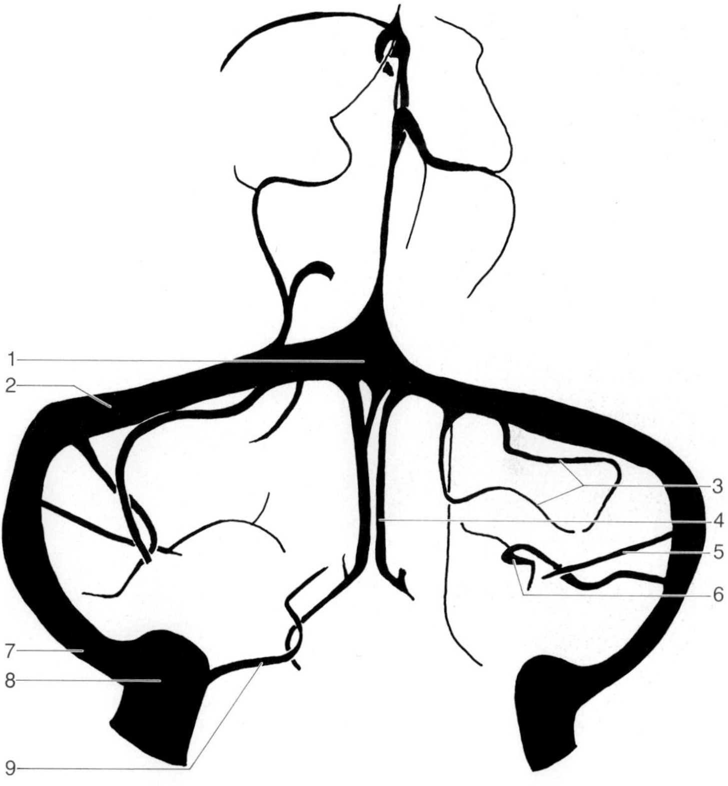

1 Confluens sinuum (Überlagerung mit V. magna cerebri)
2 Sinus transversus
3 Vv. hemisphaerii cerebelli (Hemisphärenvenen)
4 V. vermis inferior
5 V. inferior hemisphaerii cerebelli
6 V. petrosa (Einmündung in Sinus petrosus superior)
7 Sinus sigmoideus
8 Bulbus v. jugularis superior
9 Sinus petrosus inferior

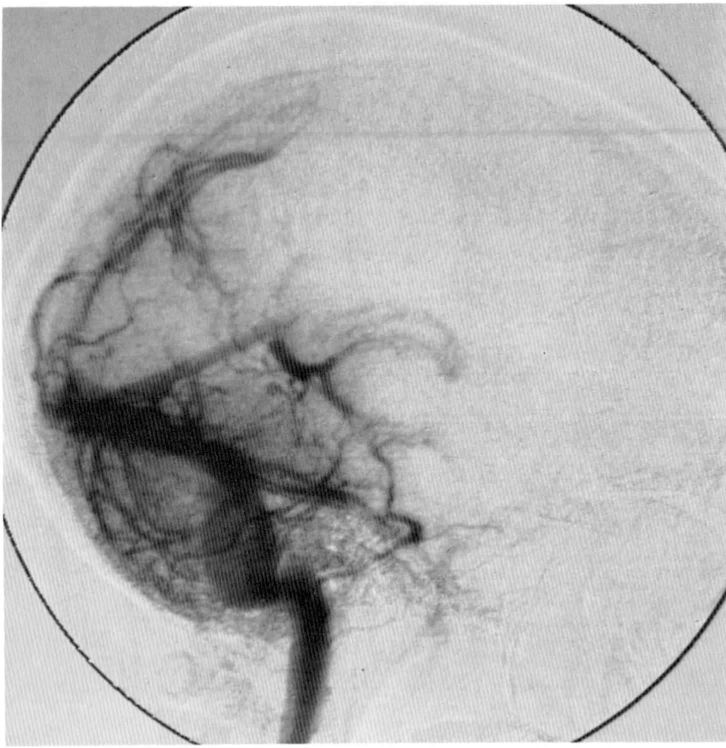

1 Vv. cerebelli superiores
2 V. cerebri magna
3 V. cerebri interna
4 Sinus rectus
5 V. basalis
6 V. praecentralis cerebelli
7 Confluens sinuum
8 Vv. inferiores hemisphaerii cerebelli
9 Sinus cavernosus
10 Vv. cerebelli inferiores
11 Sinus petrosus superior
12 Sinus petrosus inferior
13 Sinus sigmoideus

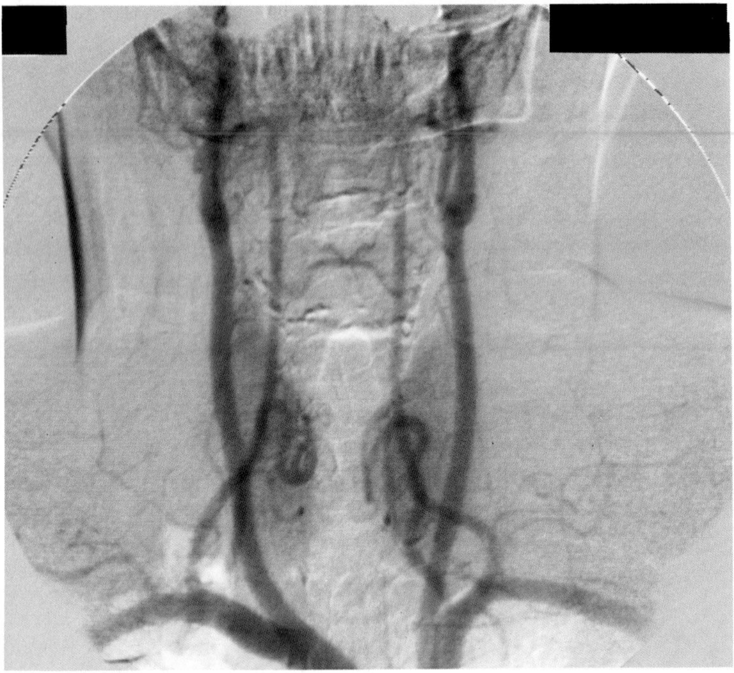

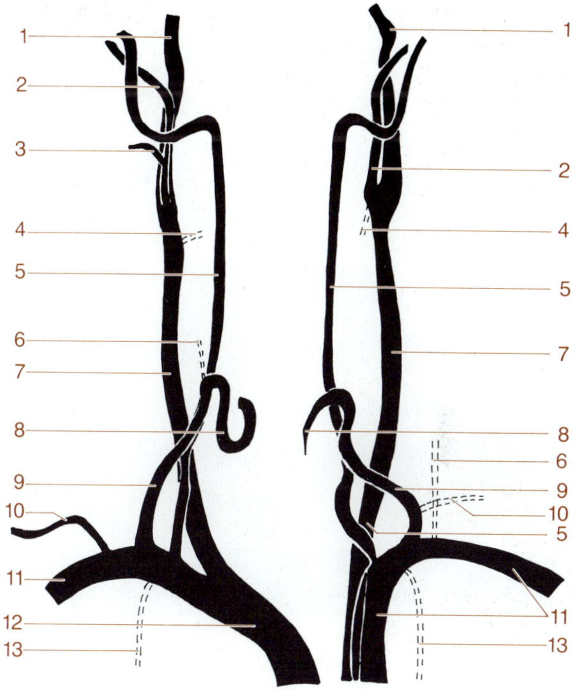

1 A. carotis interna
2 A. carotis externa
3 A. facialis
4 A. thyroidea superior
5 A. vertebralis
6 A. cervicalis ascendens
7 A. carotis communis
8 A. thyroidea inferior
9 Truncus thyrocervicalis
10 A. suprascapularis
11 A. subclavia
12 Truncus brachiocephalicus
13 A. thoracica interna

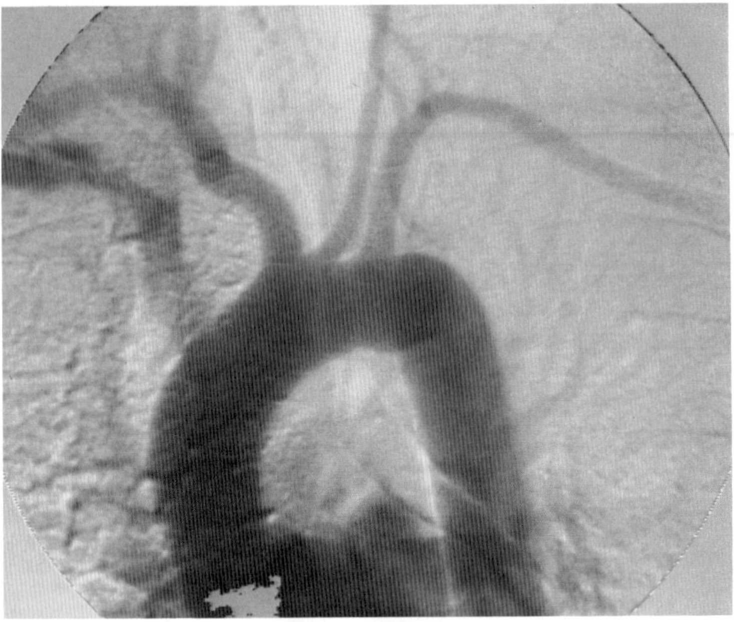

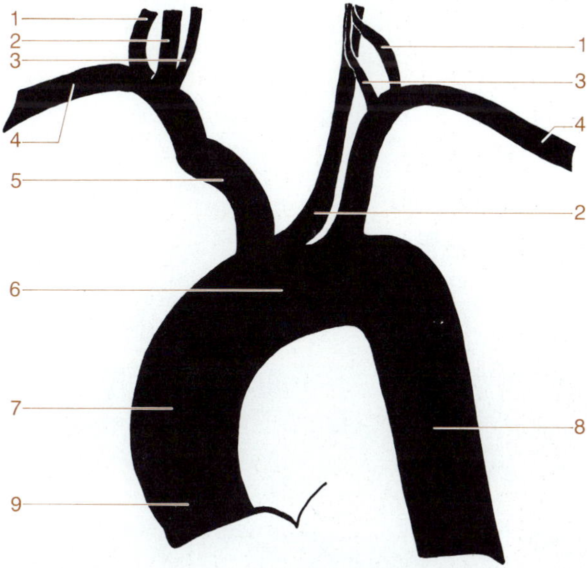

1 Truncus thyrocervicalis
2 A. carotis communis
3 A. vertebralis
4 A. subclavia
5 Truncus brachiocephalicus
6 Arcus aortae (Aortenbogen)
7 Pars ascendens aortae
8 Pars descendens aortae
9 Bulbus aortae

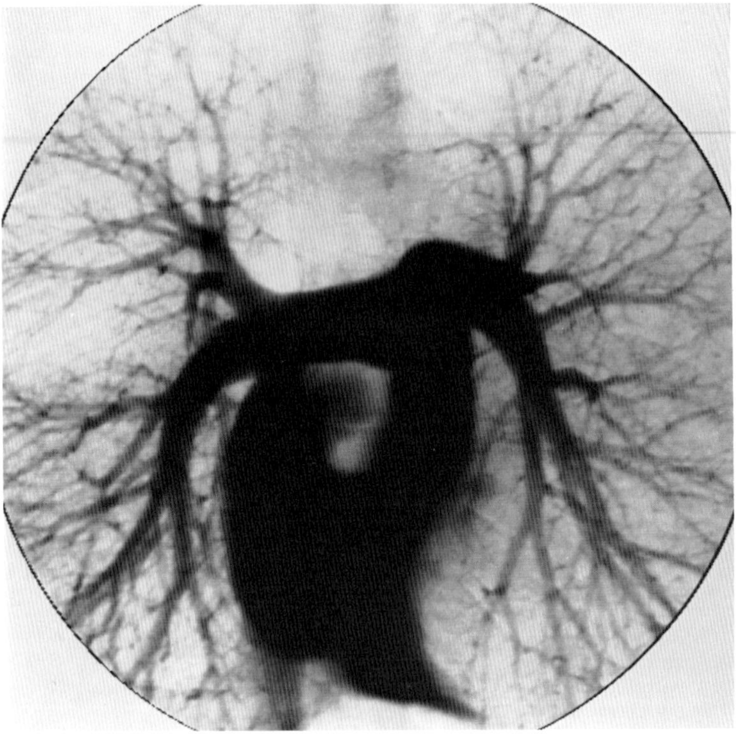

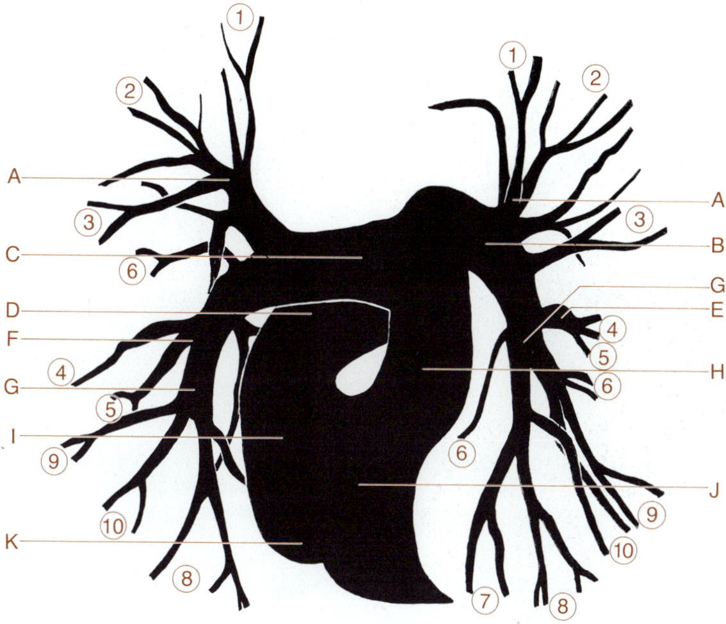

○ = Segmentarterien 1–10

A R. apicalis
B A. pulmonalis sinistra
C A. pulmonalis dextra
D V. cava superior
E R. lingularis
F R. lobi medii
G Pars basalis
H Truncus pulmonalis
I Atrium dextrum (rechter Vorhof)
J Ventriculus dexter (rechter Ventrikel)
K V. cava inferior

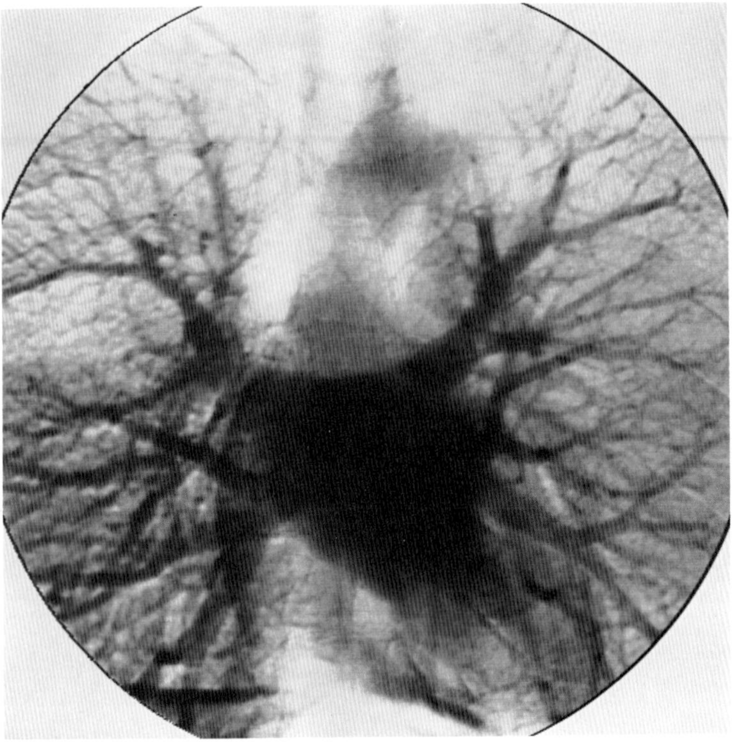

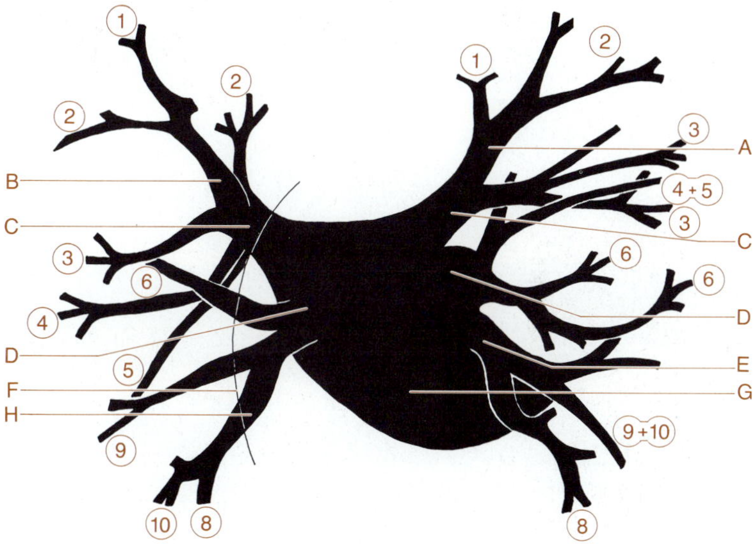

○ = Segmentvenen 1–10

A R. apicoposterior
B R. apicalis
C V. pulmonalis superior
D V. pulmonalis inferior
E V. basalis communis
F Kontur des Atrium dextrum (rechten Vorhofes)
G Atrium sinistrum (linker Vorhof)
H V. basalis inferior

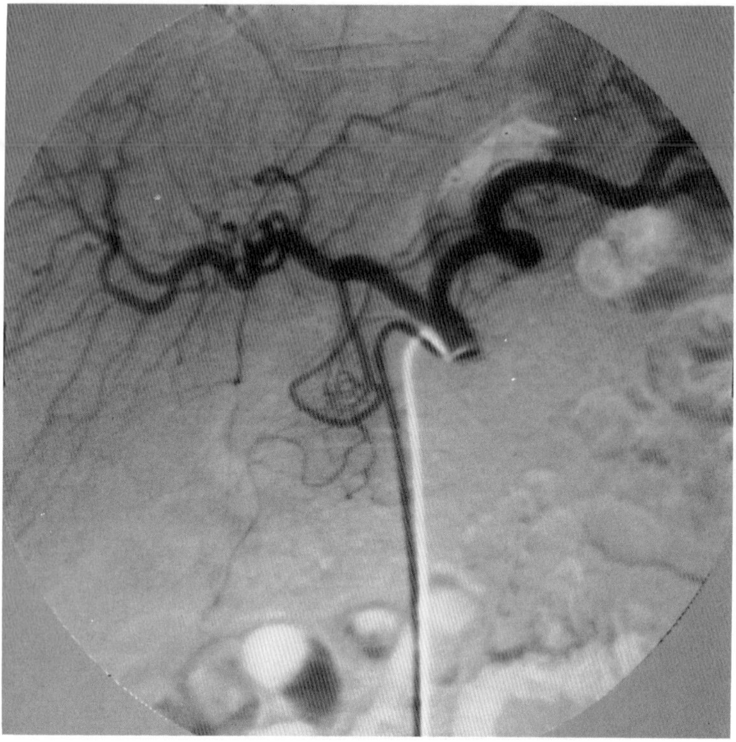

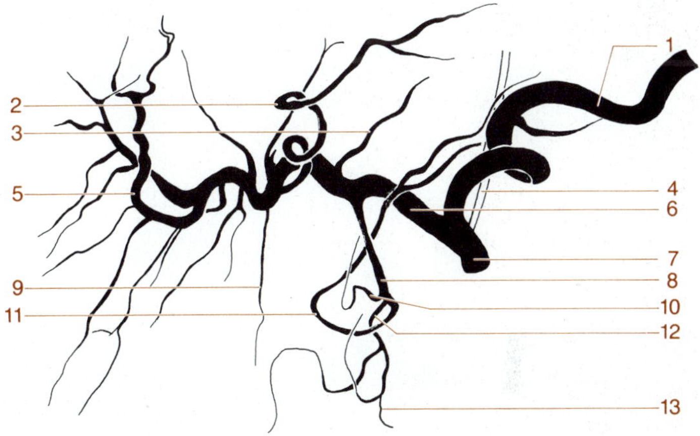

1 A. lienalis
2 R. sinister der A. hepatica propria
3 A. gastrica dextra
4 A. gastrica sinistra
5 R. dexter der A. hepatica propria
6 A. hepatica communis
7 Truncus zoeliakus
8 A. gastroduodenalis
9 A. cystica
10 A. supraduodenalis superior
11 A. gastroepiploica dextra
12 A. pancreaticoduodenalis superior
13 A. pancreaticoduodenalis inferior (Anastomose zur A. mesenterica superior)

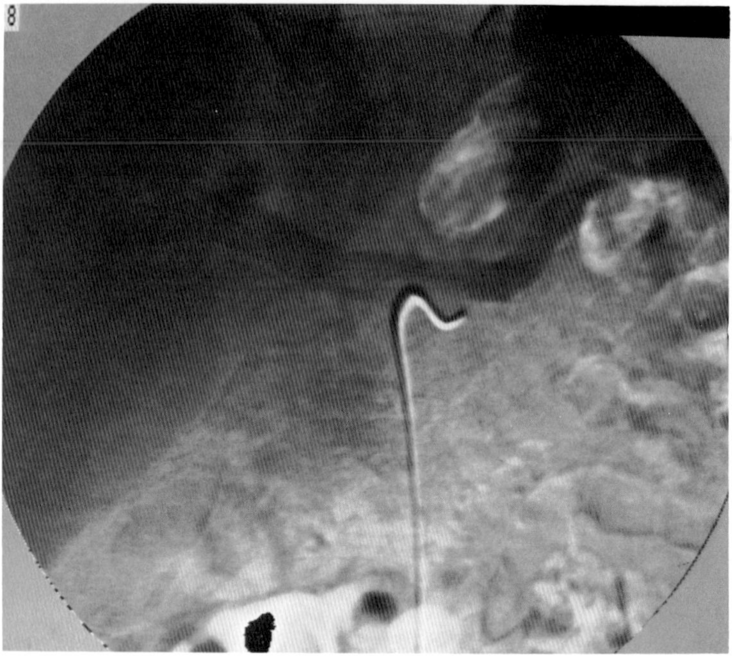
8

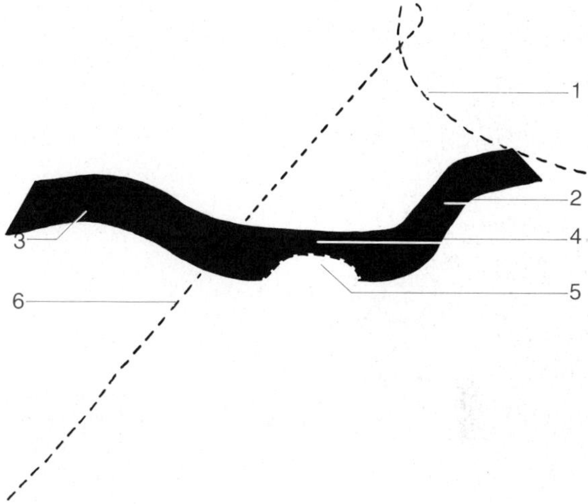

1 Milzschatten
2 V. lienalis
3 V. portae hepatis
4 Konfluenz
5 Aussparung durch Einmündung der V. mesenterica superior
6 Leberschatten

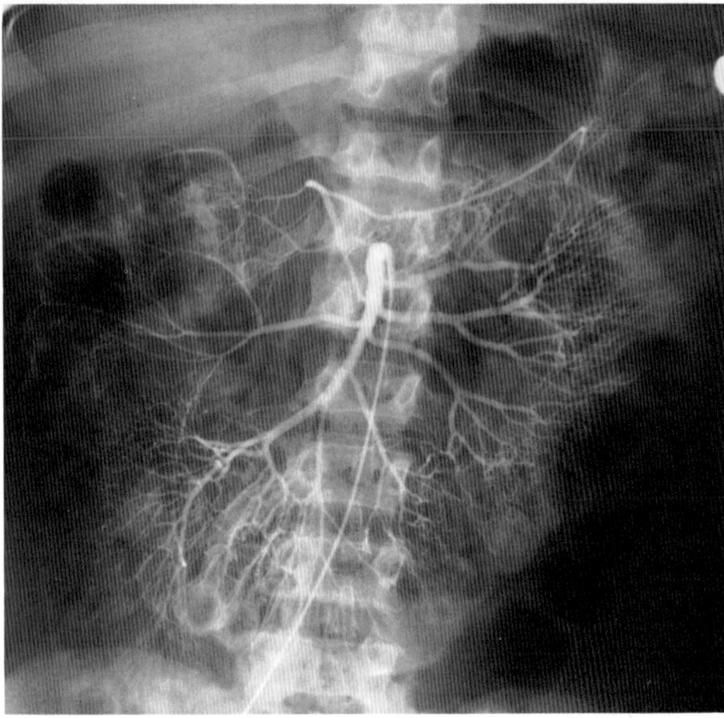

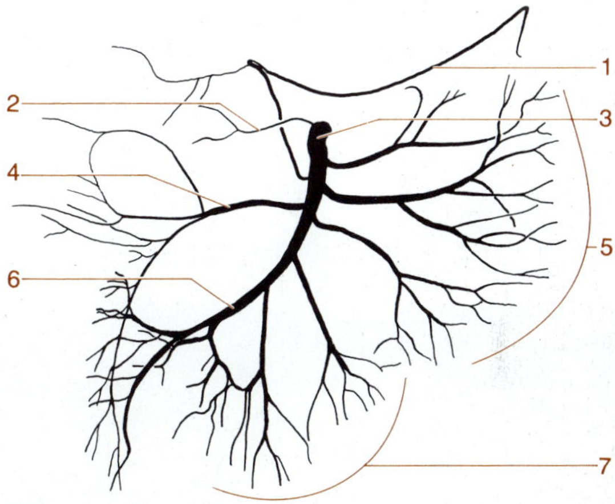

1 A. colica media
2 A. pancreaticoduodenalis inferior
3 A. mesenterica superior
4 A. colica dextra
5 Aa. jejunales
6 A. ileocolica
7 Aa. ileales

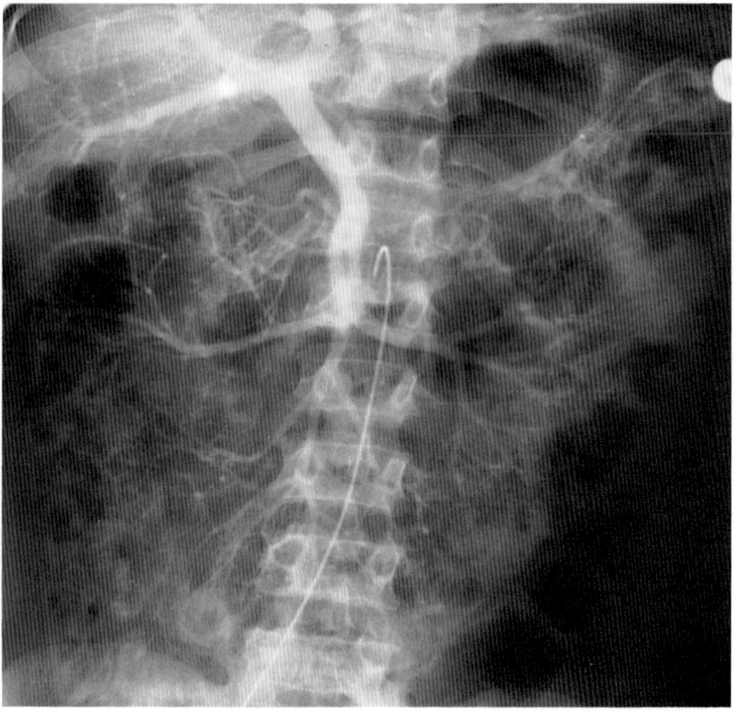

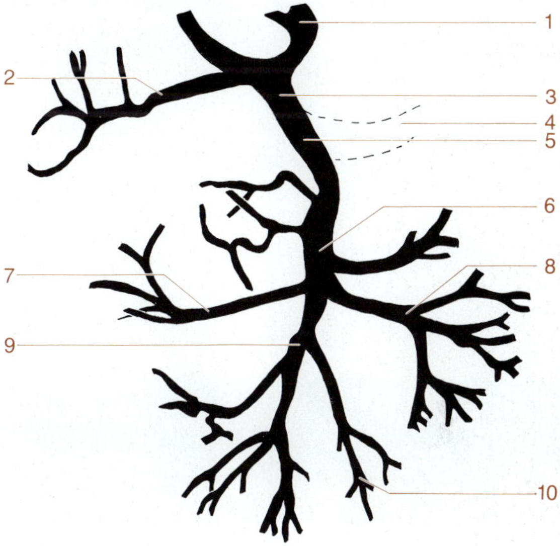

1 R. sinister V. portae hepatis
2 R. dexter V. portae hepatis
3 V. portae hepatis
4 V. lienales
5 Konfluenz
6 V. mesenterica superior
7 V. colica dextra
8 Vv. jejunales
9 V. ileocolica
10 Vv. ileales

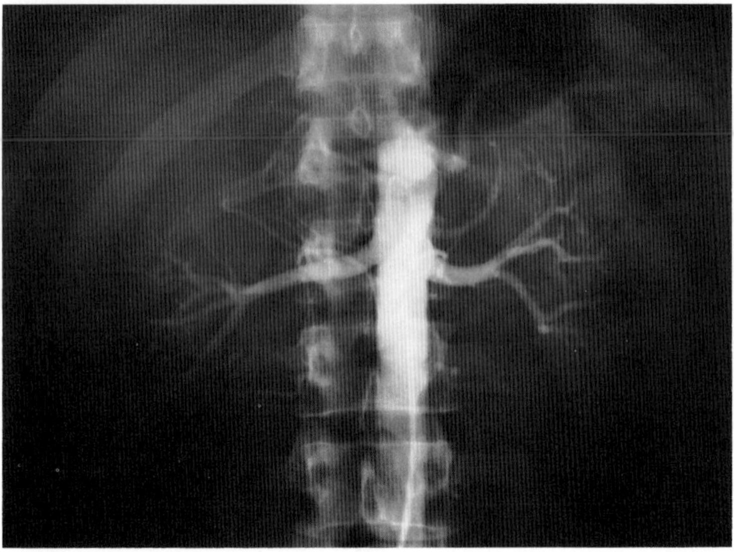

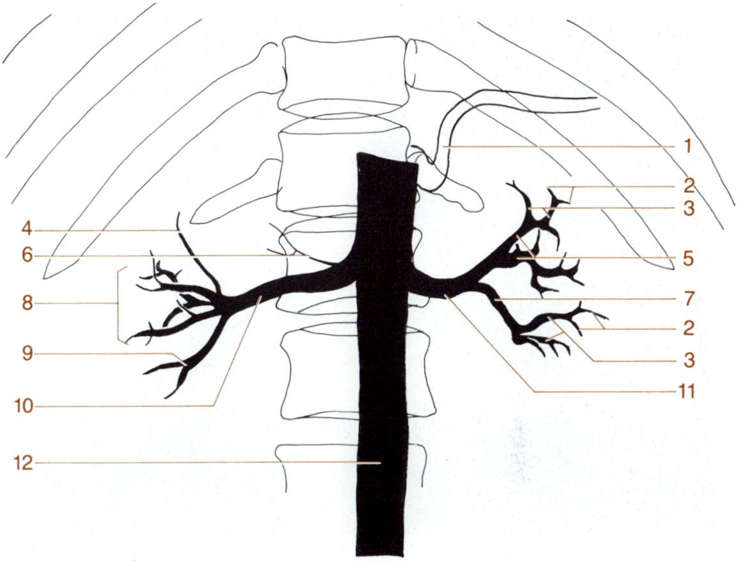

1 A. lienalis
2 Aa. arcuatae
3 Aa. interlobares
4 obere Segmentarterie
5 Aa. segmentales (R. anterior)
6 A. suprarenalis inferior
7 Aa. segmentales (R. posterior)
8 Mittelsegmentarterie
9 untere Segmentarterie
10 A. renalis dextra
11 A. renalis sinistra
12 Pars abdominalis aortae (Bauchaorta)

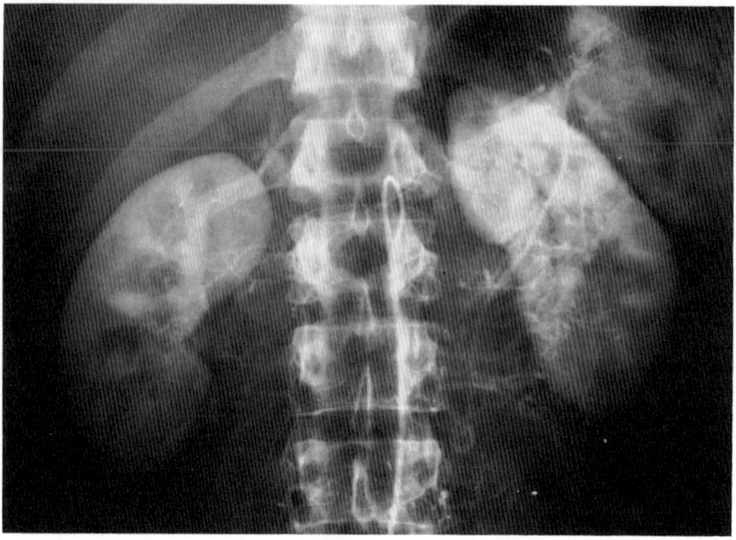

1 V. interlobaris (Interlobärvene)
2 oberer Ast der V. renalis (Nierenvene)
3 V. arcuata
4 V. renalis sinistra (linke Nierenvene)
5 V. renalis dextra (rechte Nierenvene)

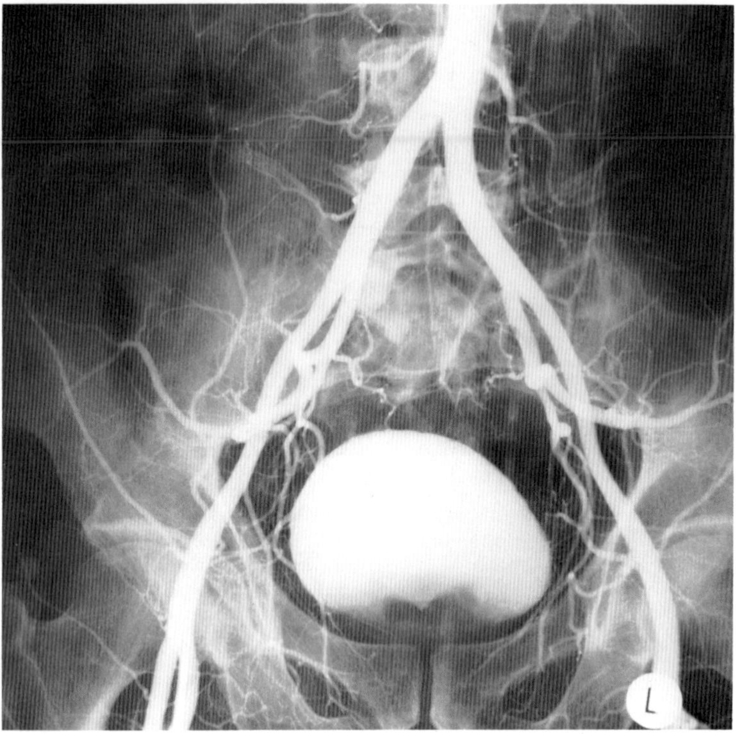
L

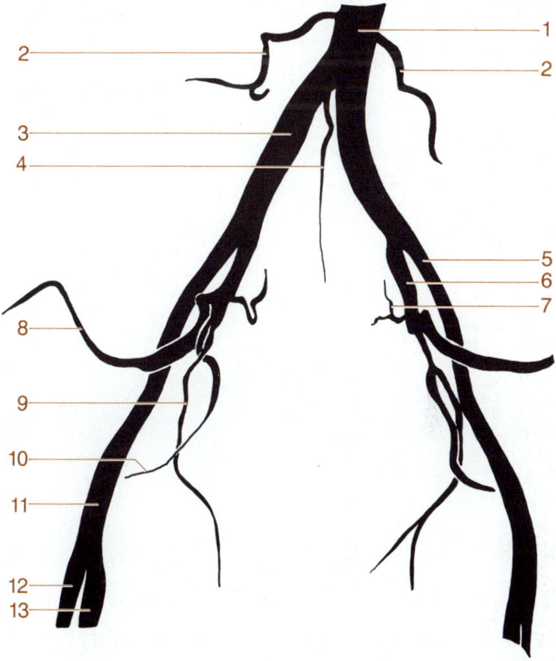

1 Pars abdominalis aortae
2 A. lumbalis
3 A. iliaca communis
4 A. sacralis mediana
5 A. iliaca externa
6 A. iliaca interna
7 A. sacralis lateralis
8 A. glutaealis superior
9 A. obturatoria
10 A. glutaealis inferior
11 A. femoralis communis
12 A. profunda femoris
13 A. femoralis superficialis

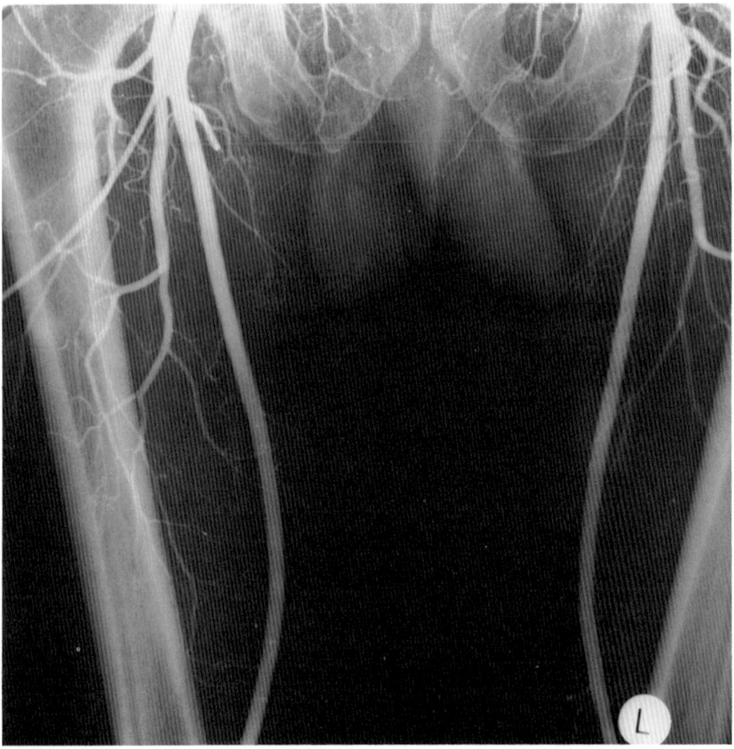
L

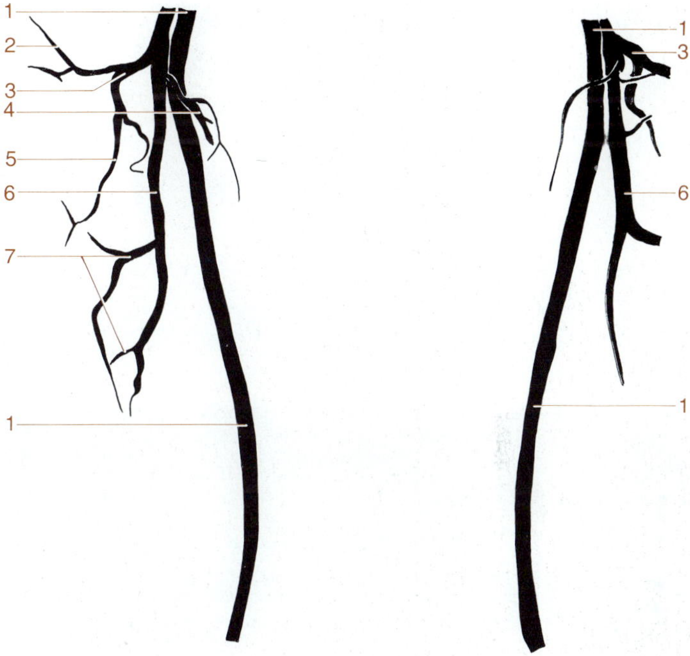

1 A. femoralis superficialis
2 R. ascendens der A. circumflexa femoris lateralis
3 A. circumflexa femoris lateralis
4 A. circumflexa femoris medialis
5 R. descendens der A. circumflexa femoris lateralis
6 A. profunda femoris
7 A. perforans

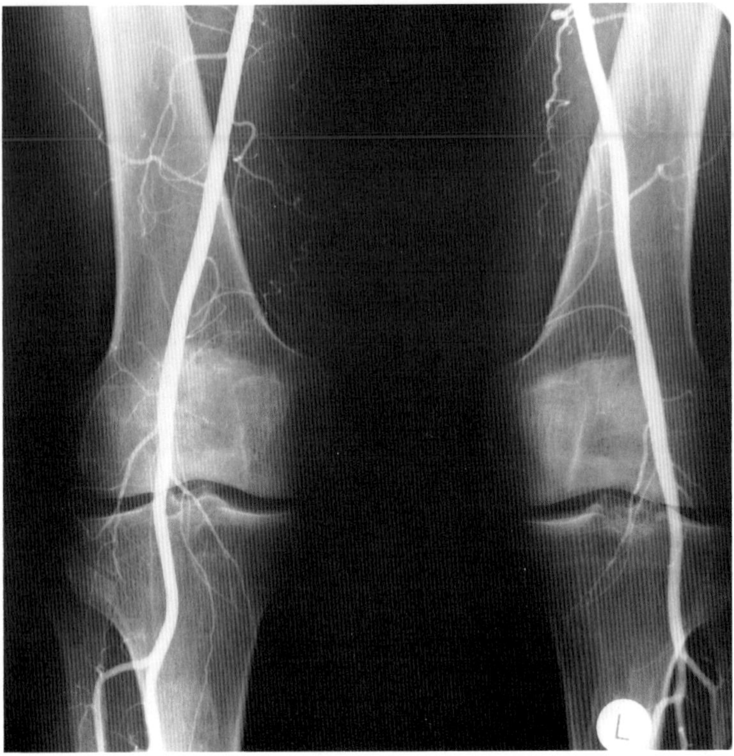
L

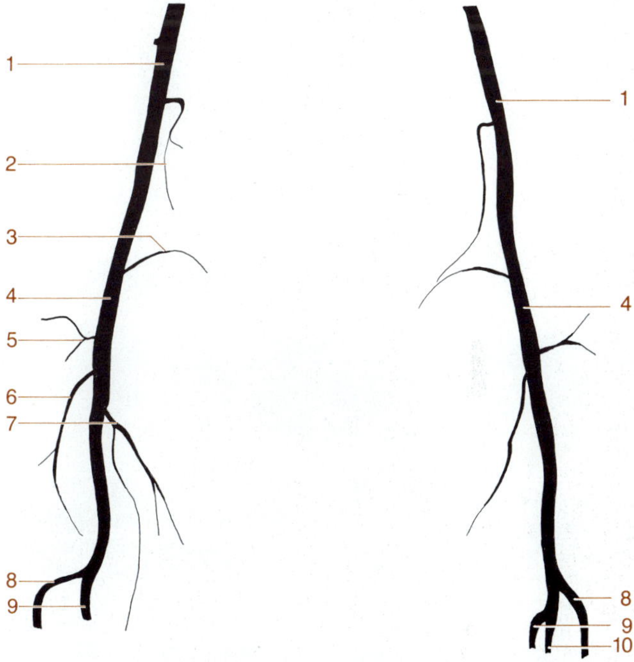

1 A. femoralis superficialis
2 A. genus descendens
3 A. genus superior medialis
4 A. poplitea
5 A. genus superior lateralis
6 A. genus media
7 A. genus inferior medialis
8 A. tibialis anterior
9 A. tibialis posterior
10 A. fibularis

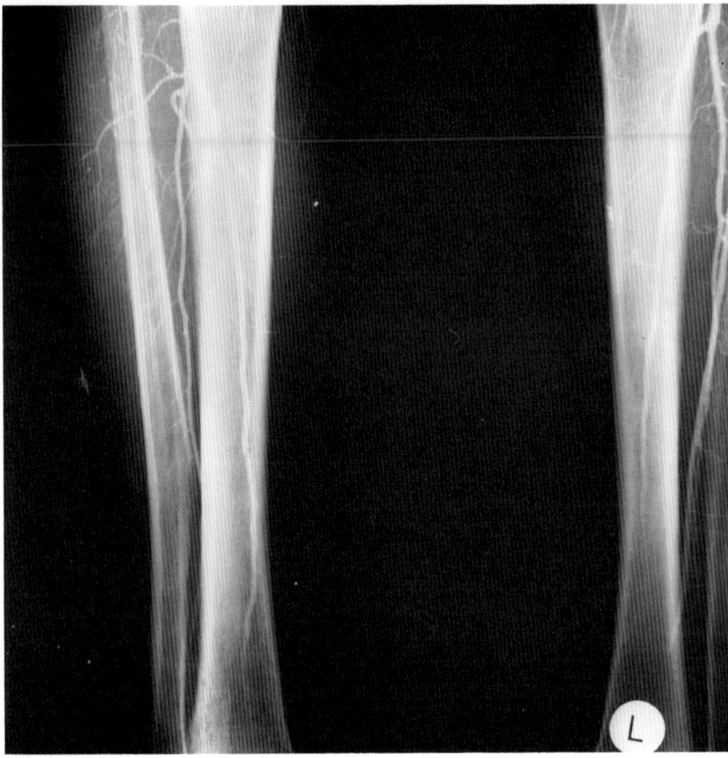
L

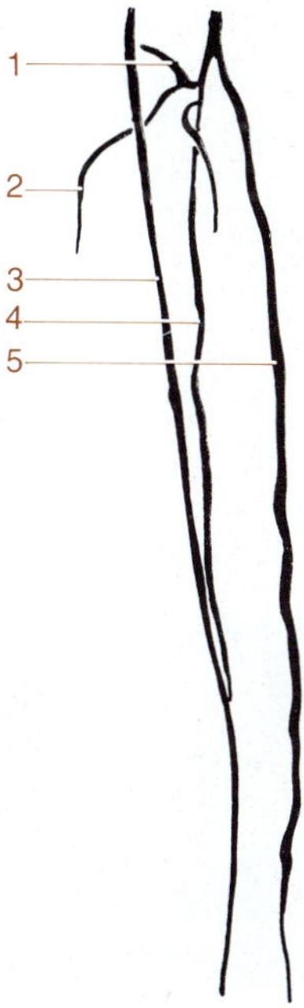

1 R. circumflexus fibularis
2 R. muscularis
3 A. tibialis anterior
4 A. fibularis (A. peronaea)
5 A. tibialis posterior

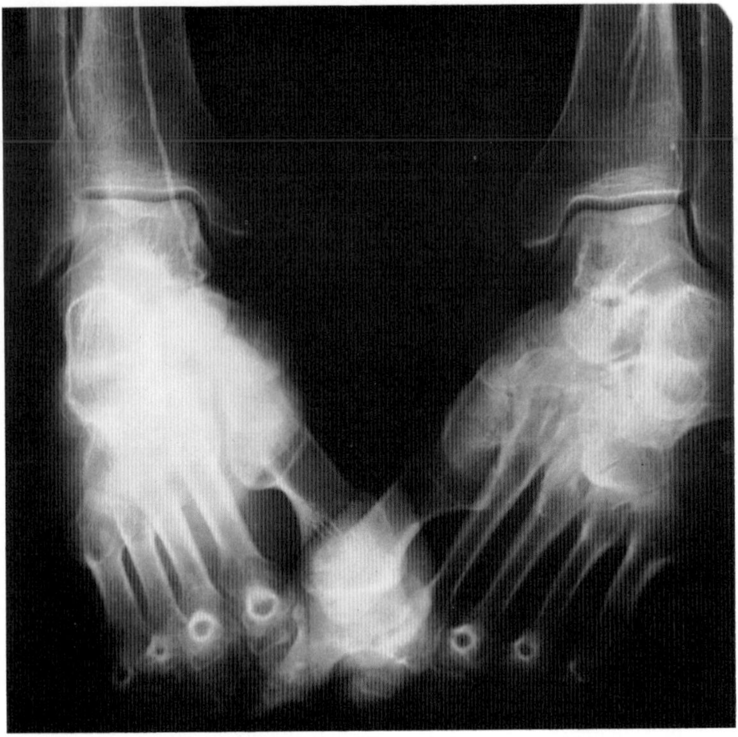

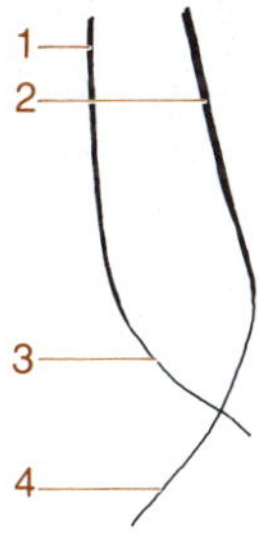

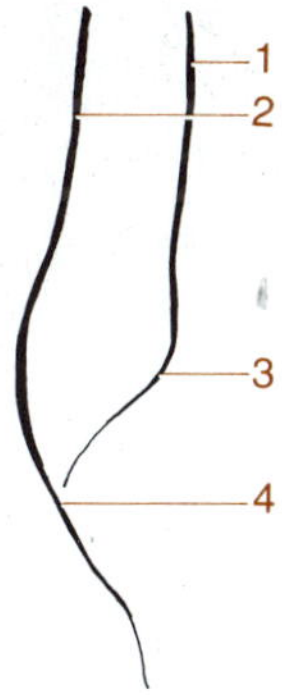

1 A. tibialis anterior
2 A. tibialis posterior
3 A. dorsalis pedis
4 A. plantaris

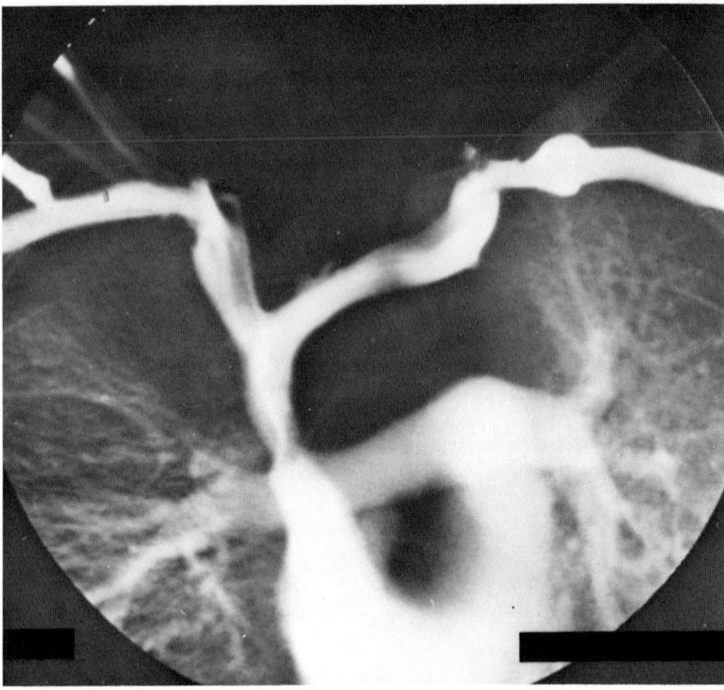

1 V. jugularis interna
2 V. jugularis externa
3 V. cephalica
4 V. subclavia
5 V. brachiocephalica sinistra
6 V. thyroidea ima
7 Angulus venosus
8 V. brachiocephalica dextra
9 V. azygos
10 V. cava superior
11 Truncus pulmonalis
12 A. pulmonalis dextra
13 A. pulmonalis sinistra
14 Conus arteriosus
15 Atrium dextrum (rechter Vorhof)
16 Ventriculus dexter (rechter Ventrikel)

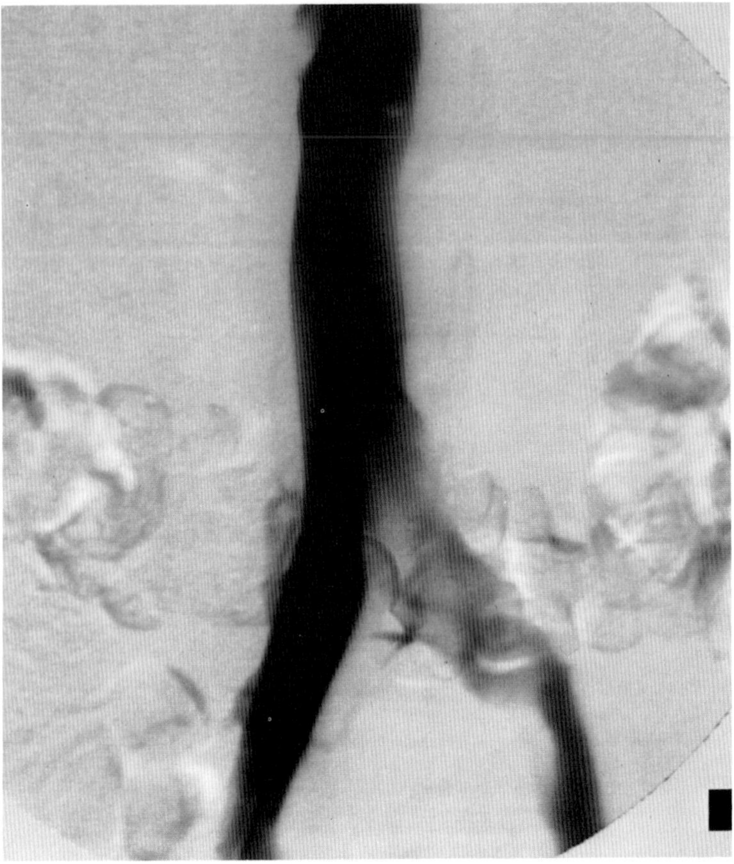

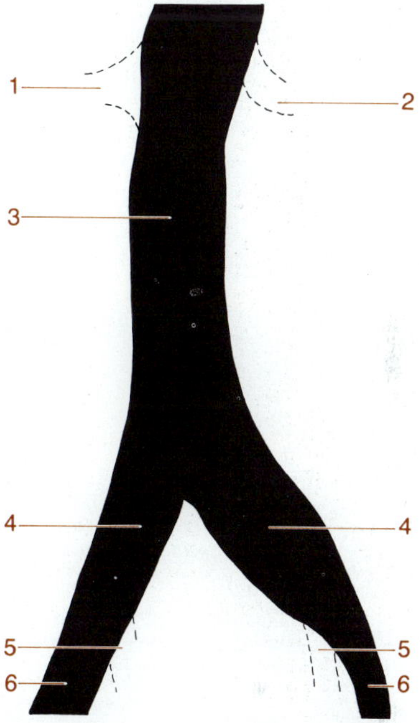

1 V. renalis dextra
2 V. renalis sinistra
3 V. cava inferior
4 V. iliaca communis
5 V. iliaca interna
6 V. iliaca externa

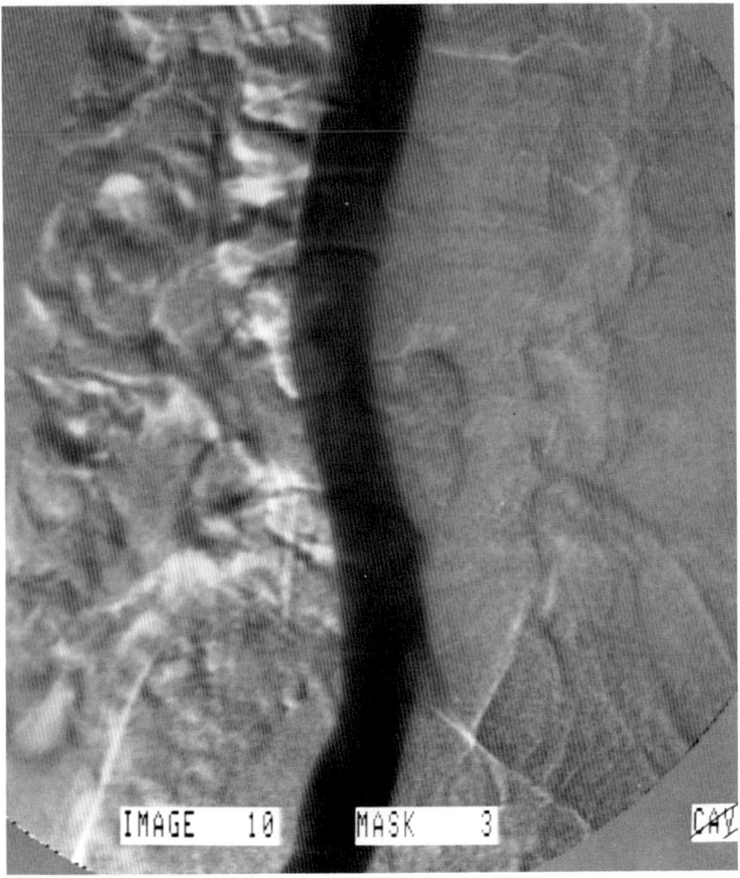
IMAGE 10
MASK 3
CAV

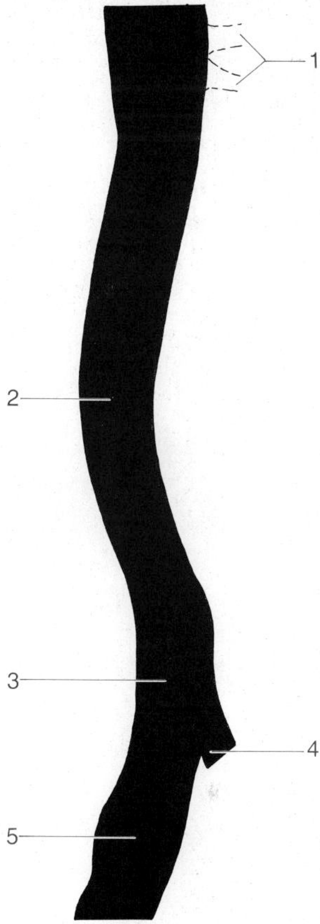

1 Vv. renales
2 V. cava inferior
3 V. iliaca communis
4 V. iliaca interna
5 V. iliaca externa

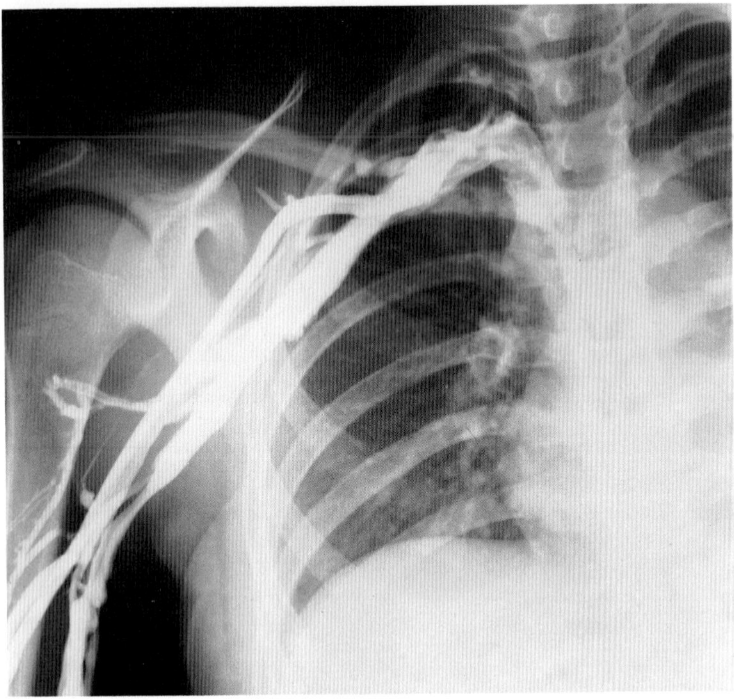

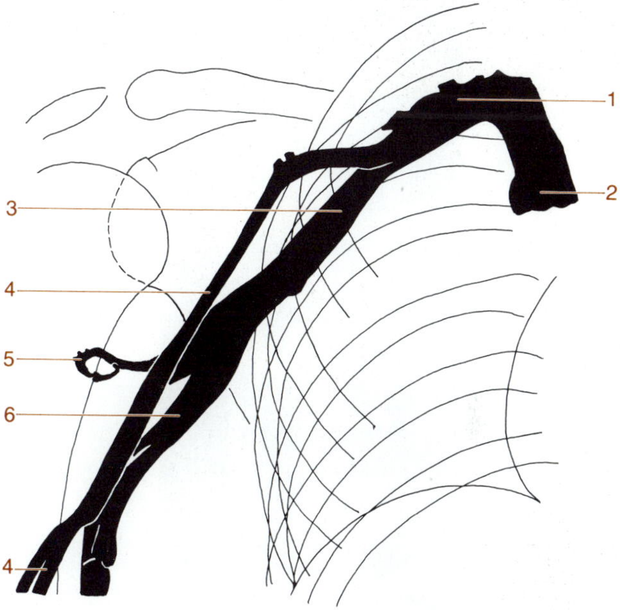

1 V. subclavia
2 V. cava superior
3 V. axillaris
4 V. cephalica
5 Vv. profundae brachii
6 Vv. brachiales

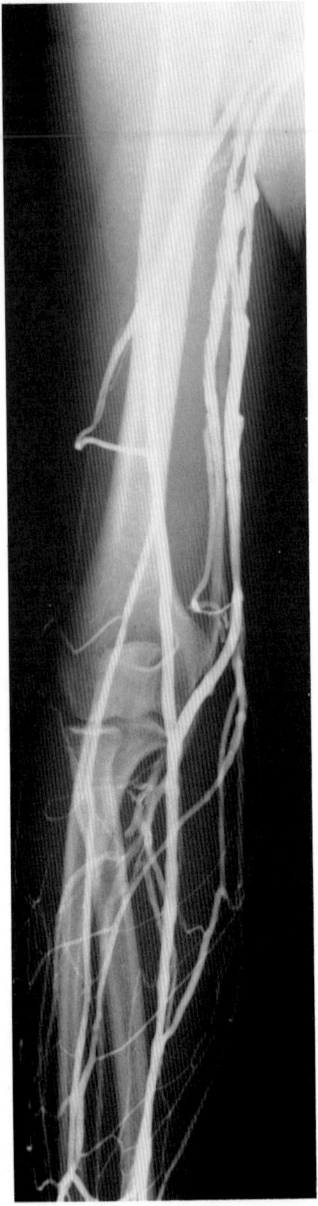

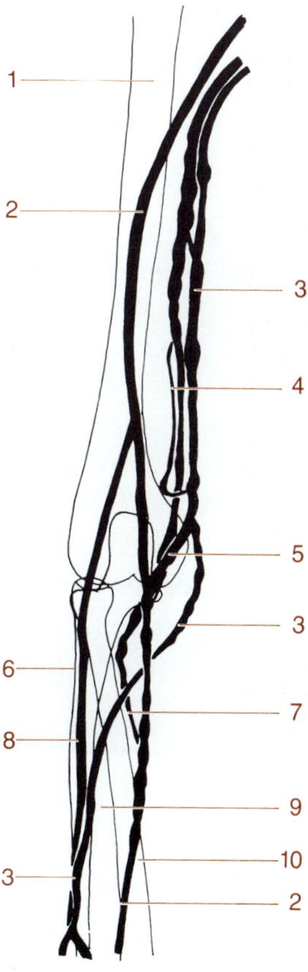

Pronation

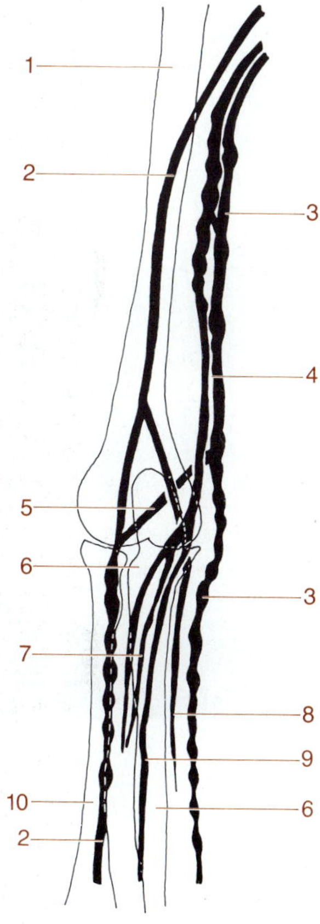

Supination

1 Humerus
2 V. cephalica
3 V. basilica
4 Vv. brachiales
5 V. mediana cubiti

6 Ulna
7 Vv. radiales
8 Vv. ulnares
9 V. mediana antebrachii
10 Radius

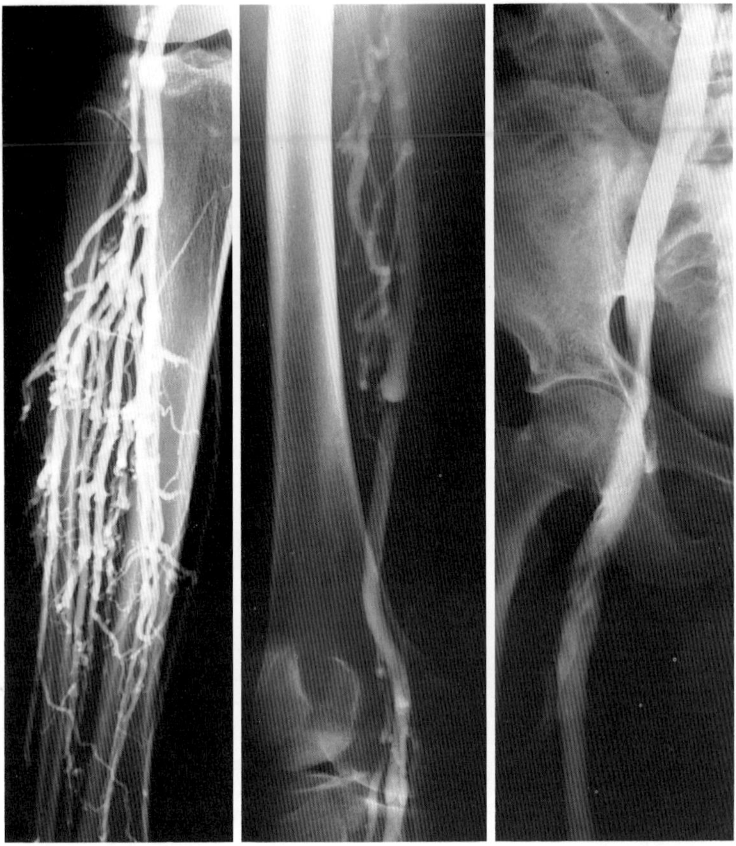

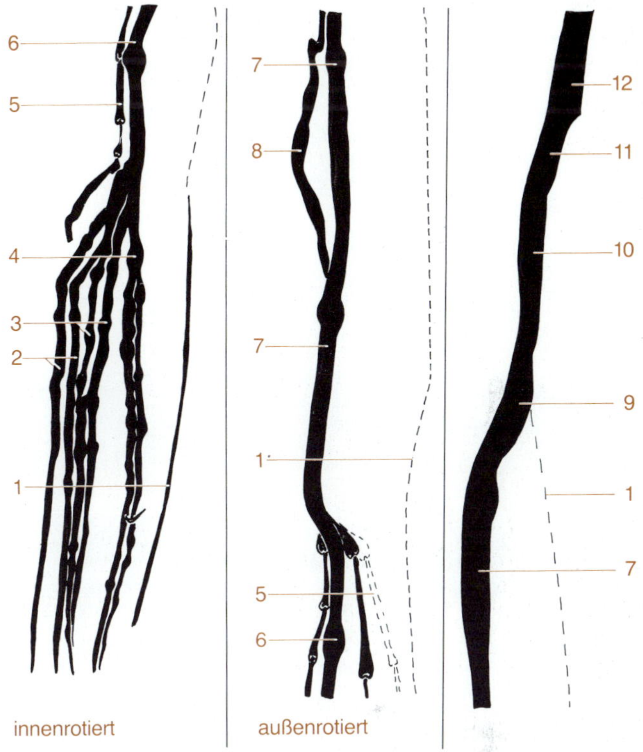

1 V. saphena magna
2 Vv. tibiales anteriores
3 Vv. fibulares
4 Vv. tibiales posteriores
5 V. saphena parva
6 V. poplitea
7 V. femoralis superficialis
8 V. profunda femoris
9 V. femoralis communis
10 V. iliaca externa
11 V. iliaca communis
12 V. cava inferior

Spezialuntersuchungen

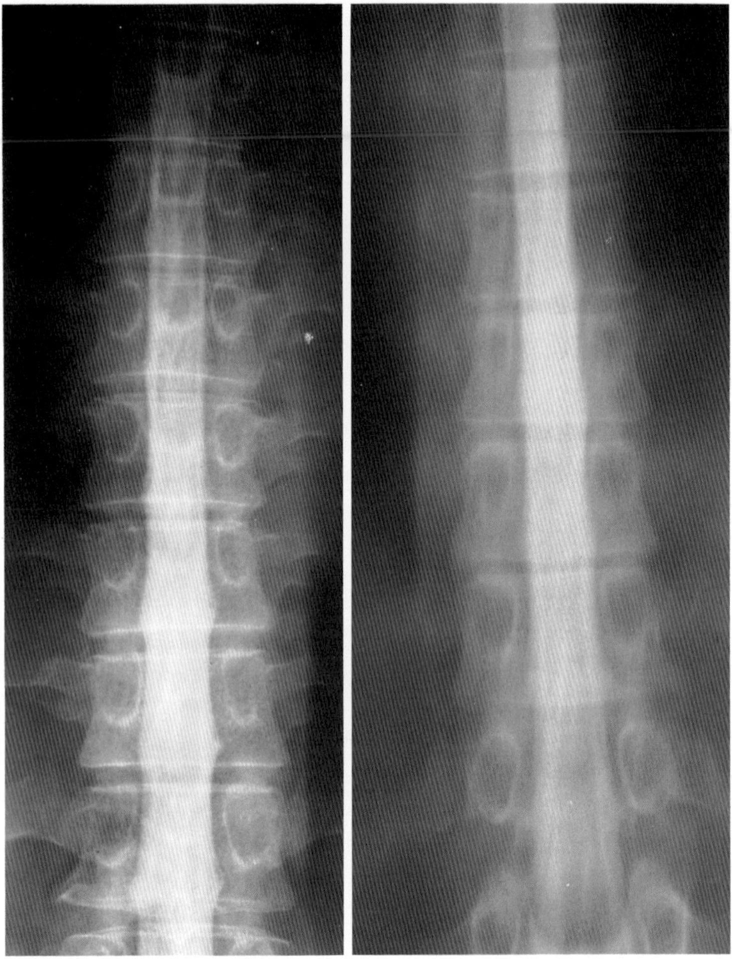

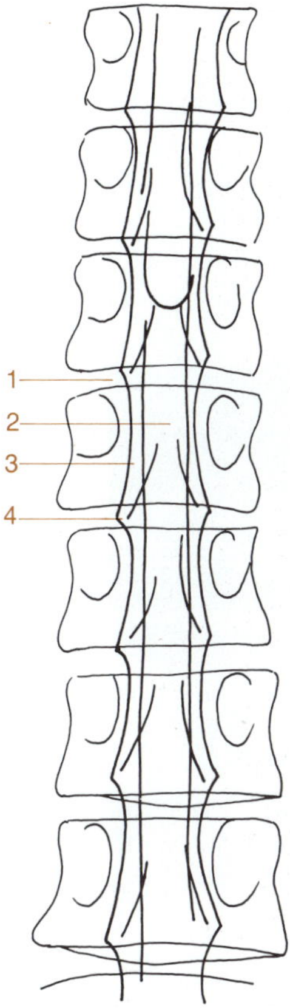

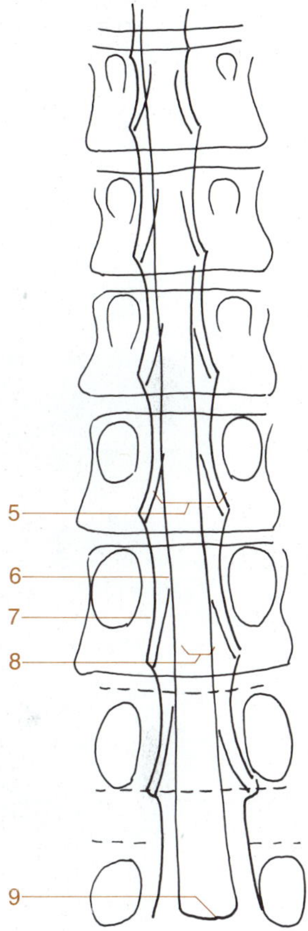

1 Discus intervertebralis (Bandscheibenfach)
2 Medulla spinalis (Myelon)
3 laterale Begrenzung des Duralsackes
4 Wurzeltasche
5 intradural
6 lateraler Subarachnoidalraum
7 extradural
8 intramedullär
9 Conus medullaris

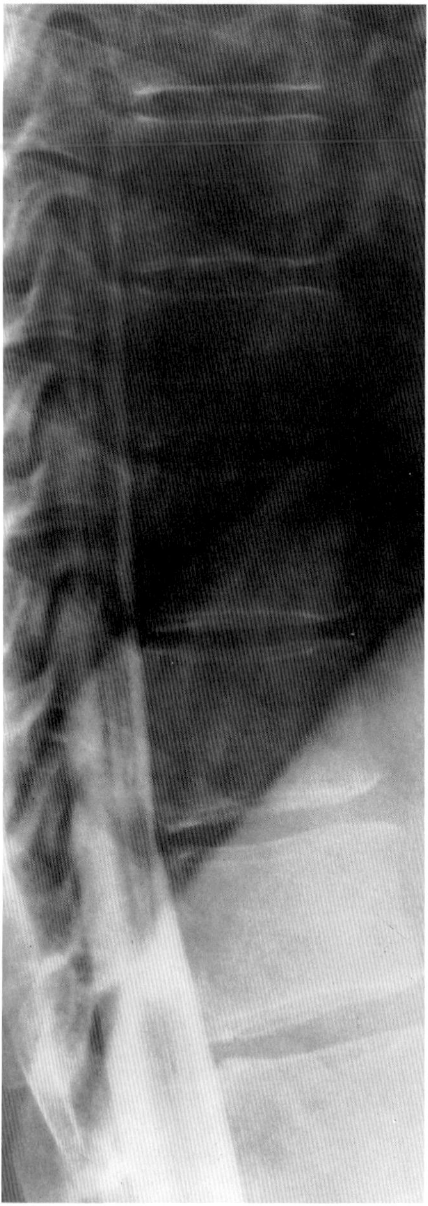

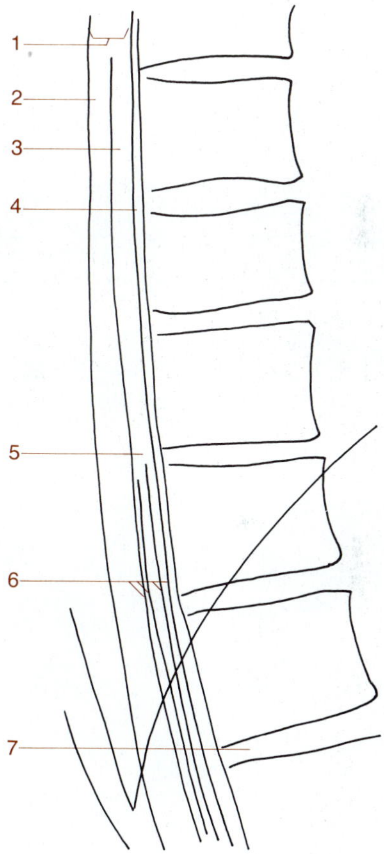

1 Duralsack
2 hinterer Subarachnoidalraum
3 Medulla spinalis (Myelon)
4 vorderer Subarachnoidalraum
5 Conus medullaris
6 Cauda equina
7 Discus intervertebralis (Bandscheibenfach)

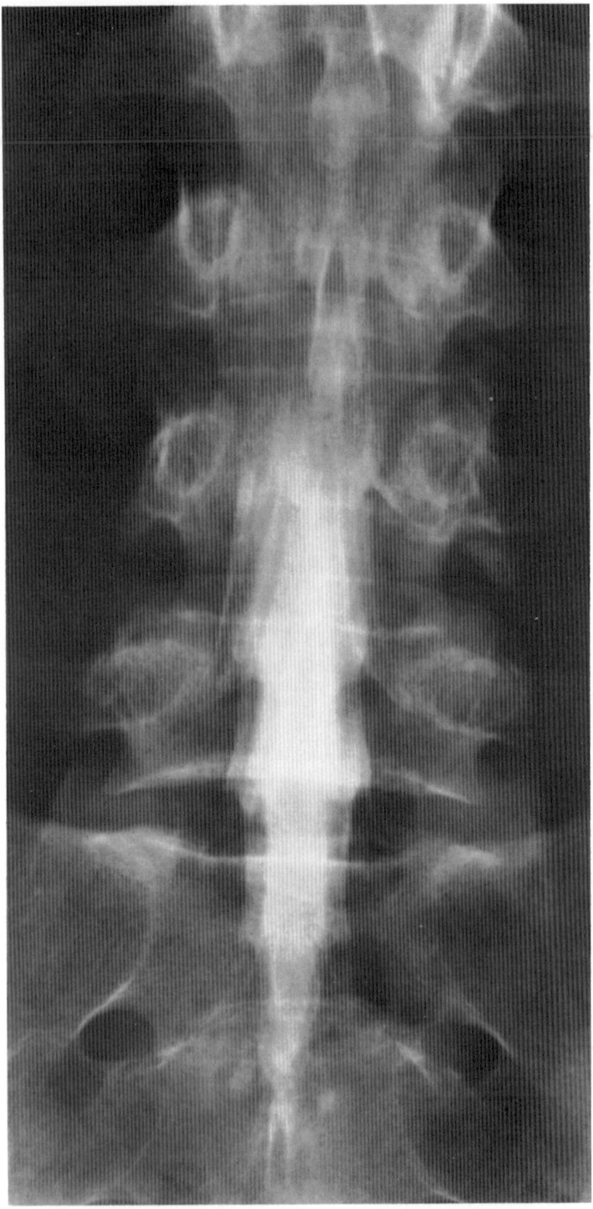

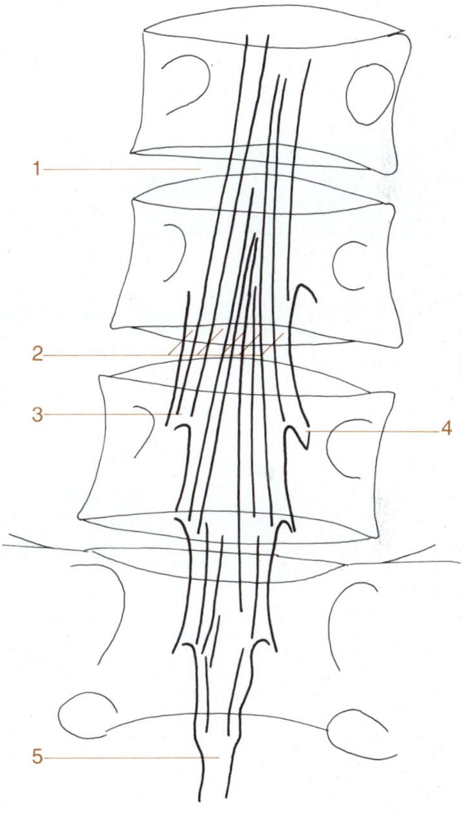

1 Discus intervertebralis (Bandscheibenfach)
2 Cauda equina
3 Wurzel des Spinalnerven im Subarachnoidalraum
4 Wurzeltasche
5 Duralsackende

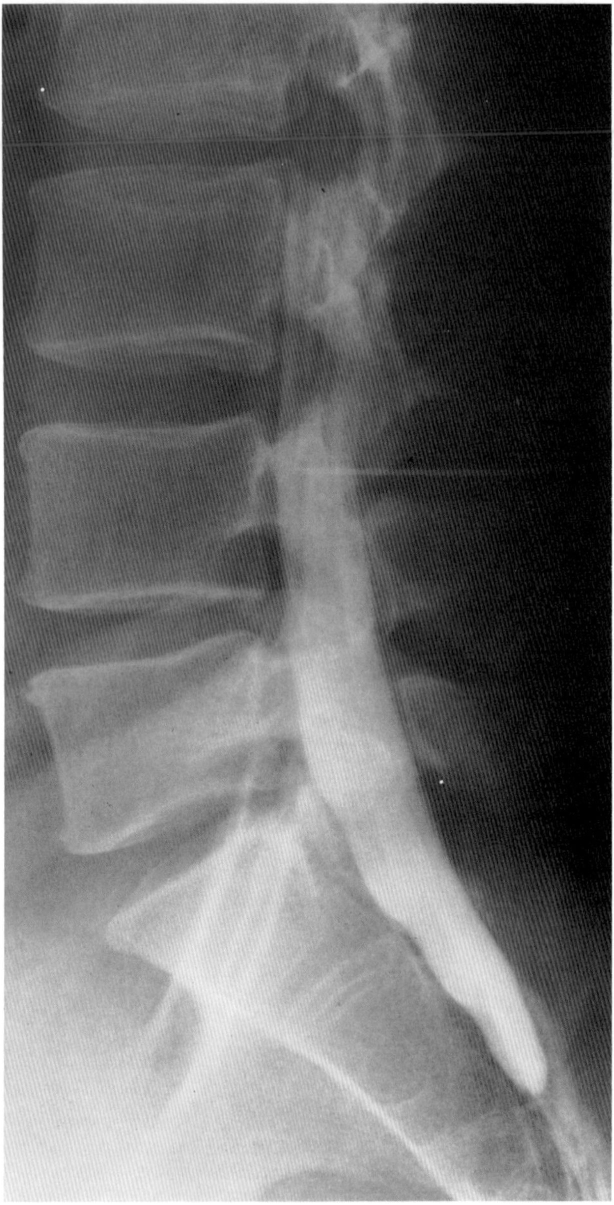

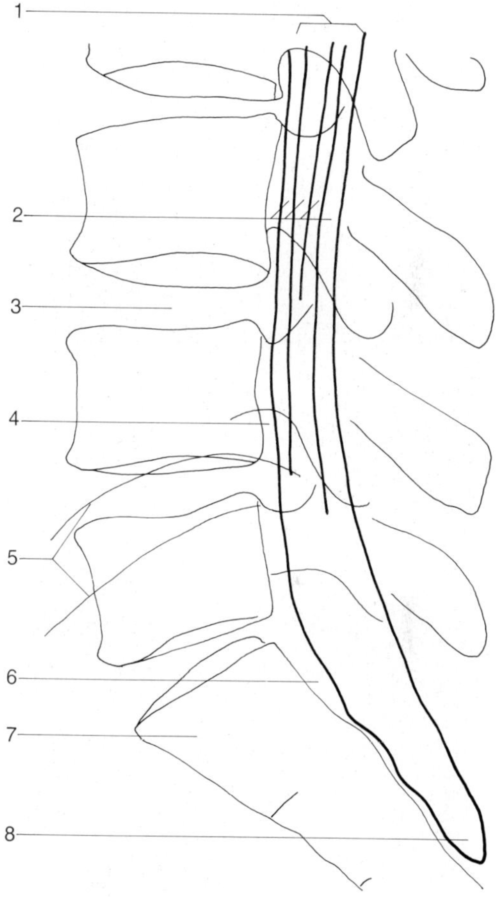

1 Duralsack
2 Cauda equina
3 Discus intervertebrale (Bandscheibenfach)
4 Foramen intervertebrale
5 Crista iliaca (Beckenkamm)
6 prädurales Fettgewebe
7 Os sacrum
8 Duralsackende

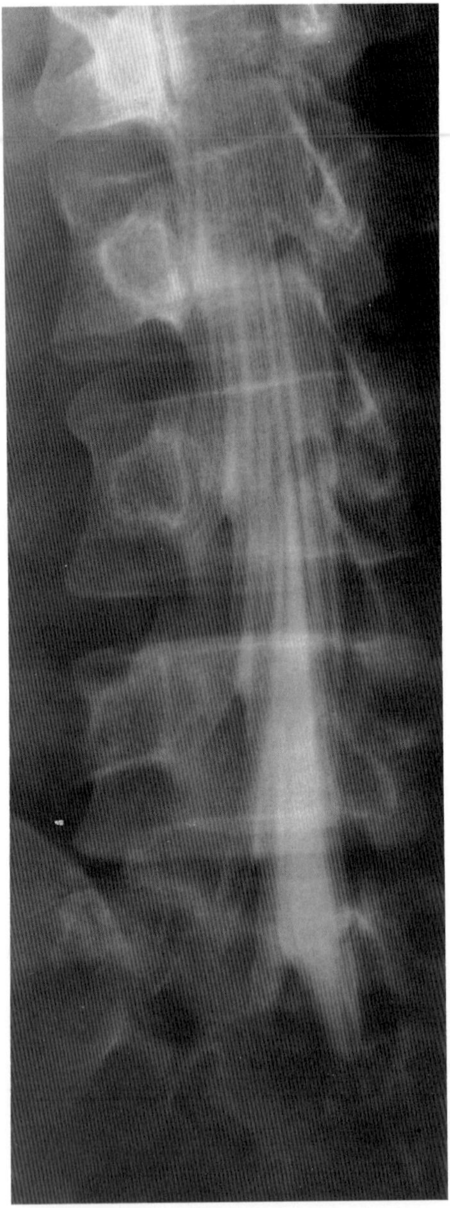

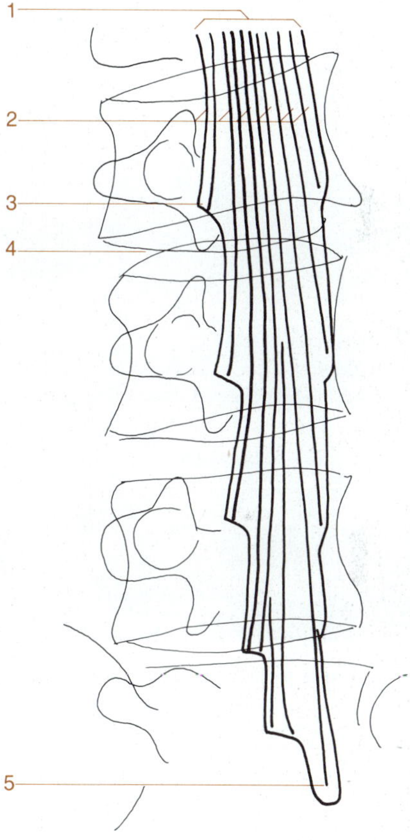

1 Duralsack
2 Cauda equina
3 Wurzeltasche L III

4 Discus intervertebralis (Bandscheibenfach) L III/L IV
5 Duralsackende (meist S I bzw. S II)

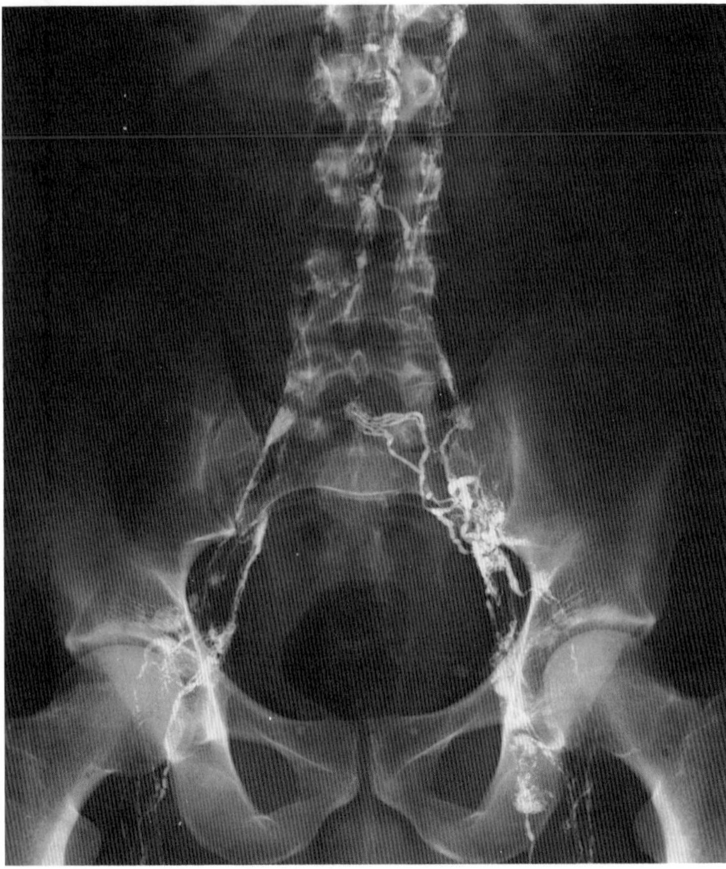

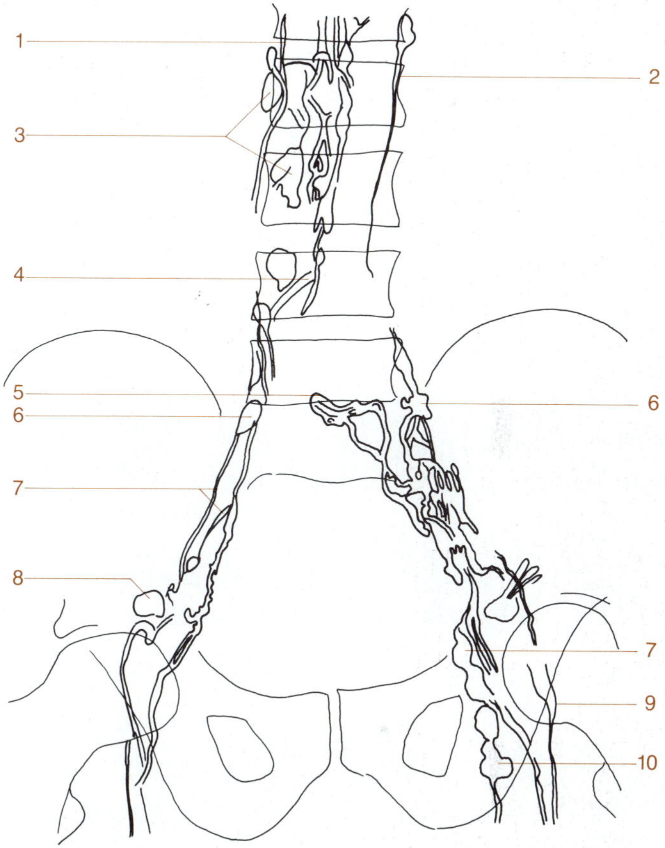

1 Truncus lumbaris dexter
2 Truncus lumbaris sinister
3 Nodi lymphatici lumbales
4 Crossing-over
5 Nodi lymphatici promontorii
6 Nodi lymphatici iliaci communes
7 Lymphbahnen der Nodi-lymphatici-iliaci-externi-Gruppe
8 Nodus lymphaticus lacunaris (lateralis)
9 Nodi lymphatici inguinales superficiales
10 Nodus lymphaticus inguinalis profundus

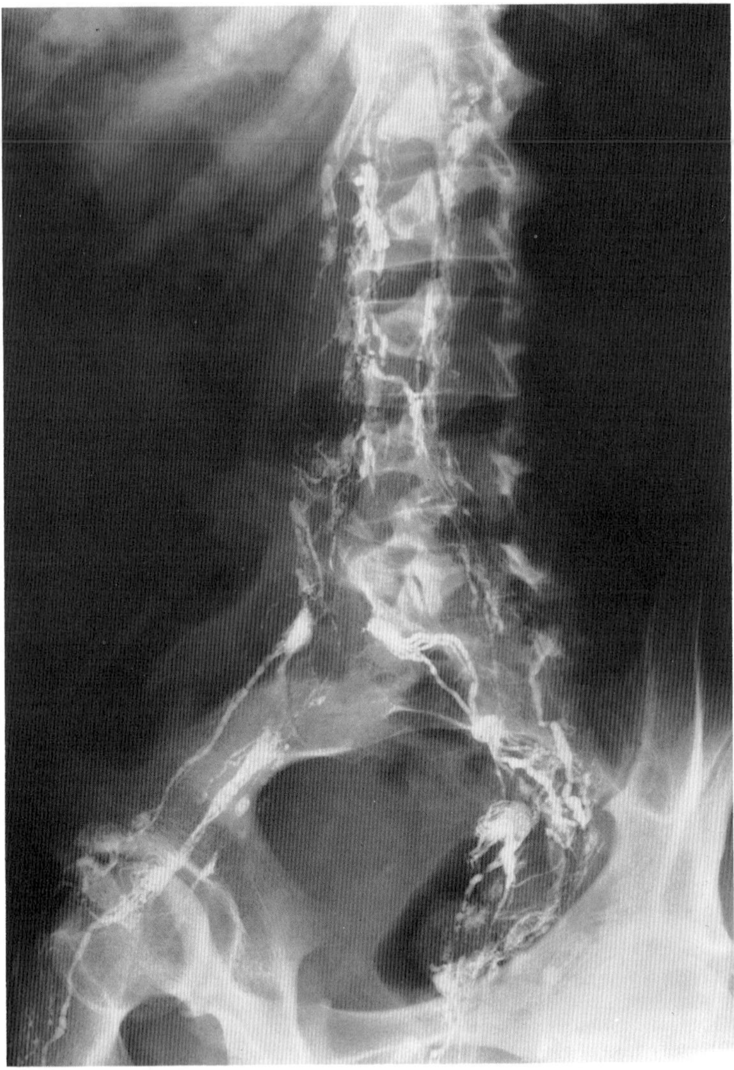

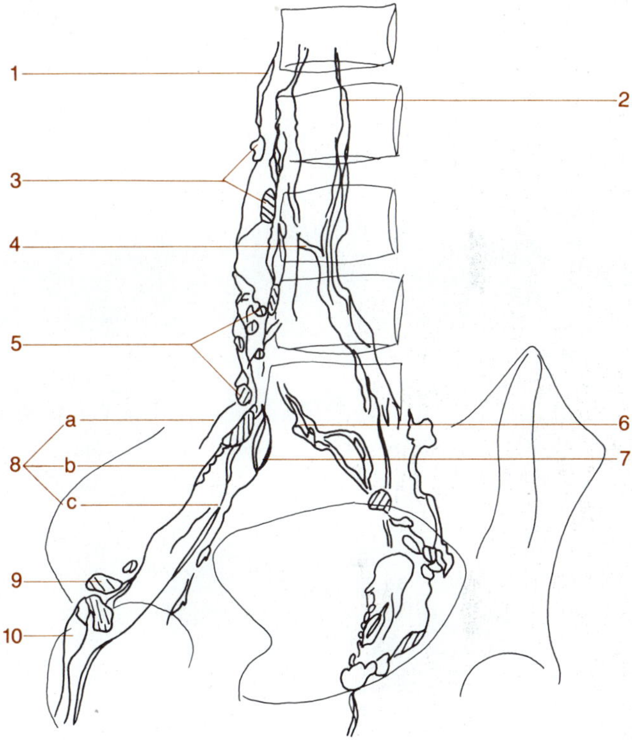

1 Truncus lumbaris dexter
2 Truncus lumbaris sinister
3 Nodi lymphatici lumbales
4 Crossing-over
5 Nodi lymphatici iliaci communes
6 Nodi lymphatici promontorii
7 Lymphbahnen, die die Nodi lymphatici iliaci interni mit den Nodi lymphatici iliaci externi und communes verbinden
8 Nodi lymphatici iliaci externi und communes
  a äußere Kette
  b mittlere Kette
  c innere Kette
9 Nodus lymphaticus lacunaris
10 Nodi lymphatici inguinales superficiales

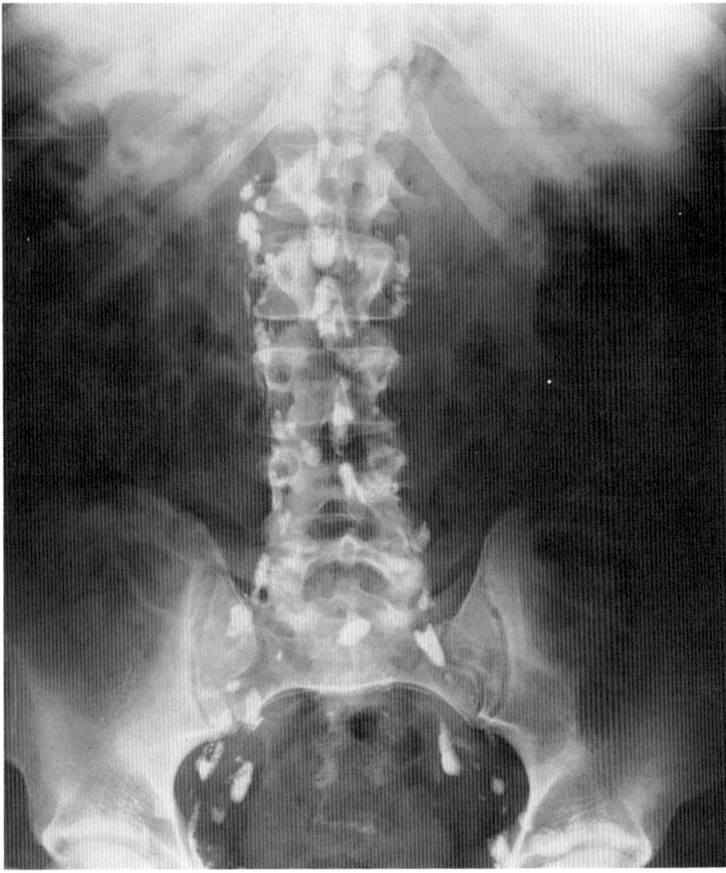

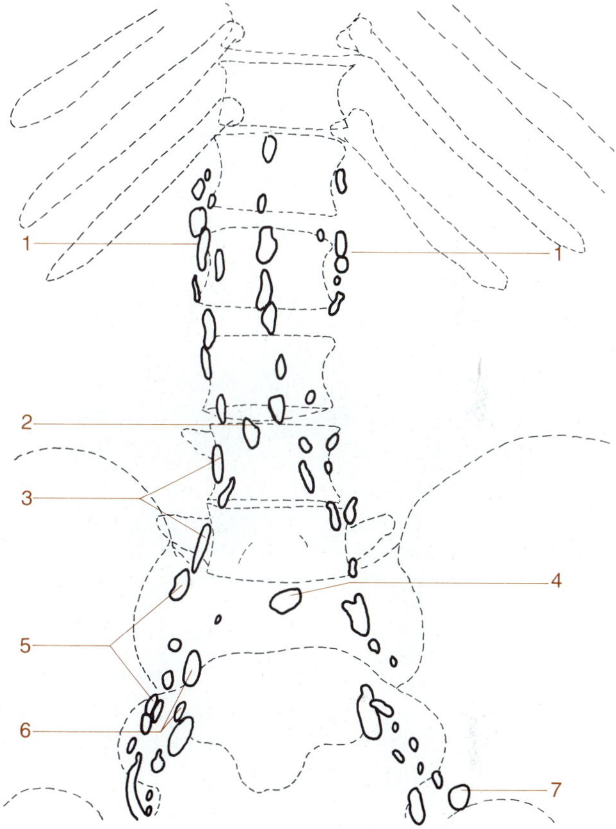

1 Nodi lymphatici paraaortales (aortici laterales, prae- und postaortici)
2 Crossing-over
3 Nodi lymphatici iliaci communes
4 Nodi lymphatici promontorii
5 Nodi lymphatici iliaci externi
6 Nodi lymphatici iliaci interni
7 Nodus lymphaticus lacunaris

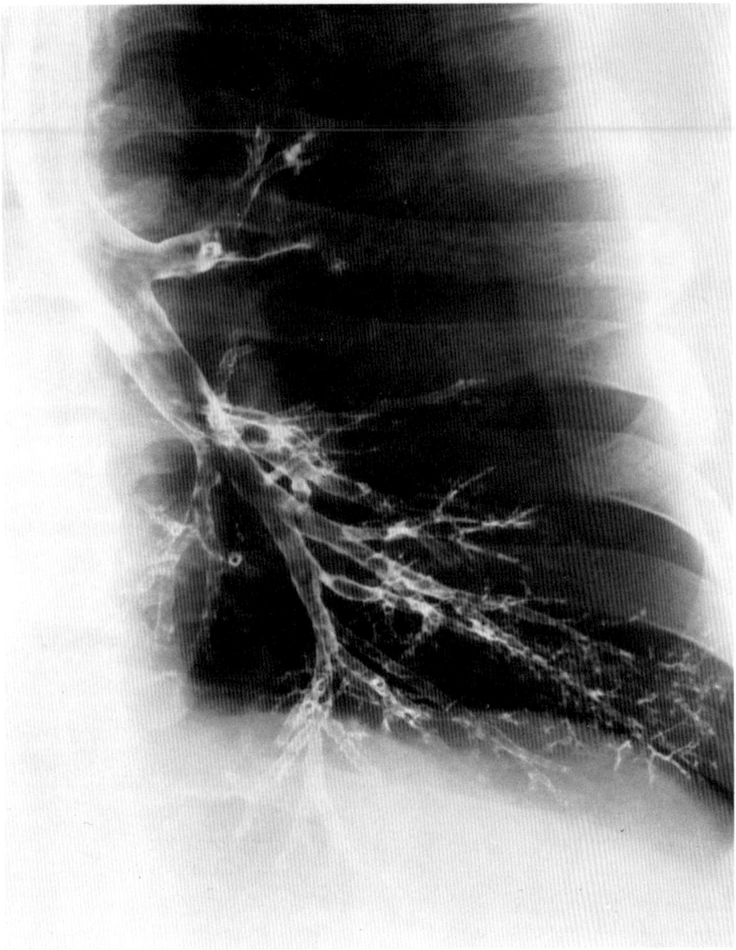

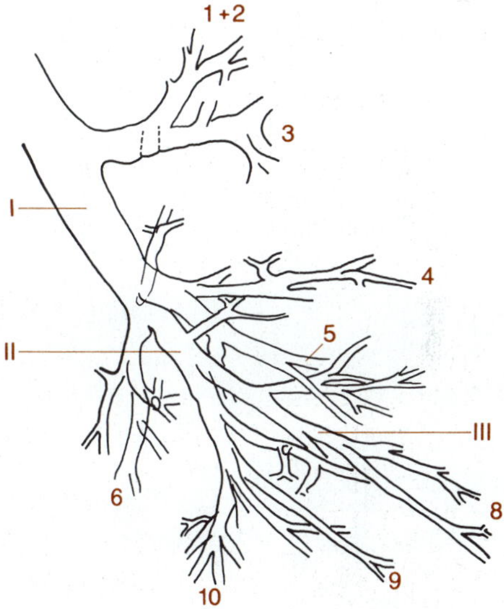

1+2 apikoposteriores Oberlappensegment
3 anteriores Oberlappensegment
4 superiores Oberlappensegment, Lingula
5 inferiores Oberlappensegment, Lingula
6 apikales Unterlappensegment
7 links nicht vorhanden
8 anterobasales Unterlappensegment
9 laterobasales Unterlappensegment
10 posterobasales Unterlappensegment

I Hauptbronchus
II Sekundärbronchus
III Tertiärbronchus

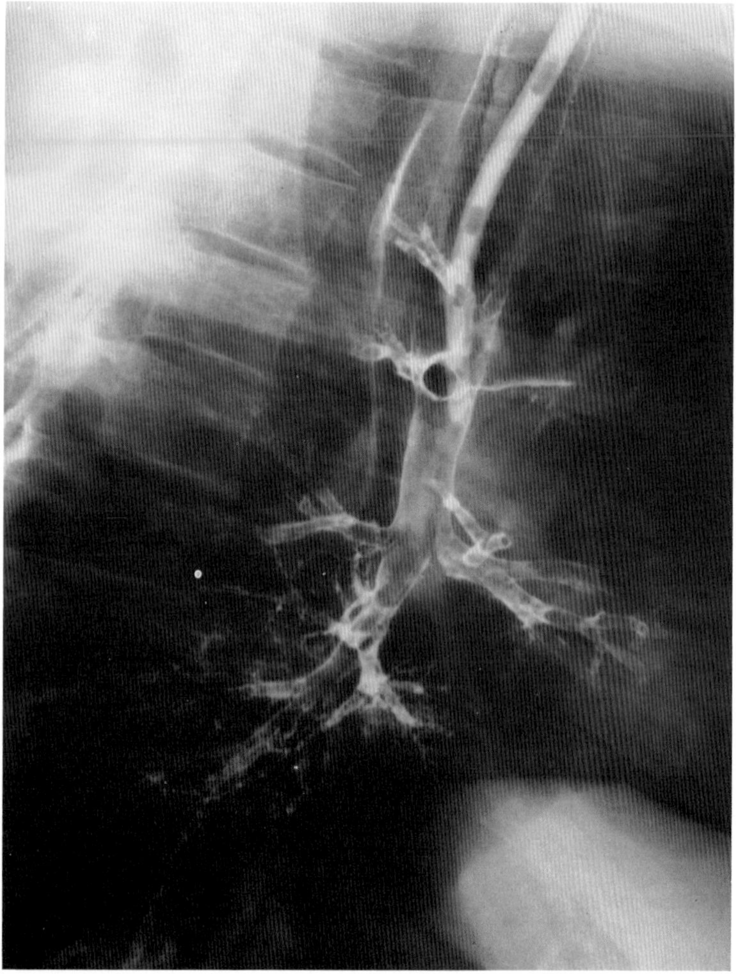

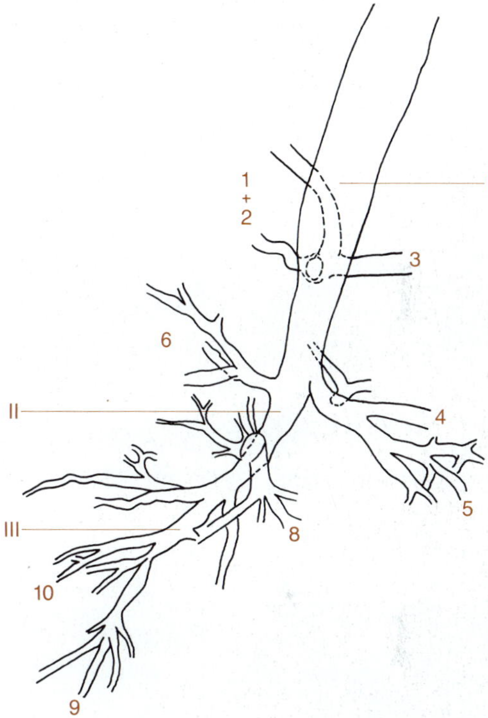

1+2 apikoposteriores Oberlappensegment
3 anteriores Oberlappensegment
4 superiores Oberlappensegment, Lingula
5 inferiores Oberlappensegment, Lingula
6 apikales Unterlappensegment
7 links nicht vorhanden
8 anterobasales Unterlappensegment
9 laterobasales Unterlappensegment
10 posterobasales Unterlappensegment

I Hauptbronchus
II Sekundärbronchus
III Tertiärbronchus

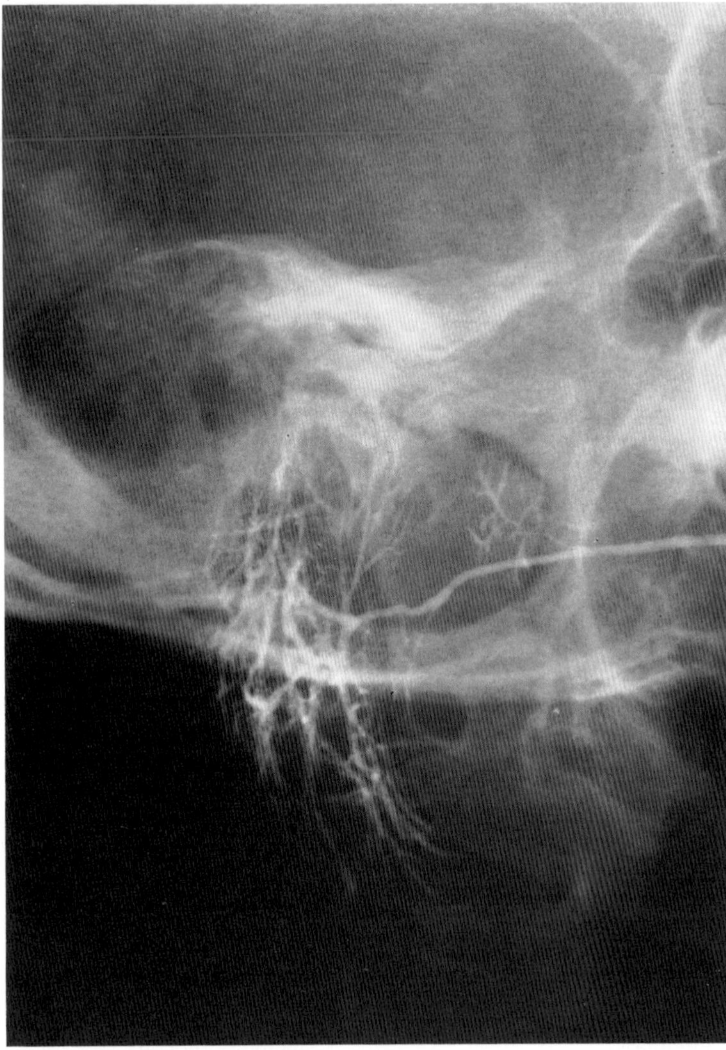

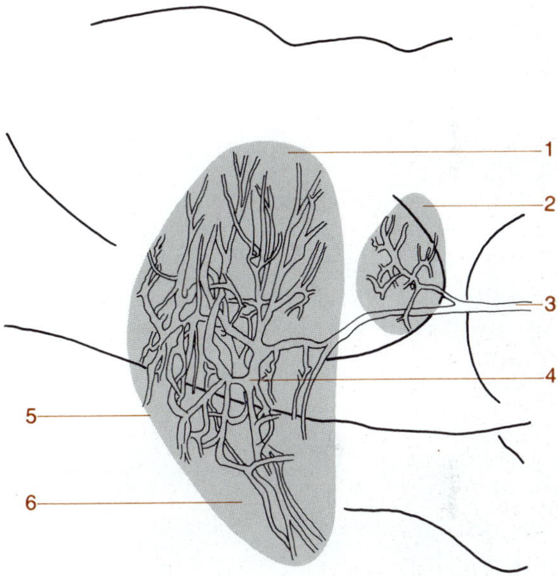

1 Glandula parotidea (Pars superficialis)
2 Glandula parotidea accessoria
3 Ductus parotideus (Stenon-Gang)
4 Parotisgangsystem (Bild des unbelaubten Ahornbaumes)
5 Glandula parotidea
6 Pars profunda (liegt unter dem N. facialis)

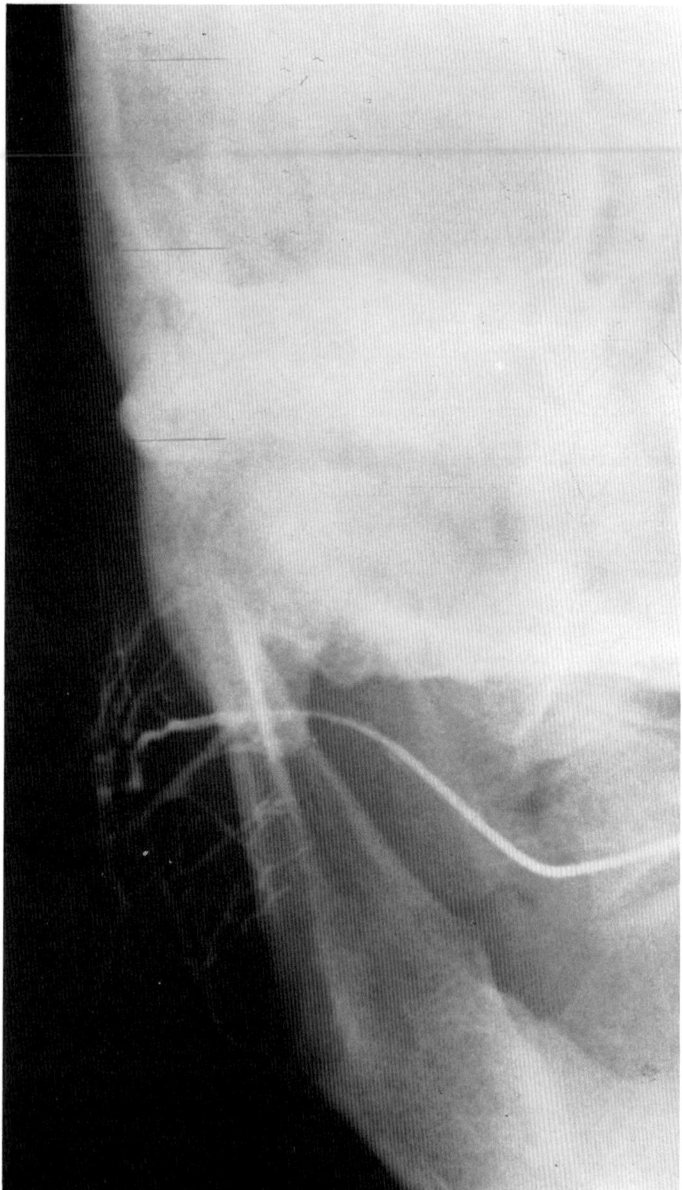

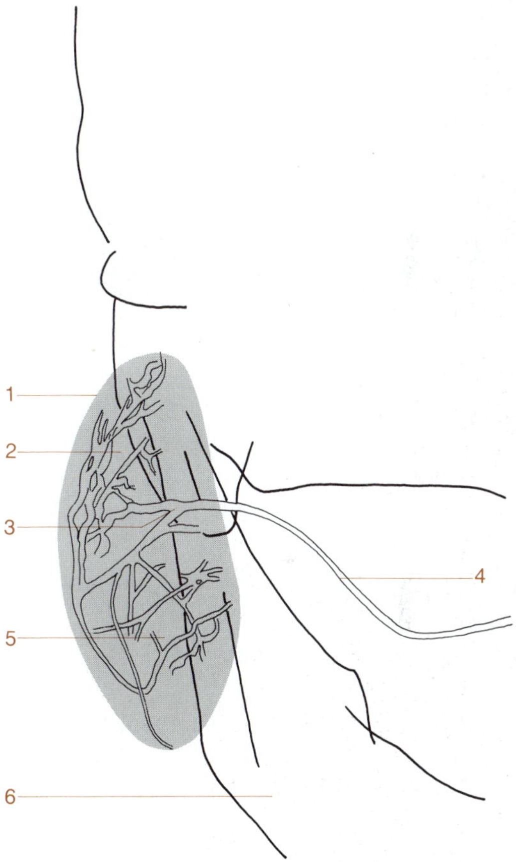

1 Glandula parotidea
2 Pars superficialis (liegt auf dem N. facialis)
3 Parotisgangsystem (Bild des unbelaubten Ahornbaumes)
4 Ductus parotideus (Stenon-Gang)
5 Pars profunda (liegt unter dem N. facialis)
6 Mandibula (Unterkiefer)

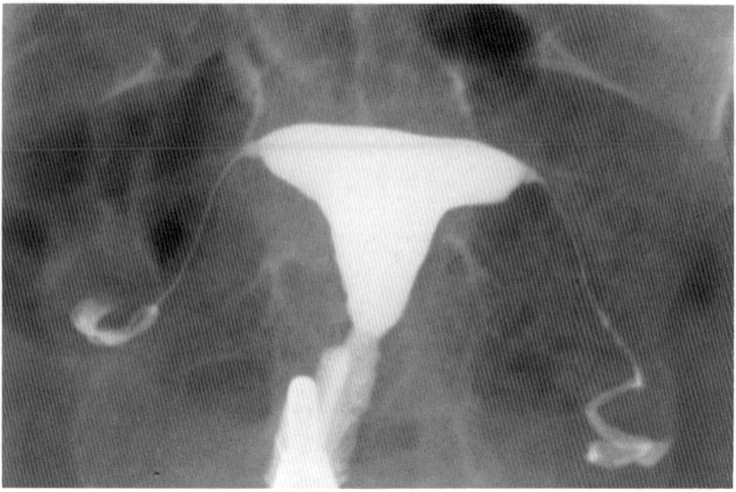

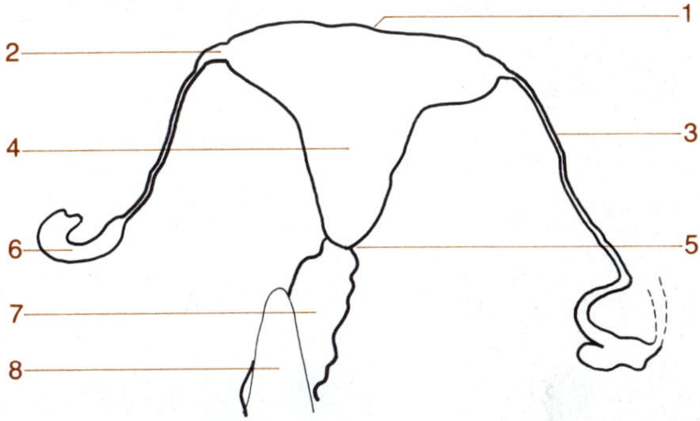

1 Fundus uteri
2 Ostium uterinum tubae
3 Tuba uterina
4 Cavitas uteri
5 Canalis isthmi
6 Fimbriae tubae
7 Canalis cervicis uteri
8 Instrumentarium

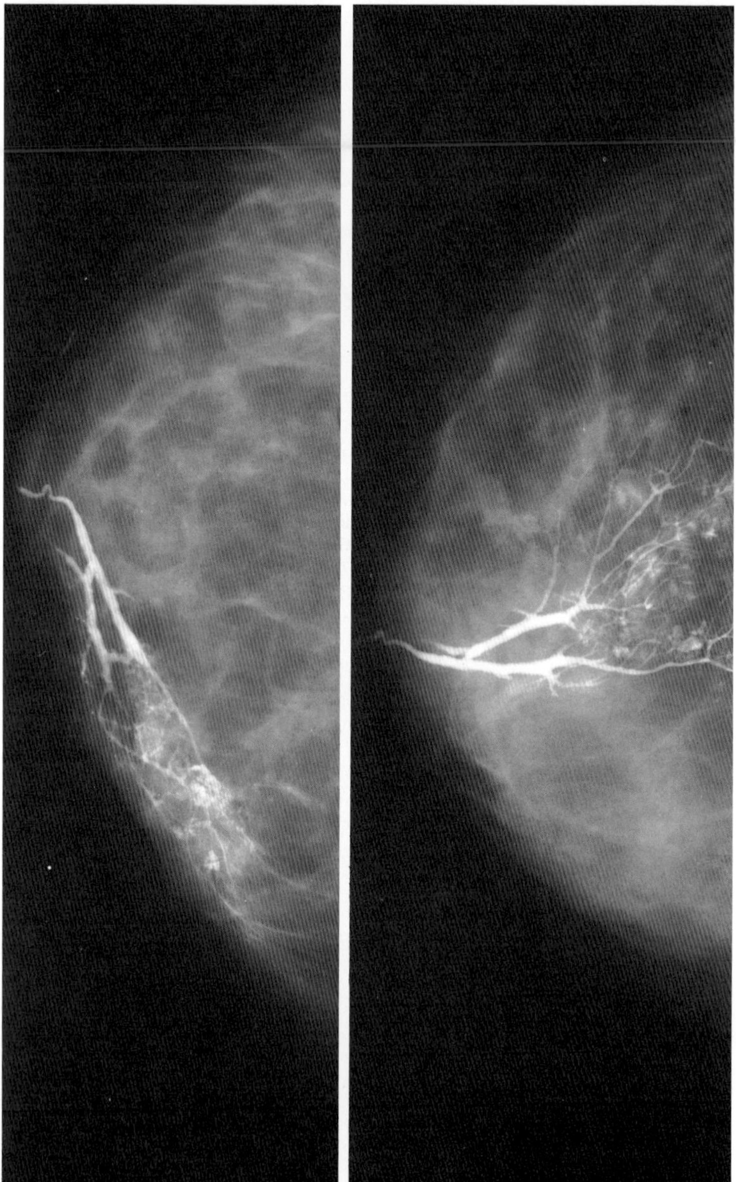

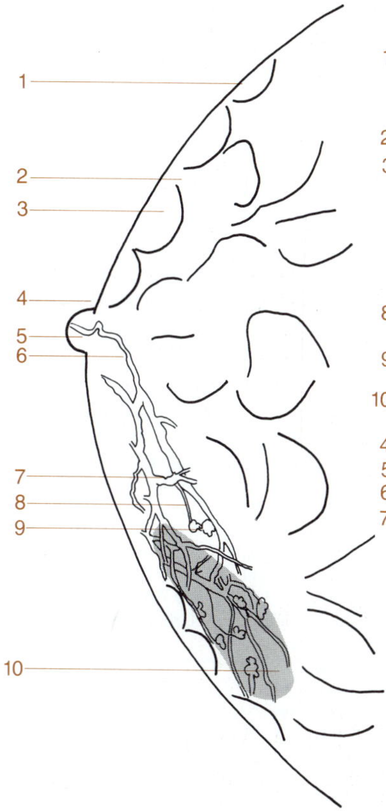

mediolateral

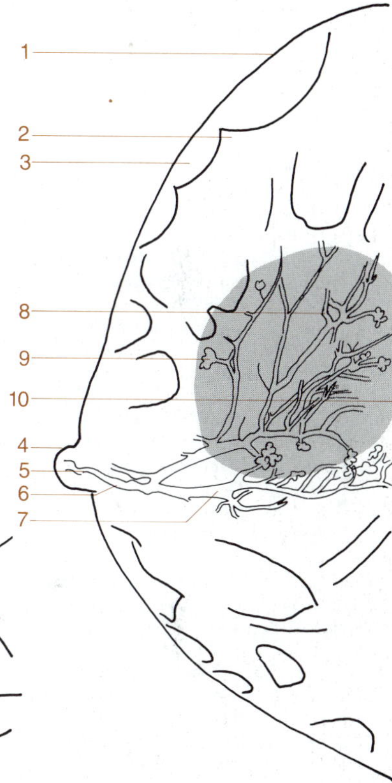

kraniokaudal

1 Kutis und Subkutis
2 Lig. pectineale (Cooper-Ligament)
3 subkutanes Fettgewebe
4 Papilla mammaria (Mamille)
5 retromamillärer Hauptmilchgang
6 Sinus lactiferus
7 Ductus lactiferi
8 Ductuli lactiferi
9 Lobuli glandulae mammariae
10 Lobus glandulae mammariae

Dihlmann, W.: Gelenke, Wirbelverbindungen, 3. Aufl. Thieme, Stuttgart 1987
Fischedick, O.: Arthrographie des Kniegelenkes. In Diethelm, L., et al.: Handbuch der medizinischen Radiologie, Bd. V/2. Springer, Berlin 1973
Fischedick, O., H. Haage: Die Kontrastdarstellung der Schultergelenke. In Diethelm, L., et al.: Handbuch der medizinischen Radiologie, Bd. V/2. Springer, Berlin 1973
Gmelin, E., I. P. Arlart: Digitale Subtraktionsangiographie. Thieme, Stuttgart 1987
Haage, H.: Arthrographie des Handgelenkes. In Diethelm, L., et al.: Handbuch der medizinischen Radiologie, Bd. V/2. Springer, Berlin 1973
Haage, H., O. Fischedick: Arhtrographie des Sprunggelenkes. In Diethelm, L., et al.: Handbuch der medizinischen Radiologie, Bd. V/2. Springer, Berlin 1973
Hach, W.: Phlebographie der Bein- und Beckenvenen. Schnetztor, Konstanz 1985
Hoefken, W., M. Lanyi: Erkrankung der Brustdrüse. In Schinz, H. R., et al.: Lehrbuch der Röntgendiagnostik, 6. Aufl., Bd. II/2. Thieme, Stuttgart 1981
Kahle, W., H. Leonhardt, W. Platzer: Taschenatlas der Anatomie, 6. Aufl. Thieme, Stuttgart 1991
Klemencic, J., E. Willich: Konventionelle Röntgendiagnostik der Lungen. In: Conscientia Diagnostica. Byck, Konstanz 1986
Köhler, A., E. A. Zimmer: Grenzen des Normalen und Anfänge des Pathologischen im Röntgenbild des Skeletts, 13. Aufl. Thieme, Stuttgart 1989
Krayenbühl, H., M. G. Yasargil: Zerebrale Angiographie für Klinik und Praxis, 3. Aufl. Thieme, Stuttgart 1979
Lange, S.: Radiologische Diagnostik der Lungenerkrankungen. Thieme, Stuttgart 1986
Langlotz, M.: Lumbale Myelographie mit wasserlöslichen Kontrastmitteln. Thieme, Stuttgart 1981
Lusza, G.: Röntgenanatomie des Gefäßsystems. Barth, München 1972
Mahieu, P., J. Pringot, P. Bodart: Defecography: I. Description of a new procedure and results in normal patients. Gastrointest. Radiol. 9, 1984
Meschan, I.: Analyse der Röntgenbilder. Enke, Stuttgart 1981
Meschan, I.: Röntgenanatomie. Enke, Stuttgart 1987
Möller, T. B.: Röntgennormalbefunde. Thieme, Stuttgart 1987
Müller, K. H. G.: Lymphographie. Springer, Berlin 1979
Nadjmi, M.: Digitale Subtraktionsangiographie in der Neuroradiologie. Thieme, Stuttgart 1986
Neufand, K. F. R., D. Beyer: Der rechte paratracheale Streifen – Bedeutung für die Analyse oberer Mediastinalprozesse. Röntgen-Bl. 35, 1982
Pasler, F. A.: Zahnärztliche Radiologie, 2. Aufl. Thieme, Stuttgart 1989
Rochlin, D. G., E. Zeitler: Röntgendiagnostik der Hand und Handwurzel. In Diethelm, L., et al.: Handbuch der medizinischen Radiologie, Bd. IV/2. Springer, Berlin 1968
Rohen, J. V., Ch. Yokochi: Anatomie des Menschen. Schattauer, Stuttgart 1988
Schnitzlein, H. N., F. Reed Murtagh: Imaging Anatomy of the Head and Spine. Urban & Schwarzenberg, München 1990
Snell, R. S., A. C. Wyman: An Atlas of Normal Radiographic Anatomy. Little, Brown, Boston 1976
Sobotta, J., H. Becher: Atlas der Anatomie des Menschen. Urban & Schwarzenberg, München 1972
St. John, J. N., J. C. Palmaz: The cubital tunnel in ulnear entrapment neuropathy. Radiology 158, 1986
Thurn, P., E. Bücheler, Einführung in die radiologische Diagnostik, 8. Aufl. Thieme, Stuttgart 1986
Treichel, J.: Doppelkontrastuntersuchung des Magens, 2. Aufl. Thieme, Stuttgart 1990
Tristant, H., M. Benmussa: Atlas der Hysterosalpingographie. Enke, Stuttgart 1984
Weigand, H., D. Sarfert, W. Kurock: Diagnostik und Einteilung der Hüftpfannenbrüche. Unfallchirurgie 3, 1977
Wicke, L.: Atlas der Röntgenanatomie. Urban & Schwarzenberg, München 1980

A